21 世纪全国本科院校土木建筑类创新型应用人才培养规划教材

建设工程质量检验与评定

主编　杨建明　林　芹　徐选臣

U0231827

北京大学出版社
PEKING UNIVERSITY PRESS

内 容 简 介

本书依据我国《建筑工程施工质量验收统一标准》(GB 50300—2013)和《公路工程质量检验评定标准 第一册 土建工程》(JTG F80/1—2017)等最新现行规范和规程，结合编者多年教学、科研及工程实践编写而成。

本书内容分为8章，主要包括建设工程质量检验与评定概述、建设工程施工质量检验与评定标准体系、建设工程质量检验与评定划分、建设工程质量检验与评定标准、建设工程质量检验与评定管理、建设工程质量评定表格、建设工程质量检测与试验、建设工程质量检验与评定案例。本书重视基本知识介绍与能力培养的有机结合，使学生在掌握工程质量检验与评定相关基本知识与方法的基础上，通过实践，具备初步的工程质量检测技能和分析解决质量问题的能力。

本书可作为高等院校土木工程专业、工程管理专业及其他相关专业或专业方向的教学用书，也可作为土木工程技术与管理人员的参考用书。

图书在版编目(CIP)数据

建设工程质量检验与评定/杨建明，林芹，徐选臣主编．—北京：北京大学出版社，2018.6
(21世纪全国本科院校土木建筑类创新型应用人才培养规划教材)
ISBN 978-7-301-29571-7

Ⅰ．①建…　Ⅱ．①杨…②林…③徐…　Ⅲ．①建筑工程—质量检验—高等学校—教材　Ⅳ．①TU712.3

中国版本图书馆CIP数据核字(2018)第102846号

书　　　　名	建设工程质量检验与评定
	JIANSHE GONGCHENG ZHILIANG JIANYAN YU PINGDING
著作责任者	杨建明　林　芹　徐选臣　主编
策 划 编 辑	吴　迪
责 任 编 辑	伍大维
标 准 书 号	ISBN 978-7-301-29571-7
出 版 发 行	北京大学出版社
地　　　　址	北京市海淀区成府路205号　100871
网　　　　址	http://www.pup.cn　新浪微博：@北京大学出版社
电 子 信 箱	pup_6@163.com
电　　　　话	邮购部62752015　发行部62750672　编辑部62750667
印 刷 者	河北滦县鑫华书刊印刷厂
经 销 者	新华书店
	787毫米×1092毫米　16开本　16印张　369千字
	2018年6月第1版　2018年6月第1次印刷
定　　　　价	40.00元

前　　言

建设工程质量不仅关系到工程的适用性和建设项目的投资效果，而且关系到人民群众的生命财产安全。建设工程施工是使工程设计意图最终实现并形成工程实体的阶段，也是最终形成工程产品质量和工程项目使用价值的重要阶段，因此，施工阶段是工程质量控制的重点。建设工程质量检验与评定是施工质量控制的重要环节，包括施工中间环节的质量检验与评定和最终成果的质量验收两个方面，从进场检验、过程控制、资料核查直至竣工验收等方面进行施工项目的质量把关，以确保达到工程项目所规定的功能和使用目标。

本书力求满足应用型人才的培养需要，其目标是培养学生既掌握土木工程学科的基本知识、基本技能及在技术应用中不可缺少的非技术知识，同时又具有较强的技术思维能力，擅长技术的应用，能够解决生产实际中的具体技术问题。编者依据我国现行规范《建筑工程施工质量验收统一标准》（GB 50300—2013）和《公路工程质量检验评定标准　第一册　土建工程》（JTG F80/1—2017）等，结合多年教学、科研及工程实践，并吸收了国内外一些最新成果，组织编写了本书。

本书重视基本知识介绍与能力培养的有机结合，使学生在掌握工程质量检验与评定相关基本知识与方法的基础上，通过实践，具备初步的工程质量检测技能和分析解决质量问题的能力。

本书由杨建明、林芹、徐选臣主编。本书具体编写分工为：第 1、2 章由徐选臣编写；第 3、4、8 章由杨建明编写；第 5、6、7 章由林芹编写。本书在编写过程中得到了盐城工学院教材出版基金的支持，在此深表谢意。

由于编者水平有限，书中难免有不妥和疏漏之处，敬请读者批评指正。

编　者

2018 年 1 月

目　　录

第1章

建设工程质量检验与评定概述

本章主要讲述建设工程质量的概念；建设工程质量的特点；建设工程质量控制；建设工程质量控制中的数理统计和统计方法。通过本章学习，达到以下目标：

（1）熟悉建设工程质量的概念；

（2）了解建设工程质量的特点；

（3）了解建设工程质量控制；

（4）熟悉建设工程施工质量控制；

（5）掌握工程质量控制中的数理统计和统计方法。

知识要点	能力要求	相关知识
建设工程质量检验与评定的概念	（1）了解建设工程质量管理的重要性； （2）掌握质量概念的内涵	（1）产品质量； （2）工作质量； （3）工序质量
建设工程质量的特点	（1）了解建设工程的特点； （2）熟悉建设工程的质量特性； （3）熟悉建设工程的质量特点	（1）适用性； （2）耐久性； （3）安全性； （4）可靠性
建设工程质量控制	（1）熟悉质量控制的概念和内涵； （2）掌握工程项目质量控制过程	（1）工程项目质量控制实施主体； （2）工程项目的质量控制目标； （3）工程项目的质量控制特点
建设工程施工质量控制	（1）掌握施工准备阶段的质量控制； （2）掌握施工过程的质量控制； （3）了解施工参数、机具； （4）掌握换土垫层法的施工要点	（1）技术准备的控制； （2）现场施工准备的质量控制； （3）施工质量计划的编制； （4）施工质量控制点设置； （5）施工作业过程质量控制的基本程序； （6）施工过程质量控制的主要途径和方法
工程质量控制中的数理统计和统计方法	（1）掌握直方图的绘制和分析方法； （2）掌握因果图的绘制和分析方法； （3）掌握排列图的绘制和分析方法	（1）质量特性值； （2）正态分布； （3）工序生产能力； （4）对策计划表

基本概念

　　质量，产品质量，工作质量，适用性，耐久性，安全性，可靠性，质量控制，施工质量控制点，质量计划，质量特征值。

 引言

　　建设工程质量不仅关系到工程的适用性和建设项目的投资效果，而且关系到人民群众的生命财产安全。《中华人民共和国建筑法》把工程质量放在非常重要的位置，不仅把保证质量和安全作为立法的根本目的，而且还把保证质量和安全作为建设活动的基本准则。建设工程施工是使工程设计意图最终实现并形成工程实体的阶段，也是最终形成工程产品质量和工程项目使用价值的重要阶段，因此，施工阶段是工程质量控制的重点。要实现建设项目施工质量的有效控制，首先要了解建设工程质量的概念和内涵，熟悉建设工程项目质量控制过程，掌握建设工程项目质量控制方法，如施工准备阶段的施工质量计划的编制，施工生产要素的质量控制，施工阶段的工序质量控制方法和手段。

1.1 建设工程质量的概念

　　质量是反映实体满足明确或隐含需要的能力特征之总和。

　　质量的主体是"实体"。"实体"一般是指活动或过程结果的有形产品，如建筑工程中的各类建筑物、构筑物，公路工程中的道路、桥梁、隧道等。

　　"需要"通常转化为规定准则的特性，如适用性、安全性、可靠性、经济性等。这些特性一般又随时间环境等的变化而变化，这种变化反映在定期或不定期修订或修改各种标准文件中。"需要"分为明确和隐含的两种。明确的需要是指在合同、标准、规范、图纸、技术文件中已经做出明确规定的要求，如建设工程的工期、质量等级、进度要求等。隐含的需要则要加以识别和确定，一般指用户对实体的期望或人们公认的"需要"，如工程的耐久性、满足相应使用要求等。

　　建设工程一般以工程项目为实体，如某一单体建筑，包括一幢教学楼、办公楼、厂房等；某一建筑群，包括住宅小区、厂区；某一公路工程；某一桥梁工程等。工程项目的质量就是国家现行的有关法律、法规、技术标准、设计文件及工程合同中对工程安全、适用、经济、美观等特性的综合要求。从功能和使用角度看，工程质量综合体现在适用性、可靠性、经济性、外观质量及与环境的协调性等方面。

　　建设工程包括建筑工程、道路工程、桥梁工程、港口工程、隧道工程等，它们与国家经济建设、人民生产生活休戚相关，所以其质量问题一直受到广泛的关注和重视。国家关心工程质量是因为它对社会经济、公众利益影响巨大；人们关心质量是因为建设产品质量关系安全使用功能、影响生活质量甚至生命财产安全；建设生产企业关心质量是因为它影响企业的经济效益、社会信誉和企业竞争力。另外，建设工程体量（体积、面积等）大、投资额巨大、使用周期长，一旦出现严重质量问题，不仅经济损失大，而且社会影响也大。显然，建设工程产品较一般的工业产品，其质量有着特殊的重要性。

正因为建设工程质量的极端重要性，《中华人民共和国建筑法》把工程质量放在非常重要的位置，不仅把保证质量和安全作为立法的根本目的，而且把保证质量和安全作为建设活动的基本准则。

1.2 建设工程质量的特点

建设工程与人民生产生活联系紧密，其质量要求不同于一般的工业产品；同时由于建设项目量大面广，种类繁多，受设计、施工、气候、环境等多种因素影响，工程质量控制较一般工业产品的质量控制要困难得多。所以，弄清建设工程及其质量特点，有助于质量问题的处理与预防。

1.2.1 建设工程的特点

工程建设的过程是物质生产的过程，建设工程施工活动的成果是建设产品（即建成的工程项目），这些建筑物、构筑物、道路、桥梁等在建造过程中具有如下工程特点。

1. 产品的固定性和生产的流动性

与一般工业部门的生产项目不同，所有的建设项目，无论其规模大小，都是根据需要和特定条件由建设单位选址建造的。建设地点和设计方案确定后，建设项目的位置便固定下来。当建设项目全部完工后，施工单位将产品就地移交给投资方或使用单位。产品固定性的特点，决定了建设项目对地基的特殊要求，如地基的强度、变形、稳定性及抗震特性等，必须满足上部结构特点及荷载的要求，而各种土质的地基强度、沉降也是不同的。因而优秀的工程勘察设计、正确的变形验算、合理的地基处理方案等都对建设工程项目的质量有着直接的影响。

由于建设产品具有固定性，从而使建设工程生产表现为流动性的特点。生产的流动性不仅表现在施工人员、机械、设备、材料等围绕着建设产品上下、左右、内外、前后不停地变换位置，即施工资源在同一建设项目不同部位之间的流动，还表现在同一地区不同项目之间甚至不同地区、不同项目之间的流动。许多不同工种的人员，在同一建设产品上交叉作业，不可避免地会产生施工空间和时间上的矛盾，因而对项目建设过程必须严格遵循施工顺序，实行科学的组织管理。如一般建筑工程施工应遵循先地下后地上、先主体后装饰、先土建后安装的顺序。但也可创造条件，使不同工种在同一工程的不同部位按照严格的程序开展立体交叉施工，以充分利用时间和空间。

2. 产品的多样性和生产的单件性

在一般的工业部门，生产的产品一般是完全相同的，当某一产品的工艺方法和生产过程确定以后，就可以反复地继续下去，基本上没有多大的变化。它们可以在同一地点，按照同一种设计图纸、同一种工艺方法、同一种生产过程进行加工制造，同样的产品可以批量生产，质量相对比较稳定。而建设产品则不一样，除住宅小区的同类型房屋外，绝大多数工程项目是根据它们各自功能的特定要求和环境特点单独设计的，每个工程有不同的规模、结构、造型和装饰，需要选用不同的材料和设备，即使采用标准图纸，由于建造的地点、时间、气候、环境等的不同，施工组织的方法也不尽相同，质量控制的要求也会有差异。

建设产品多样性的特点，使建设生产表现出单件性的特征。也就是说，没有一个工程项目的具体施工过程、组织方式是完全相同的。对于既定的工程项目，在满足设计要求、质量技术规范的前提下，施工单位可以根据自己的施工经验、技术优势、施工机械数量和性能、可投入的施工人员的数量和素质等方面的情况，单独编制施工组织设计，制定施工方案，选择相应的施工方法。用不同的施工方案完成最终产品，即使是同样的工程，其成本费用和质量水平也是各不相同的。

3. 产品的社会性和生产的外部约束性

建设工程产品除受当时的技术发展水平和经济条件影响之外，还要受当时当地的社会、政治、文化、风俗，以及历史、传统等因素的综合影响。这些因素决定着建设产品的造型、结构形式、装饰要求和设计标准。一些有重要特征的标志性建设产品，如电视塔、博物馆、大剧院、大型桥梁、水利等工程超越了经济范畴，有着特定的地理历史文化背景和民族特色，成为珍贵的文化瑰宝。此外，建设工程建成竣工后即成为社会环境的一部分，因而建设工程产品对自然环境也会有影响，主要表现在对自然景观和生态环境的影响两方面。

建筑产品的社会性的另一个表现是具有很强的排他性。无论房屋建筑还是构筑物、市政工程、道路桥梁等，任何建筑产品都占据一定的地上或地下空间，某一空间一旦被建筑产品所占据，就不能再建造其他建筑产品或另作他用。

建设工程生产的过程受外部条件的约束。首先，建设工程生产类似订货生产，就是先确定使用者，再进行生产。施工单位生产什么，在合同规定的条件下不可选择，而生产周期、质量目标、技术要求也必须满足业主要求和设计规定，受工程承包合同条款内容的制约。其次，建设工程生产是露天作业，进行流动施工，受水文、气象条件的影响和约束，不同地区、不同时间受气候影响不同，需采取相应的施工措施，如雨期或冬期施工措施。还有，拟建建设工程产品必须符合国家、地区发展总体规划，符合消防、环保、地震、人防、邮电及其他城市建设的有关规定。因此，拟建项目必须进行可行性研究，设计文件要经过有关主管部门及相关单位的审批等。如从环境保护的要求出发，不仅要对建设工程产品建成后使用阶段可能造成的环境污染加以严格控制，而且要对建设工程产品生产过程中可能产生的噪声、振动、道路污损、建筑垃圾堆放和处理，以及消防安全等都有限制性规定，建设各方必须严格遵守。

4. 产品的体型庞大和生产周期长

建设工程项目是由大量的工程材料、制品和设备构成的实体，体型庞大，无论是房屋建筑还是铁路、桥梁、码头，都占有很大的外部平面或空间。因此单体产品的价值很大，一项建设工程造价少则几十万元、几百万元，多则几千万元、几亿元（甚至更多）。一旦发生质量事故，造成的经济损失也十分巨大。

生产周期，是指从劳动对象开始投入生产过程，直到生产出合格成品为止的时间。工程建设周期一般是指建设工程项目开工到工程竣工验收合格投入使用所需的时间。

建设周期长，增加了建设工程生产的风险性，在较长的生产过程中，往往会出现一些先前难以预见的情况，影响预期的成本、工期、质量目标的实现。

建设周期长对建设工程产品质量有特定的影响。在很长的建设过程中，每道工序、每个检验批、每个分项工程、每个分部工程乃至每个单位工程，都在一定程度上影响甚至决定着工程项目的最终质量。建设工程质量还应体现在工程的使用寿命周期上，优良的工程质量不仅能适用，还应该坚固、耐久。

1.2.2 建设工程质量的特性

建设工程的特点决定其质量的重要性，同时影响工程质量的特性。建设工程作为一种特殊的产品，除具有一般产品共有的质量特性，如性能、寿命、可靠性、安全性、经济性等能满足社会需要的使用价值及其属性外，还具有特定的建设工程质量的特性，主要表现为六个方面。

1. 适用性

建设工程的适用性，即功能，是指工程满足建设目的的性能。

工程竣工以后必须符合业主的意图，如民用住宅工程要能使居住者安居，工业厂房要能满足生产活动需要，道路、桥梁、铁路、航道要能通达便捷，防汛墙、防洪堤要能抵御洪水泛滥，港口、码头等各类设施、各类公共建筑、园林、绿化都要能实现其使城乡经济繁荣，为生活增添色彩的建设意图。

建设工程的组成部件、构配件也要能满足其使用功能要求，如各类构配件要尺寸准确、便于安装，电梯、制冷设备等要能正常运作，水电管道要畅通，卫生洁具要舒适且便于清洁等，只有这样，才能保证工程总体功能的实现。

2. 耐久性

建设工程的耐久性，即寿命，是指工程在规定的条件下，满足规定功能要求使用的年限，即确保安全、能够正常使用的年限，也是工程竣工以后的合理使用寿命周期。由于建筑物本身具有结构类型不一、质量要求不一、施工方法不一、使用性能不一的个性特点，目前国家对建设工程合理使用寿命期还缺乏统一的规定，仅在少数行业技术标准中，提出了明确要求。如民用建筑根据主体结构耐久年限分为四级，即不足 5 年（临时性结构）、25 年（易于替换的结构构件）、50 年（普通房屋和构筑物）、100 年（纪念性建筑和特别重要的建筑结构）；公路工程设计年限一般按等级控制在 10～20 年；城市道路工程设计年限，视不同道路构成所用的材料，设计的使用年限也有所不同。

对工程的组成部件，也视生产厂家设计的产品性质及工程的合理使用寿命而规定不同的耐久年限。如塑料管道一般不超过 50 年，屋面防水年限可按建筑类别分为 5 年期、10 年期、15 年期、25 年期不等，卫生洁具一般使用 30 年，电梯一般是 20 年，等等。从现代观念讲，合理的使用寿命正随着人们生活观念的变革而加快节奏，如住宅工程的内外装饰、卫生洁具、门窗玻璃等，以及城市道路的面层都在加快更新周期，以适应使用者不断更新的需要。

3. 安全性

建设工程的安全性，是指工程建成以后在使用过程中保证结构安全，保证人身和环境免受危害的程度。

建设工程产品的结构安全度、抗震、耐久及防火能力，人民防空工程的抗辐射、抗核污染、抗爆炸波等能力是否能达到特定的要求，都是安全性的重要标志。工程交付使用以后必须保证人身财产安全，工程整体能免遭工程结构局部破坏及外来危害的过大影响。

工程组成部件也要保证使用者的安全，无论是桥面、阳台的栏杆（板）、楼梯的扶手、窗及窗玻璃、灯具安装、电气产品的漏电保护，还是电梯及各类设备的运行等，都要确保在正常使用情况下不发生对人身的伤害事故。

4. 可靠性

建设工程的可靠性是指工程在规定的时间和规定的条件下完成规定功能的能力。任何建设工程都必须坚实可靠，足以承担它所负荷的人和物的重力。

建设工程不仅要求在交工验收时达到规定的功能和指标，而且在一定的使用寿命期内保持其应有的正常功能。

5. 经济性

经济性，是指工程从规划、勘察、设计、施工到整个产品使用寿命期内的成本和消耗。

建设工程当满足了适用、可靠、耐久、美观等各种要求以后，能否体现最佳的经济效益，主要取决于其经济性。工程经济性（建造成本）具体表现为设计成本、施工成本、使用成本三者之和，包括从征地、拆迁、勘察、设计、采购（材料、设备）、施工、配套等建设全过程的总投资费用。由于工程的特殊性，单位工程除前期成本、设计成本、施工成本外，还必须考虑工程使用阶段的成本，维护、保养成本乃至拆除的费用等。通过分析比较，判断工程是否符合经济性要求。

6. 与环境的协调性

建设工程与环境的协调性，是指工程与其周围生态环境协调、与所在地区经济环境协调以及与周围已建工程相协调，以适应可持续发展的要求。任何商品都具有社会性，建设工程的社会性更明显。工程规划、设计、施工质量的好坏，受益和受害的不仅是使用者，还包括整个社会。它不仅影响城市的规划，而且将影响社会可持续发展的环境，特别是园林绿化、环境卫生、噪声污染的治理等，因此，这些建设工程立项与实施必须经过环保等部门的审批。

上述各种质量特性都不是孤立的，它们彼此相互依存，总体而言，适用、安全、耐久、可靠、经济、与环境的协调等都是必须达到的基本要求，缺一不可；但是对于不同门类、不同专业的工程，如工业建筑、公共建筑、民用建筑、住宅建筑、道路建筑等，可以根据其所处的特定地域环境条件、技术经济条件的差异，有不同的侧重面。

1.2.3　建设工程质量的特点

建设工程的特点、质量特性决定了其质量具有以下特点。

（1）影响因素多。如决策、设计、材料、机械、环境、施工工艺、施工方案、操作方法、技术措施、管理制度、施工人员素质等，均直接或间接地影响建设工程的质量。

（2）质量波动大。建设工程因其具有复杂性、单一性等特点，不同于一般工业产品的生产，它不具备固定的生产流水线，没有规范化的生产工艺和完善的检测技术，没有成套的生产设备和稳定的生产环境，因此，其质量波动性大。

（3）质量变异大。由于影响建设工程质量的因素较多，任一因素出现质量问题，都会引起工程建设系统的质量变异，造成工程质量事故。

（4）质量隐蔽性。建设项目在施工过程中，由于工序交接多，中间产品多，隐蔽工程多，若不及时检查并发现其存在的质量问题，容易产生判断错误，即将不合格的产品认为是合格的产品。

（5）终检局限大。建设项目建成以后，不可能像某些工业产品那样，可以拆卸或解体来检查其内在的质量。因此，建设项目终检验收时，难以发现建设工程内在的、隐蔽的质量缺陷。因此，工程项目的终检存在一定的局限性。这就要求工程质量控制应以预防为主，重视事先、事中、主动控制，做到防患于未然。

（6）评价方法的特殊性。工程质量的检查评定及验收是按检验批、分项工程、分部工程、单位工程进行的。检验批的质量是分项工程质量检验的基础，检验批合格质量主要取决于主控项目和一般项目抽样检验的结果。隐蔽工程在隐蔽前要检查合格后才能验收，涉及结构安全的试块、试件以及有关材料应按规定进行见证取样检测，涉及结构安全和使用功能的重要分部工程要进行抽样检测。

掌握了建设工程质量的特点，便于在工程建设过程中严格事前控制、事中检查，做到未雨绸缪，防患于未然，从而将建设工程质量事故消灭于萌芽之中。

建设工程自身及其质量特征与特点，不仅显示了建设工程质量的重要性，同时也说明了建设工程质量要求高，影响因素多，保证提高工程质量并非易事。因为这样或那样的原因，建设工程常会出现一些质量缺陷和事故，轻则影响使用，重则桥毁屋塌，造成人员生命财产的重大损失，所以其质量缺陷事故的分析、处理与预防是建设工程技术、管理需要解决的重要问题。

1.3 建设工程质量控制

1.3.1 质量控制的概念及其内涵

1. 质量控制的概念

2000 版 GB/T 19000—ISO 9000 族标准中"质量控制"的定义是：质量管理的一部分，致力于满足质量要求。

2. 质量控制的内涵

（1）质量控制是质量管理的重要经济组成部分，其目的是使产品、体系或过程的固有特性达到规定的要求。

（2）质量控制的工作内容包括作业技术和活动，包括专业技术和管理技术两个方面。质量控制通常以预防为主，与检验把关相结合。

（3）质量控制应贯穿在产品形成和体系运行的全过程。其过程如图 1.1 所示。

图 1.1 质量控制过程

1.3.2 工程项目质量控制概述

1. 工程项目质量控制的定义

致力于满足工程项目质量要求，也就是使工程项目质量满足工程合同、规范标准所采取的一系列措施、方法和手段。

2. 工程项目质量控制的实施主体

工程项目质量控制的实施主体分为自控主体和监控主体。

自控主体——直接从事质量职能的活动者。

监控主体——对他人质量能力和效果的监督控制。

（1）政府的工程项目质量控制——监控主体。

以法律、法规为依据，抓报建、设计审查、施工许可、材料、设备准用、工程质量监督、重大工程竣工验收等主要环节。

（2）工程监理单位的质量控制——监控主体。

代表建设单位对工程实施全过程进行质量监督和控制。

（3）勘察设计单位的质量控制——自控主体。

以法律、法规、合同为依据，对勘察、设计整个过程进行控制，包括工作程序、工作进度等。

（4）施工单位的质量控制——自控主体。

以工程合同、设计图纸、技术规范为依据，对施工准备阶段到验收交付阶段全过程的工程质量和工作质量进行控制，达到合同文件规定的质量要求。

3．工程项目质量控制过程

（1）按工程质量形成过程各阶段划分为决策阶段质量控制、勘察设计阶段质量控制、施工阶段质量控制。

（2）按照工程项目组成过程划分为从工序质量到分项工程质量、分部工程质量、单位工程质量、整个建设项目质量的系统控制过程（图1.2）。

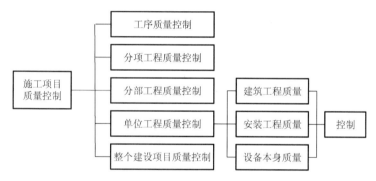

图1.2　按照工程项目组成过程划分的系统质量控制过程

（3）按照工作顺序划分为对投入产品的质量控制、对施工及安装工艺过程的质量控制和对产出品的质量控制的全过程的系统控制过程（图1.3）。

图1.3　按照工作顺序划分的系统质量控制过程

（4）按工程项目实施的时间顺序可把施工项目质量控制分为事前控制、事中控制和事后控制三个阶段。

4．工程项目质量控制原则

（1）作为质量自控者应遵循2000版GB/T 19000—ISO 9000的八项管理原则：以顾客关注为焦点、领导作用、全员参与、过程方法、管理的系统方法、持续改进、基于事实的决策方法、与供方互利的关系。

（2）作为监控者应遵循的几条原则：坚持质量第一，坚持以人为本，坚持预防为主，坚持质量标准，坚持科学、公正、守法的职业道德规范。

5. 工程项目质量控制的特点

（1）影响质量的因素多。包括设计、材料、施工、地质、施工工艺、技术措施等。
（2）容易产生质量变异。包括偶然因素的质量变异、系统因素的质量变异。
（3）容易产生第一类、第二类判断错误。第一类判断错误是指将合格产品认为是不合格产品；第二类判断错误是指将不合格产品认为是合格产品。
（4）质量检查不能解体、拆卸。必须加强过程控制。
（5）质量要受投资、进度的制约。需正确处理质量、进度、投资的关系。

1.4　建设工程施工质量控制

建设工程施工是使工程设计意图最终实现并形成工程实体的阶段，也是最终形成工程产品质量和工程项目使用价值的重要阶段。施工阶段是工程质量控制的重点。

1.4.1　建设工程施工质量控制概述

1. 建设工程施工质量控制的目标

（1）施工质量控制总目标。

贯彻执行建设工程质量法规和强制性标准，正确配置施工生产要素并采用科学管理的方法，实现工程项目预期的使用功能和质量目标。

（2）建设单位质量控制目标。

通过施工全过程的全面质量监督管理、协调和决策，保证竣工项目达到投资决策所确定的质量标准。

（3）设计单位在施工阶段的质量控制目标。

通过对施工质量的验收签证、设计变更控制及纠正施工中所发现的问题，采纳变更设计的合理化建议等，保证竣工项目的各项施工结果与设计文件（包括变更文件）所规定的标准相一致。

（4）施工单位的质量控制目标。

通过施工全过程的全面质量自控，保证交付满足施工合同及设计文件所规定的质量标准（含工程质量创优要求）的建设工程产品。

（5）监理单位在施工阶段的质量控制目标。

通过审核施工质量文件、报告报表及现场旁站检查、平行检测、施工指令和结算支付等手段的应用，监控施工承包单位的质量活动行为，协调施工关系，正确履行工程质量的监督责任，以保证工程质量达到施工合同和设计文件所规定的质量标准。

2．施工质量控制的实施主体

施工质量控制既有施工承包方的质量职能，也有业主方、设计方、监理方、供应方及政府的工程质量监督部门的控制职能，他们各自具有不同的地位、责任和作用。

施工质量控制的自控主体为施工承包方和供应方。

施工质量控制的监控主体为业主、监理、设计单位及政府的工程质量监督部门。

自控主体和监控主体在施工全过程相互依存、各司其职，共同推动着施工质量全过程的发展和最终工程质量目标的实现。

3．施工质量控制的系统过程

施工阶段的质量控制是一个由对投入的资源和条件的质量控制，进而对生产过程及各环节质量进行控制，直到对所完成工程产出品的质量检验与控制为止的全过程的系统控制过程。

（1）按工程实体质量形成过程的时间阶段性划分。

施工阶段的质量控制可以分为三个环节（在业主的立场上，图 1.4），即施工准备控制、施工过程控制和竣工验收控制。

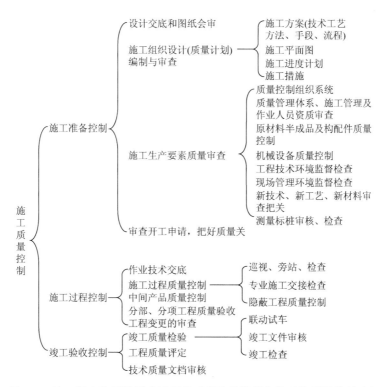

图 1.4　按工程实体质量形成过程的时间阶段性划分的系统质量控制过程

（2）按工程实体形成过程中物质转化形态划分（图 1.3）。

① 对投入的物质资源的质量控制。

② 施工过程质量控制。

11

③ 对完成的工程产出品的质量控制与验收。

（3）按工程项目施工层次划分的系统控制过程（图 1.2）。

4．施工质量控制的依据

（1）工程合同文件。

（2）设计文件。

（3）国家及政府有关部门颁布的有关质量管理方面的法律、法规性文件。

（4）有关质量检验与控制的专门技术法规性文件。

1.4.2　施工准备阶段的质量控制（施工自控主体）

1．施工准备工作的基本任务

（1）掌握施工项目特点；

（2）了解对施工总进度的要求；

（3）摸清施工条件；

（4）编制施工组织设计（施工质量计划）；

（5）全面规划地安排施工力量；

（6）制订合理的施工方案；

（7）组织物资供应；

（8）做好现场"三通一平"和平面布置；

（9）兴建施工临时设施，为现场施工做好准备工作。

2．施工质量计划的编制

1）施工质量计划概述

按照 GB/T 19000 质量管理体系标准，质量计划是质量管理体系文件的组成内容。在合同环境下质量计划是企业向顾客表明质量管理方针、目标及其具体的实现方法、手段和措施，体现企业对质量责任的承诺和实施的具体步骤。

施工质量计划的编制主体是施工承包企业。在总承包的情况下，分包企业和施工质量计划是总包施工质量计划的组成部分。总包有责任对分包施工质量计划的编制进行指导和审核，并承担施工质量的连带责任。

根据建设工程生产施工的特点，目前我国工程项目施工的质量计划常用施工组织设计或施工项目管理规划的文件形式进行编制。

在已经建立质量管理体系的情况下，质量计划的内容必须全面体现和落实企业质量管理体系文件的要求。

施工质量计划编制完毕，应经企业技术领导审核批准，并按施工承包合同的约定提交工程监理或建设单位批准确认后执行。

2）施工质量计划的内容

（1）施工质量计划的基本内容如下。

① 工程特点及施工条件分析（合同条件、法规条件和现场条件）；

② 履行施工承包合同所必须达到的工程质量总目标及其分解目标；

③ 质量管理组织机构、人员及资源配置计划；

④ 为确保工程质量所采取的施工技术方案、施工程序；

⑤ 材料设备质量管理及控制措施；

⑥ 工程检测项目计划及方案等。

（2）施工质量控制点设置是施工质量计划的组成内容。

① 质量控制点是施工质量控制的重点，凡属关键技术、重要部位、控制难度大、影响大、经验欠缺的施工内容，以及新材料、新技术、新工艺、新设备等，均可列为质量控制点，实施质量控制。

② 质量控制点设置的具体方法是，根据工程项目施工管理的基本程序，结合项目特点，在制订项目总体质量计划后，列出各项基本施工过程中对局部和总体质量水平有影响的项目，作为具体的质量控制点。

③ 通过质量控制点的设定，质量控制的目标及工作重点就能更加明晰。加强事前预控的方向也就更加明确。事前控制包括明确目标参数、制定实施规程（包括施工操作规程及检测评定标准）、确定检查项目数量及跟踪检查或批量检查方法、明确检查结果的判断标准及信息反馈要求。

④ 施工质量控制点的管理应该是动态的，一般情况下在工程开工前、设计交底和图纸会审时，可确定一批整个项目的质量控制点，随着工程的展开、施工条件的变化，随时或定期地进行控制点范围的调整和更新，始终保持重点跟踪的控制状态。如混凝土钻孔灌注桩质量控制点设置如下。

a. 质量目标：钢筋笼绑扎正确、桩位准确、桩体垂直、混凝土强度达到设计值。

b. 控制点：钢筋规格、间距、长度正确，绑扎牢固，桩位准确，钻孔机垂直，混凝土强度达到设计强度。

3. 施工生产要素的质量控制

1）影响施工质量的五大要素

（1）劳动主体——人员素质，即作业者、管理者的素质及其组织效果。

（2）劳动对象——材料、半成品、工程用品、设备等的质量。

（3）劳动方法——采取的施工工艺及技术措施的水平。

（4）劳动手段——工具、模具、施工机械、设备等条件。

（5）劳动环境——现场水文、地质、气象等自然环境，通风、照明、安全等作业环境及协调配合的管理环境。

2）劳动主体的控制要求

（1）劳动主体的质量包括参与工程的各类人员的生产技能、文化素质、生理体能、心理行为等方面的个体素质，以及经过合理组织充分发挥其潜在能力的群体素质。

（2）企业人员需择优录用，加强思想教育及技能方面的培训教育；企业应合理组织学习和培训、严格考核，并辅以必要的激励机制，使企业员工的潜在能力得到最好的组合和充分的发挥，从而保证劳动主体在质量控制系统中发挥主体自控作用。

（3）施工企业必须坚持对所选派的项目领导者、组织者进行质量意识教育和组织管理能力训练，坚持对分包商的资质考核，坚持工种按规定持证上岗制度。

3）劳动对象的控制要求

（1）原材料、半成品、设备是构成工程实体的基础，其质量是工程项目实体质量的组成部分。故加强原材料、半成品及设备的质量控制，不仅是提高工程质量的必要条件，也是实现工程项目投资目标和进度目标的前提。

（2）原材料、半成品及设备质量控制的主要内容如下。

① 控制材料设备性能、标准与设计文件的相符性。

② 控制材料设备各项技术性能指标、检验测试指标与标准要求的相符性。

③ 控制材料设备进场验收程序及质量文件验收资料的齐全程度。

④ 控制不合格材料、设备的处理程序。不合格材料设备必须进行记录、标识，及时清退处理或指定专管，以防用错；不合格品不得用于工程。

已建立质量管理体系的施工企业，施工现场材料设备质量控制应按照质量程序文件规定贯彻执行封样、采购、进场检验、抽样检测及质保资料提交等一系列明确规定的控制标准。

4）施工方法（劳动方法）的控制要求

（1）施工技术方法包含施工技术方案、施工工艺和操作方法。

（2）施工技术方案是工程施工组织设计或质量计划的核心内容，必须在全面施工准备阶段编制审核完成。在施工总体技术方案确定的前提下，各分部分项施工展开之前还必须结合具体施工条件进一步深化和进行具体操作方法的详细交底。

（3）施工技术方法的预控措施。

① 建立质量控制点——进行专项落实和跟踪控制。

② 邀请专家咨询论证。

③ 进行专项技术方案事前试验验证。

④ 预测气象、水文、地质等环境因素对施工不利的影响，并制定应对措施。

5）施工设备（劳动手段）的控制要求

（1）施工设备泛指施工现场所配置的各类施工机械、设备、工器具、模板等。它们是施工过程的劳动手段。因此，为保证施工质量，不但需要在施工组织设计或质量计划阶段，认真做好各类施工机械的选型，而且要在施工之前严格按照配置计划所确定的型号、规格和数量认真落实到位，并做好进场安装、调试和检测。应根据工程需要，在选型时控制好主要性能参数。

（2）施工设备因素预控的内容，视具体设备的特点而定，一般包括技术性能参数、计量精度、安全性、可靠性及日常使用管理的制度和措施等。

（3）施工方案中选用的模板、脚手架等施工设备，除按适用的标准定型选用外，有时尚需按工程设计及施工的特定要求进行专项设计。对其设计方案及加工制作质量的控制及验收，应重点进行控制。

（4）按现行施工管理制度要求，对危险性较大的现场安装的起重机械、人货两用电梯等，不仅要对其设计安装方案进行审批，而且在安装完毕交付使用前必须经专业管理部门验收，合格后方可使用。同时在使用中尚需落实相应的管理制度和措施，确保其安全正常使用。

6）施工环境的控制要求

（1）客观因素——主要指地质、水文、气象、周边建筑、地下管道线路及其他不可抗力因素，客观环境对工程的不利影响一般难以避免和消除，主要应加强预测预防。

① 对水文地质方面的影响因素，通常根据地质资料进行分析和预测，采取降水、排水和加固等措施。

② 对天气与气象方面的不利影响，可通过合理安排冬雨季施工项目以及制定专项施工方案，从强化施工措施，落实人员、器材等方面，控制其对施工质量的不利影响。

（2）主观因素——施工现场的通风、照明、安全卫生预防设施等由施工企业自身创设的劳动作业环境因素，同样需要按照施工组织设计或质量计划的要求，认真落实，做好事前预控。

1.4.3　施工作业过程的质量控制

建设工程施工项目是由一系列相互关联、相互制约的作业过程（工序）所构成，控制工程项目施工过程的质量，必须控制全部作业过程，即各道工序的施工质量。

1. 施工作业过程质量控制的基本程序

（1）进行作业技术交底，包括作业技术要领、质量标准、施工依据、与前后工序的关系等。

（2）检查施工工序和程序的合理性、科学性，防止工序流程错误，导致工序质量失控。检查内容包括：施工总体流程和具体施工作业的先后顺序，在正常的情况下，要坚持先准备后施工、先深后浅、先土建后安装、先验收后交工等。

（3）检查工序施工条件，即每道工序投入的材料，使用的工具、设备、操作工艺及环境条件等是否符合施工组织设计的要求。

（4）检查工序施工中人员操作程序、操作质量是否符合质量规程的要求。

（5）检查工序施工产品的质量，即工序质量、分项工程质量。

（6）对工序质量符合要求的中间产品（分项工程）及时进行工序验收或隐蔽工程验收。

（7）质量合格的工序经验收后可进入下一道工序施工。未经验收合格的工序不得进入下道工序施工。

2. 施工工序质量控制要求

工序质量是施工质量的基础，工序质量也是施工顺利的关键。为达到对工序质量控制的效果，在工序管理方面应做到以下几方面。

（1）贯彻预防为主的基本要求，设置质量控制点，将材料质量状况、工具设备状况、施工程序、关键操作、安全条件、新材料和新工艺应用、常见质量通病，甚至包括操作者的行为等影响因素列为控制点，作为重点检查项目进行预控。

（2）落实工序质量巡查、抽查及重要部位跟踪检查等方法，及时掌握施工总体状况。

（3）对工序产品、分项工程的检查应按标准要求进行目测、实测及抽样试验的程序，做好原始记录，经数据分析后，及时做出合格及不合格的判断。

（4）对合格工序产品应及时提交监理进行隐蔽工程验收。

（5）完善管理过程的各项检查记录、检测资料及验收资料，入选为工程质量验收的依据，并为工程质量分析提供可追溯的依据。

3. 施工过程质量控制的主要途径和方法

1）施工质量检验

（1）施工质量检验的主要方式。

① 自我检验。作业组织和作业人员的自我质量检验。

② 相互检验。相同工种相同施工条件的作业组织和作业人员，在实施同一施工任务时相互间的质量检验。

③ 专业检验。专职质量管理人员的例行专业检验。

④ 交接检验。前后工序及施工过程交接时的质量检验。

（2）施工质量检验的方法。

① 目测法。即用观察、触摸等感观方式进行的检查，实践中人们把它归纳为"看、摸、敲、照"的检查操作方法。

② 量测法。使用测量仪器进行具体的测量，获得质量特性数据，分析判断质量状况及其偏差情况的检查方式，实践中人们把它归纳为"量、靠、吊、套"的检查操作方法。

2）施工质量检查

（1）施工质量检查的方式。

① 日常检查。指施工管理人员所进行的施工质量检查。

② 跟踪检查。指设置质量控制点，并指定专人所进行的相关施工质量跟踪检查。

③ 专项检查。指对某种特定施工方法、特定材料、特定环境等的施工质量，或某类质量通病所进行的专项质量检查。

④ 综合检查。指根据施工质量管理的需要，或来自企业职能部门的要求所进行的不定期的或阶段性的全面质量检查。

⑤ 监督检查。指来自业主、监理机构、政府质量监督部门的各类例行检查。

（2）施工质量检查的一般内容。

① 检查施工依据。即检查是否严格按要求和相关的技术标准进行施工，有无擅自改变施工方法、粗制滥造降低质量标准的情况。

② 检查施工结果。即检查已完的施工成果是否符合规定质量标准。

③ 检查整改落实。即检查生产组织和人员对质量检查中已被指出的质量问题或需要改进的事项，是否认真执行整改。

3）施工质量检测试验

（1）检测试验简称"测试"，是质量控制的重要手段，也是贯彻执行建设法律、法规强制性条文的重要内容。工程检测试验必须委托有相应资质的检测机构进行，所提供的检测、试验报告才具有法律效力。

（2）施工质量检测试验包括：桩基础承载力的静载、动载试验检测；基础及结构物的沉降检测；大体积混凝土的温控检测；砂浆、混凝土试块的强度检测；供水、供汽、供油管道的承压试验检测；涉及结构安全和使用功能的重要分部工程的抽样检测；室内装饰、装修的环境和空气质量检测等。

（3）工程施工质量检验、试验必须贯彻执行国家有关见证取样送检的标准。

4）隐蔽工程施工验收

（1）凡被后续施工所覆盖的分部分项工程，称之为隐蔽工程，包括桩基工程、基础工程、钢筋混凝土中的钢筋工程、预埋管道工程等。隐蔽工程在隐蔽前应由施工单位通知有关单位进行验收，并形成验收文件。

（2）隐蔽工程的施工质量验收应按规定的程序和要求进行。

隐蔽工程施工验收的程序为：施工单位自检→合格后开具验收单→提前24h或按合同规定通知驻现场监理工程师到场全面检查并共同验收签证。

（3）隐蔽工程验收是施工质量验收的一种特定方式，其验收范围、内容和合格质量标准，应严格执行 GB 50300—2013 有关检验批、分项分部工程的质量验收标准。检查不合格需整改的纠偏内容，必须在整改纠偏后，经重新查验合格，才能进行验收签证。

（4）对于基础工程的隐蔽验收，应根据政府工程质量监督部门的质量监督要求，约请监督人员实施全面核查检验，经批准认可后才能隐蔽覆盖，进行后续主体结构工程施工。

5）施工技术复核

（1）所谓施工技术复核是指对用于指导施工或提供施工依据的技术数据、参数、样本等的复查核实工作，包括对工程测量定位、工程轴线及高程引测点的设置、混凝土及砌筑砂浆配合比、建筑结构节点大样图、结构件加工图等的复查核实。

（2）施工技术复核必须以施工技术标准、施工规范和设计规定为依据，从源头上保证技术基准的准确性，通过相关的复测、计算、核实等复核过程来认定技术工作结果的正确性或提示其所存在的差错。

（3）施工技术复核必须贯彻技术工作责任制度，担任技术复核的人员必须具备相应的技术资格和业务能力。

（4）凡涉及工程主要技术基准、影响施工总体质量的技术复核内容，以及按照施工监理细则要求必须报监理工程师核准的技术复核项目，施工单位必须按规定报送，获准后才能作为施工依据。

6）施工计量管理

（1）从工程质量控制的角度，施工计量管理主要是指施工现场的投料计量和施工测量、检验的计量管理，它是有效控制质量的基础工作。

（2）工程计量管理，均应按照计量工作的法制性、统一性、准确性等规定要求进行，增强计量意识、法制观念和监督机制。

（3）施工计量管理，一是正确选择各种计量器具、仪器仪表，并做好经常性的维护保养和定期校准工作，保证计量器具的精度和灵敏度，防止因计量器具失真失控、计量误差超标造成工程质量隐患；二是加强计量工作责任制，建立计量管理制度，做到由专人管理计量器具，严格执行计量操作程序和规程，规范计量记录等。

（4）施工现场常用的计量器具有：经纬仪、水准仪、测距仪、钢卷尺、托线板、靠尺、台秤、回弹仪等。

7）施工例会和质量控制活动

（1）施工例会是施工过程中沟通信息、协调关系的常用手段，对解决施工质量、进度、成本、职业健康安全和环境管理目标控制过程的各种矛盾和问题，有十分重要的作用。

施工例会通常有定期例会和不定期例会，定期例会是一种周期性的固定时间、规定出席范围的会议方式；不定期例会是指根据管理需要，确定一项专门的会种不定期地召开这类会议，以解决管理过程的工作任务部署、信息沟通、协同配合问题，其会议的主题、具体时间、参会人员等都根据实际需要专项确定。

（2）做好各种类会议的事前计划和准备，是使会议获得事半功倍效果的重要工作。

（3）由于工程管理涉及多方参与主体，施工例会既要本着相互平等、相互尊重、自主的原则；也要采取分清责任是非、尊重科学管理、提倡诚信自律的严肃方针。

（4）根据全面质量管理的思想，质量控制小组的活动是全面全过程质量控制的有效方式和手段。根据实际需要和条件，可以组织多个不同性质面向不同对象的质量管理小组，使施工质量控制保持良好的专业性、针对性和群众性基础。

8）对施工质量不合格的处理

（1）在正确合理的工程设计前提下，建设工程质量不合格，概括说有两类情况，即投入的施工生产要素质量不合格和施工作业质量不合格。

（2）生产要素直接构成实体的是劳动对象，即原材料、构配件、工程用品、设备及部件等，其不合格的原因，可能会追溯到采购、运输、保管、用前加工、领料错误等环节，对于相关的每个作业者，都应在使用前进行质量控制。

（3）工序质量不合格包含工序操作质量不合格及已完施工产品质量检验不合格两层意思。工序操作质量不合格的原因，可能会追溯到作业者的质量意识差、作业方法不当、作业能力低下以及管理者的检查不到位，甚至已完工程产品保护不当等。一般可采取自我分析原因、自我改善作业、自我纠正念头的方式解决。

（4）已完工程质量检验不合格，通常是在施工质量检查验收中发现，其原因除了工序操作质量不合格外，还可能由于使用了不合格的原材料等，其质量不合格的处理应按施工质量验收标准和管理程序进行。

1.5 建设工程质量控制中的数理统计和统计方法

1.5.1 数理统计基础

1. 总体与样本

总体：又称母体，是统计分析中所要研究对象的全体，而组成总体的每一个单元称为个体。

样本：从总体中抽取的一部分个体就是样本。样本容量是样本中所含样品的数量。

2.质量数据

质量数据是质量信息的重要组成部分。

质量数据包括计量值数据和计数值数据。

质量数据的收集方式包括全数检验和随机抽样检验。

3.数据的统计特征量

（1）算术平均值。

（2）中位数。

（3）极差。

（4）标准偏差。

（5）变异系数。

4.数据的分布特征

数据的分布特征是呈正态分布。

1.5.2 常用的数理统计方法和工具

1.质量特征值

（1）质量的好坏通常以质量特征值（质量数据）表示，可通过一定的手段收集和统计。

（2）质量数据具有个体数值的波动性和总体分布的规律性。

（3）一般计量值数据服从正态分布，实践中只要是受微小作用的因素影响的计量值质量数据，都可认为近似服从正态分布（图1.5）。

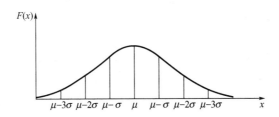

图 1.5 正态分布概率密度曲线

2.直方图

1）直方图的用途

直方图可用于了解产品质量的波动情况，掌握质量特性的分布规律，对质量情况进行分析判断。同时可通过质量数据特征值的计算，估算施工生产过程的不合格率，评价过程能力等（图1.6）。

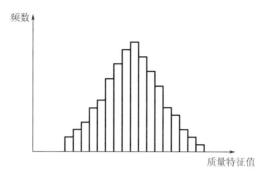

图 1.6　频数分布直方图图形

2）直方图的绘制方法

（1）收集整理数据。

基本要求：用随机抽样的方法抽取数据，一般要求数据在 50 个以上。

【例 1－1】　某建筑施工工地浇筑 C30 混凝土，为对其抗压强度进行质量分析，共收集了 50 份抗压强度试验报告单，经整理见表 1－1。

表 1－1　C30 混凝土抗压强度数据

顺　　序	数　　据					最大值	最小值
1	39.8	37.7	33.8	31.5	36.1	39.8	31.5 *
2	37.2	38.0	33.1	39.0	36.0	39.0	33.1
3	35.8	35.2	31.8	37.1	34.0	37.1	31.8
4	39.9	34.3	33.2	40.4	41.2	41.2	33.2
5	39.2	35.4	34.4	38.1	40.3	40.3	34.4
6	42.3	37.5	35.5	39.3	37.3	42.3	35.5
7	35.9	42.4	41.8	36.3	36.2	42.4	35.9
8	46.2	37.6	38.3	39.7	38.0	46.2 *	37.6
9	36.4	38.3	43.4	38.2	38.0	43.4	36.4
10	44.4	42.0	37.9	38.4	39.5	44.4	37.9

（2）计算极差。

例 1－1 的极差为：

$$R = x_{\max} - x_{\min} = 46.2 - 31.5 = 14.7 \, (\text{N/mm}^2)$$

（3）对数据分组。

① 确定分组数 k。原则：分组的结果应能正确反映数据分布规律，一般参照经验数据确定，见表 1－2。

表 1－2　数据分组参考

数 据 总 数	分组数 k
50～100	6～10
100～250	7～12
250 以上	10～20

例 1 - 1 中取 $k=8$。

② 确定组距 h。原则：各组距应相等，一般有极差≈组距×组数，数值尽量取整。

例 1 - 1 中：$h=R/k=14.7/8=1.8\approx2(\text{N/mm}^2)$

③ 确定组限。原则：注意使各组之间连续，处于组界限值上的数据，规定每组上（或下）组限不计在该组内。本例采用每组上限不计入该组内。

首先确定第一组下限：$x_{\min}-h/2=31.5-2.0/2=30.5$

第一组上限：$30.5+h=30.5+2=32.5$

第二组下限＝第一组上限＝32.5

依此类推，最高组限为 44.5～46.5，分组结果覆盖了全部数据。

（4）编制数据频数统计表。

例 1 - 1 的频数统计表见表 1 - 3。

表 1 - 3　频数统计

组号	组限/(N/mm^2)	频数	组号	组限/(N/mm^2)	频数
1	30.5～32.5	2	5	38.5～40.5	9
2	32.5～34.5	6	6	40.5～42.5	5
3	34.5～36.5	10	7	42.5～44.5	2
4	36.5～38.5	15	8	44.5～46.5	1
合　　计					50

（5）绘制频数分布直方图（图1.7）。

例 1 - 1 的频数分布直方图如图1.7所示。

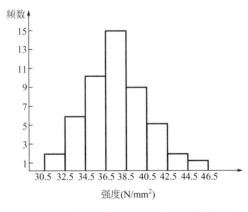

图 1.7　混凝土强度频数分布直方图图形

3）直方图的应用

（1）观察直方图的形状，判断质量分布状态（图1.8）。

① 正常型：中间高、两侧低，左右接近对称。

② 折齿型：分组不当或组距确定不当时出现的直方图。

③ 左（或右）缓坡型：主要是由于操作中对上限（或下限）太严造成。

④ 孤岛型：原材料发生变化，或者临时由他人顶班作业造成。

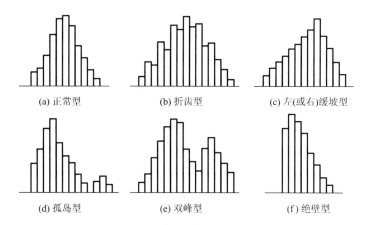

图 1.8　常见的直方图图形

⑤ 双峰型：由于用两种不同方法或两台设备或两组工人进行生产，然后把两方面数据混在一起整理产生的。

⑥ 绝壁型：由于收集数据不正常，可能有意识地去掉了下限以下的数据，或是在检测过程中存在某种人为因素所造成的。

（2）将直方图与质量标准比较，判断实际生产过程能力。

将正常型直方图与质量标准比较一般有六种情况，如图 1.9 所示。

其中：T——质量标准要求界限。

B——实际质量特性分布范围。

M——质量标准中心。

$\bar{x}$——质量分布中心。

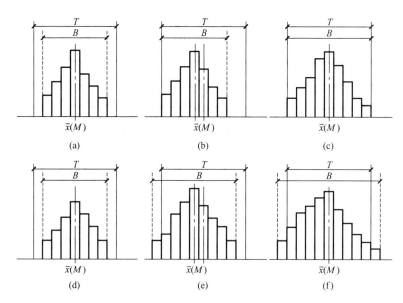

图 1.9　实际质量分析与标准比较

① B 在 T 中间，质量分布中心 $\bar{x}$ 与质量标准中心 M 重合，实际数据分布与质量标准相比较，有一定的余地 [图 1.9(a)]。

② B 虽然落在 T 内，但质量分布中心 $\bar{x}$ 与 T 的中心不重合，偏向一边 [图 1.9(b)]。这样如果生产状态一旦发生变化，就可能超出质量标准下限而出现不合格品。

③ B 在 T 中间，且 B 的范围接近 T 的范围，没有余地，生产过程一旦发生小的变化，产品的质量特性值就可能超出质量标准 [图 1.9(c)]。

④ B 在中间，但两边余地太大，说明加工过于精细，不经济 [图 1.9(d)]。

⑤ B 已超出标准下限之外，说明已出现不合格品 [图 1.9(e)]。

⑥ 质量分布完全超出了质量标准上、下限，散差太大，说明产生了许多废品 [图 1.9(f)]。

3. 因果分析图

1）因果分析法的概念

把系统中产生事故的原因及造成的结果构成错综复杂的因果关系，采用简明文字和线条加以全面表示的方法称为因果分析法。用于表述事故发生的原因与结果关系的图形称为因果分析图（图 1.10）。因果分析图的形状像鱼刺，故也叫鱼刺图。

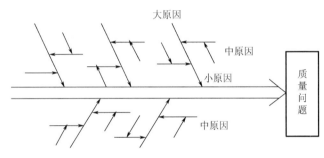

图 1.10　因果分析图（鱼刺图）

2）因果分析图的绘制

因果分析图是由原因和结果两部分组成的。一般情况下，可对人（安全管理、设计者、操作者等）的不安全行为和物质条件构成的不安全状态（设备缺陷、环境不良等）两大因素从大到小、从粗到细、由表及里深入分析，则可得出类似如图 1.10 所示的因果分析图。

因果分析图的绘制步骤与图中箭头方向恰恰相反，是从"结果"开始，将原因逐层分解，具体步骤如下。

（1）明确质量问题，即结果。

（2）分析影响质量特性大的方面的原因。

（3）将每种大原因进一步分解为中原因、小原因，直至分解的原因可以采取具体措施加以解决为止。

（4）检查图中所列原因是否齐全，可以对初步分析结果广泛征求意见，并做好必要的补充和修改。

（5）选择影响大的关键因素，做出标记"△"以便重点采取措施。

绘制因果分析图时，要广泛听取各方面意见，同时在作图时注意以下事项。

（1）质量特性（结果）要提得具体而简单明确。

（2）一个质量特性（结果）要作一张图。

（3）主干箭头方向要从左向右，以使看图方便。

（4）一次讨论的时间不要太长，必要时可先试画草图。

（5）对于重要的原因应附以特殊标志。

（6）要特别注意听取现场人员的意见。

图 1.11 为混凝土强度不足的因果分析图示例。引起混凝土强度不足的施工大原因，可分为人、机器、材料、工艺、环境等大原因，人的责任心不足、基本知识差、材料配合比不准、拌和不均、振捣不实等中原因。

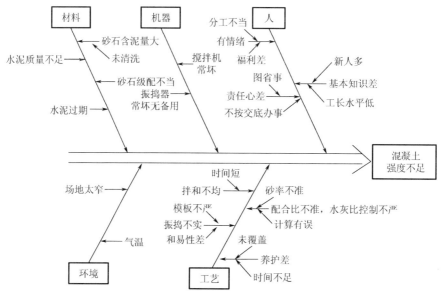

图 1.11　混凝土强度不足的因果分析图

4．排列图

1）排列图法的概念

排列图法是利用排列图寻找影响质量主次因素的一种有效方法。排列图又叫帕累托图或主次因素图，它由两个纵坐标、一个横坐标、直方形和一条曲线所组成。

如图 1.12 所示，左侧的纵坐标表示频数，右侧纵坐标表示累计频数，横坐标表示影响质量的各个因素或项目，按影响程度大小从左至右排列，直方形的高度示意某个因素的影响大小。实际应用中，通常按累计频率划分为（0～80％）、（80％～90％）、（90％～100％）三部分，与其对应的影响因素分为 A、B、C 三类。A 类为主要因素，B 类为次要因素，C 类为一般因素。

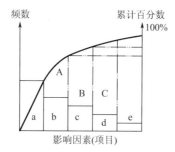

图 1.12　排列图

2）排列图的作法

（1）收集整理数据。

① 确定调查对象、范围、内容等。

② 通过实测实量收集一批数据。

③ 根据内容和原因分类数据。

（2）排列图的绘制。

① 画横坐标，将横坐标按项目数等分并按项目频数由大到小的顺序从左到右排列。

② 画纵坐标，左侧的纵坐标表示项目不合格点数即频数，右侧纵坐标表示累计频数，要求总数对应累计频数 100%。

③ 画频数直方图，以频数为高，画出各项目的直方图。

④ 画累计频率曲线。

⑤ 记入必要事项。

3）排列图分析

弄清影响质量的主要原因和次要原因，一般认为影响质量的主要原因有 1～3 个（图 1.12）。

【例 1-2】 某公路项目竣工后进行质量检验，发现路面存在若干质量问题，其数据见表 1-4，试绘制其排列图并进行质量分析。

表 1-4 路面质量问题统计表

序　号	项　　目	频　数	频率/%	累计百分比/%
1	压实度不够	389	58.0	58.0
2	厚度不够	204	30.4	88.4
3	小面积网裂	63	9.4	97.8
4	局部油包	8	1.2	99.0
5	平整度不好	7	1.0	100.0
合计		671	100.0	

所绘制的排列图见图 1.13。根据图 1.13 可得出如下结论：压实度不够是主要原因；厚度不够是次要因素；其他三项是一般因素。

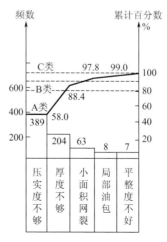

图 1.13 排列图

4）排列图的应用

（1）按不合格点的缺陷形式分类，可以分析出造成质量问题的薄弱环节。

（2）按生产作业分类，可以找出生产不合格品最多的关键过程。

（3）按生产班组或单位分类，可以分析比较各单位技术水平和质量管理水平。

（4）将采取提高质量措施前后的排列图对比，可以分析采取的措施是否有效。此外，还可以用于成本费用分析、安全问题分析等。

复习思考题

1. 简述建设工程质量的概念、特点和特性。

2. 详述按工程项目施工层次划分的质量控制过程的内容。

3. 详述施工工序质量控制要求。

4. 详述施工过程质量控制的主要途径和方法。

5. 根据建设工程质量影响因素、结合工程与事故缺陷特点，试画出砖砌体强度不足的因果分析图。

6. 收集混凝土强度样本数据，取样本容量为200，所得数据见表1-5，试绘制其频数分布直方图，并分析其强度分布状态。

表 1-5 混凝土强度样本数据

组号	强度数据/MPa										x_{min}	x_{max}
1	29.6	28.4	28.6	28.7	29.0	29.4	28.2	28.3	28.9	29.9	28.2	29.9
2	28.7	28.7	27.5	28.3	27.8	27.3	27.1	28.5	28.3	28.0	27.1	28.7
3	27.1	28.1	28.6	28.6	28.6	28.9	28.1	28.9	27.8	28.4	27.1	28.9
4	28.6	28.9	29.7	29.2	28.7	27.3	28.3	28.3	27.5	27.9	27.3	29.7
5	28.4	27.9	29.0	27.8	28.9	28.8	27.1	28.0	28.6	28.9	27.1	29.0
6	28.7	28.3	29.1	28.4	27.9	27.1	27.9	28.4	28.3	28.8	27.1	29.1
7	28.6	28.0	28.7	29.0	29.7	28.5	28.4	28.6	27.9	28.6	27.9	29.7
8	28.7	28.7	29.4	28.6	28.5	29.1	29.0	28.9	27.8	28.4	28.4	29.4
9	29.3	29.6	28.5	28.7	28.4	28.7	29.0	28.0	28.0	27.9	27.9	29.6
10	28.9	28.1	28.1	28.2	28.6	29.2	27.7	28.5	27.7	27.7	27.7	29.2
11	28.3	28.7	28.3	28.5	29.5	29.1	28.7	28.3	28.6	28.3	28.3	29.5
12	29.4	29.3	28.8	27.9	29.9	29.0	27.6	28.3	28.0	28.5	27.6	29.9
13	28.0	28.0	28.6	28.8	28.1	28.5	28.3	28.9	29.1	27.7	27.7	29.1
14	28.7	28.5	27.4	28.9	29.9	28.7	27.8	28.4	28.4	27.5	27.4	29.9
15	28.4	28.5	29.0	29.0	28.3	28.8	27.8	28.4	28.4	27.5	27.5	29.0
16	29.0	28.4	29.8	28.0	28.4	28.8	28.3	28.9	27.3	28.4	27.3	29.8
17	28.6	28.4	29.1	29.4	29.0	28.4	28.9	28.6	28.7	29.0	28.4	29.4
18	28.5	28.3	29.2	27.9	28.1	29.0	28.3	27.7	27.7	29.4	27.7	29.4
19	28.5	28.4	28.1	28.8	29.0	29.3	29.1	28.9	28.8	29.4	28.1	29.4
20	28.4	28.8	27.8	28.9	28.4	28.1	28.5	29.0	28.1	27.9	27.8	29.0

7. 某工地现浇混凝土构件尺寸质量检查结果（表 1－6）是：在全部检查的 8 个项目中不合格点（超过偏差限值）有 150 个，为改进和保证质量，试根据检查所得数据用排列图法，对这些不合格点进行分析，找出混凝土构件尺寸质量的薄弱环节。

表 1－6 现浇混凝土构件尺寸质量检查结果

序　号	检 查 项 目	不合格点数	序　号	检 查 项 目	不合格点数
1	轴线位置	1	5	平面水平度	15
2	垂直度	8	6	表面平整度	75
3	标　高	4	7	预埋设施中心位置	1
4	截面尺寸	45	8	预留孔洞中心位置	1

第2章

建设工程施工质量检验与评定标准体系

教学目标

本章主要讲述住房和城乡建设部编制的《工程建设标准体系》和交通运输部编制的《公路工程标准体系》，并解析建筑工程质量控制体系与公路工程质量控制体系的异同。通过本章学习，达到以下目标：

（1）熟悉住房和城乡建设部编制的《工程建设标准体系》；

（2）了解交通运输部编制的《公路工程标准体系》；

（3）了解建筑工程质量控制体系与公路工程质量控制体系的异同。

教学要求

知识要点	能力要求	相关知识
施工质量专业标准体系	（1）了解工程建设标准体系； （2）熟悉施工质量专业标准体系构架； （3）了解国内外施工质量专业标准体系的异同； （4）了解建筑工程施工质量验收统一标准的发展	（1）标准的概念； （2）基础标准； （3）通用标准； （4）专用标准
公路工程标准体系	（1）了解公路工程标准体系； （2）了解公路工程技术标准的发展； （3）掌握最新公路工程技术标准的编写思路和特点	（1）广义公路工程技术标准； （2）狭义公路工程技术标准
建筑工程质量控制体系与公路工程质量控制体系的异同	（1）熟悉建筑工程与公路工程划分方法的异同； （2）熟悉建筑工程与公路工程质量等级和评定方法的异同； （3）了解建筑工程与公路工程质量验收标准体系的异同	（1）标准体系； （2）工程项目划分； （3）工程项目质量评定

 基本概念

标准，标准体系，基础标准，通用标准，专用标准，术语标准，产品标准，方法标准。

引言

工程建设标准是广大工程建设者必须遵循的准则和规定，在提高工程建设科学管理水平，保证工程质量和工程安全，降低工程造价，缩短工期，节约建筑材料和能源，促进技术进步等方面起到了显著的作用。随着我国基本建设的发展和工程技术的不断进步，住房和城乡建设部和交通运输部组织全国各方面的专家陆续制定、修订并颁发了《工程建设标准体系》和《公路工程标准体系》，其中《建筑工程施工质量验收统一标准》和《公路工程质量检验评定标准》对建设工程质量控制作用巨大，使建设工程质量检评有章可循、有据可依，实现了对工程质量的有效检验与监控。

中国工程建设标准规范数量众多，为有效地管理现有标准及规划标准发展方向，达到最佳的标准化效果，各行业各部门根据自身特点，在一定范围内，基于标准、规范间的内在联系及特性，建立起一系列标准的有机整体，从而可协调标准之间的关系，避免重复和矛盾，还可以对内容单一、类似的标准实施合并，废止过时的标准，实现动态管理标准的目的。例如，住房和城乡建设部主持研究和编制的《工程建设标准体系》（城乡规划、城镇建设、房屋建筑部分），交通运输部主持研究和编制的《公路工程标准体系》，工业和信息化部建立的《电子工程建设标准体系》和水利部建立的《水利工程建设标准体系》等。

标准体系按一定规则排列，主要包括标准体系框图、标准体系表和项目说明三部分。

2.1 住房和城乡建设部主持研究和编制的《工程建设标准体系》

2.1.1　《工程建设标准体系》简介

住房和城乡建设部主持研究和编制的《工程建设标准体系》（以下简称《标准体系》）共包含 1375 本标准，划分为 20 个专业，具体专业划分如下：

（1）城乡规划专业；

（2）城乡勘察工程测量专业；

（3）城镇公共交通专业；

（4）城乡道路与桥梁专业；

（5）城乡给水排水专业；

（6）城乡燃气专业；

（7）城镇供热（冷）专业；

（8）市容环境卫生专业；

（9）风景园林专业；

（10）城乡与工程防灾专业；

（11）建筑设计专业；

（12）建筑地基基础专业；

（13）建筑结构专业；

（14）建筑环境与设备专业；

（15）建筑电气专业；

（16）建筑施工安全专业；

（17）建筑施工质量专业；

（18）建筑维护加固与房地产专业；

（19）信息技术应用专业；

（20）城市轨道交通专业；

与施工质量控制有关的专业为"建筑施工质量专业"，属于《标准体系》的第 17 章，包括"施工技术""检测技术""施工质量验收""施工项目管理""建筑材料"5 个领域。"施工质量验收"相关标准在《标准体系》第 17 章第 4 节中介绍。

在《标准体系》中，无论哪个专业，体系的构架都是相同的，都是按照基础标准、通用标准和专用标准 3 个层次进行管理的。以建筑施工质量专业为例，标准体系的构架如图 2.1 所示。

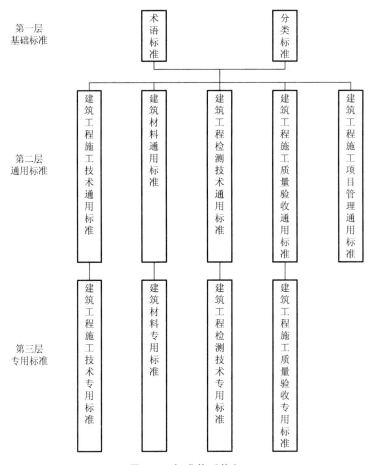

图 2.1　标准体系构架

图中基础标准是指在某一专业范围内作为其他标准的基础并普遍适用，包括具有广泛指导意义的术语、符号、计量单位、图形、模数、基本分类、基本原则等的标准，如《建筑材料术语标准》等。这些标准是指导标准编制的标准，主要给编制标准的人采用，目的是对标准用词规范化、术语化，统一词语和符号的使用。

通用标准是标准体系的主干，针对某一类标准化对象制定的覆盖面较大的共性标准。它可作为制定专用标准的依据，如通用的安全、卫生与环保要求，通用的质量要求，通用的设计、施工要求与试验方法及通用的技术管理等。对于"建筑工程施工质量验收"领域来说，通用标准相应于验收的分部、子分部工程，如《建筑装饰装修工程质量验收规范》《建筑电子工程施工质量验收规范》属于分部工程，《混凝土结构施工质量验收规范》《钢结构工程施工质量验收规范》属于子部分工程，本书介绍的《建筑工程施工质量验收统一标准》也属于通用标准。

专用标准是标准体系的支干，它是针对某一具体标准化对象或作为通用标准的补充、延伸制定的专项标准。它的覆盖面一般不大，如某种工程的勘察、规划、设计、施工、安装及质量验收的要求和方法，某个范围的安全、卫生、环保要求，某项试验方法，某类产品的应用技术以及管理技术等。对于"建筑工程施工质量验收"领域来说，专用标准相应于验收的子分部、分项工程，如《塑料门窗工程技术规程》《钢筋焊接及验收规程》等。根据标准的重要性，住房和城乡建设部还为每项标准注明权重，包括重要标准和一般标准。

2.1.2　建筑施工质量专业标准体系

建筑施工质量专业是《标准体系》20 个专业中包含技术标准数量最多的专业，总数122 项，其中现行标准 65 项（其中在修订 19 项、待修订 46 项）、在编标准 48 项、待编标准 9 项，体现了国家对建筑工程施工质量的重视。建筑施工质量专业标准按标准层次统计如下。

（1）基础标准 3 项，其中现行标准 2 项，待编标准 1 项。

（2）通用标准 49 项，其中现行标准 28 项（在修订 9 项、待修订 19 项），在编标准 14 项，待编标准 7 项。

（3）专项标准 70 项，其中现行标准 35 项（在修订 10 项、待修订 25 项），在编标准 34 项，待编标准 1 项。

该标准体系是开放型的，技术标准的名称、内容和数量均可根据需要适时调整。

建筑施工质量专业中建筑工程施工质量验收领域共包含基础标准 1 项，通用标准 15 项，专用标准 21 项。上述标准见表 2 - 1。

表 2 - 1　建筑工程施工质量验收领域标准体系表

标准层次	标 准 名 称	现 行 标 准	权重	备注
基础标准	建筑工程施工质量术语标准		重要	待编
通用标准	建筑工程施工质量验收统一标准	GB 50300—2013	重要	现行
	建筑地基与基础工程施工质量验收规范	GB 50202—2002	重要	修订
	砌体工程施工质量验收规范	GB 50203—2011	重要	现行

（续）

标准层次	标准名称	现行标准	权重	备注
通用标准	混凝土结构工程施工质量验收规范	GB 50204—2015	重要	修订
	钢结构工程施工质量验收规范	GB 50205—2001	重要	修订
	木结构工程施工质量验收规范	GB 50206—2012	重要	现行
	屋面工程施工质量验收规范	GB 50207—2012	一般	现行
	建筑装饰装修工程质量验收规范	GB 50210—2001	重要	修订
	建筑给水排水及采暖工程施工质量验收规范	GB 50242—2002	重要	修订
	通风与空调工程施工质量验收规范	GB 50243—2016	重要	修订
	建筑电气工程施工质量验收规范	GB 50303—2015	重要	修订
	智能建筑工程施工质量验收规范	GB 50339—2013	重要	现行
	电梯工程施工质量验收规范	GB 50310—2002	重要	现行
	建筑节能工程施工质量验收规范	GB 50411—2007	重要	修订
	建设工程文件归档规范	GB 50328—2014	一般	现行
专用标准	烟囱工程施工和验收规范	GB 50078—2008	一般	现行
	人民防空工程施工及验收规范	GB 50134—2004	一般	现行
	土方与爆破工程施工及验收规范	GB 50201—2012	一般	现行
	地下防水工程质量验收规范	GB 50208—2011	一般	现行
	建筑地面工程施工质量验收规范	GB 50209—2010	一般	现行
	建筑防腐蚀工程施工质量验收规范	GB 50224—2010	一般	现行
	铝合金结构工程施工质量验收规范	GB 50576—2010	一般	现行
	钢管混凝土工程施工质量验收规范	GB 50628—2010	一般	现行
	钢筋混凝土筒仓施工与质量验收规范	GB 50669—2011	一般	现行
	防静电工程施工与质量验收规范	GB 50944—2013	一般	现行
	空间网络结构技术规程	JGJ 7—2010	一般	现行
	轻骨料混凝土结构技术规程	JGJ 12—2006	一般	现行
	钢筋焊接及验收规程	JGJ 18—2012	一般	现行
	钢结构高强度螺栓连接技术规程	JGJ 82—2011	一般	现行
	塑料门窗工程技术规程	JGJ 103—2008	一般	现行
	钢筋机械连接技术规程	JGJ 107—2016	一般	现行
	型钢混凝土组合结构技术规程	JGJ 138—2001	一般	现行
	铝合金门窗工程技术规程	JGJ 214—2010	一般	现行
	密肋复合板结构技术规程	JGJ/T 275—2013	一般	现行
	逆作复合桩基技术规程	JGJ/T 186—2009	一般	现行
	住宅内装饰装修施工质量验收规范	JGJ/T 304—2013	一般	现行

2.1.3 国内外建筑施工质量规范的比较

随着建筑工程技术的发展，新材料和新工艺的出现，以及城市建设的发展和地下空间的开发等，对施工及验收提出了更高的要求。因此国内外均非常注重建筑工程施工质量及质量验收标准的建立。

1. 国外建筑工程质量规范现状

世界各国对建筑工程施工质量均比较重视，已建立各自的建筑工程质量验收标准或建筑工程质量评定标准，例如新加坡的《工程质量标定标准》（CONQVAS），该标准围绕建筑工程所采用的材料和构配件制定了材料检验标准和相应的检测方法标准。同时，由于建筑工程由多道工序和众多构件、设备组成，现场抽样检测能较好地评价工程的实际质量。为了确定工程是否安全、是否能满足功能要求，各国还制定了建筑工程现场抽样检测标准。

建筑施工技术及验收方法在各国差别较大，不同国家和地区因其经济水平、传统和经验不同而各具特色。总的说来，国外标准突出设计原则，强调为建筑物的安全和正常使用提供可靠性较高的基本条件，突出试验与评价的统一性，重视地区及企业经验，倡导新材料、新技术与新工艺的推广应用。

欧、美、日等发达国家和地区，对建筑的安全性能、使用性能和环境保护的要求是通过法规提出的，突出了强制性，处罚力度很大，违反者将面临巨额罚款甚至司法审判；技术标准一般由行业协会组织编制，大多数属于推荐性的，并非强制执行的。因此对工程施工首先要求符合技术法规，其次要求符合技术标准。

主要应用地方性的标准规范，如美国有全国统一的试验标准，但无全国性的设计、施工规范，设计、施工规范由各州自行制定；欧洲有统一的地基基础规范，但主要是一些原则性的规定，对具体问题则要求各国根据各自的情况自行制定标准。

国外的工程设计人责任和权力较大，对工程质量施行总负责制，工程质量若出现问题，设计人要承担重要责任，可能会被取消执业资质甚至接受司法审判。因此设计人对工程质量十分重视，会严格把关工程质量，跟踪工程建设的全过程。国外工程中一些具体的验收指标由设计人直接提出，强调施工效果要体现设计意图，某些施工环节经设计人认可才能进行后续施工，否则要求返工重做。建设方还会委托咨询公司负责技术层面的工作，把关设计质量和施工质量，跟踪进度，支付工程款，类似我国的代建单位。

2. 国内建筑工程质量规范现状

中国工程建设领域规范门类齐全、专业划分细致，建筑物从规划、勘察、设计、施工到使用、改造各环节都具备相应的标准规范。标准层次齐全，包括国家标准、行业标准、协会标准、地方标准和企业标准。目前使用率较高的是国家标准、行业标准。近几年各省市加大了地方标准的编制力度，但总体水平不高，多数照搬了国家标准和行业标准。国家标准、行业标准有共同的主管部门，规范编制期间由主管部门组织协调，基本克服了验收规范之间相互交叉和不一致的状况。

在质量验收规范的发展过程中，实现了施工技术和质量验收的分离，以及检验和评定的分离，现行的《建筑工程施工质量验收统一标准》（GB 50300—2013）和相配套的专业验收规范形成了比较完整的验收规范体系。

在建筑工程施工质量验收中，对施工过程的质量控制和形成的质量资料的完整性非常重视。这些质量控制资料有施工过程的每道工序完成后的检验评定和交接检验，也有进场材料的检验，还有施工过程中的见证试验等。涉及建筑工程质量的进场材料、构配件检验标准先后进行了制定和修订。

建筑工程质量的实体检验，涉及地基基础和结构安全以及主要功能的抽样检验，能够较客观和科学地评价单体工程施工质量是否达到规范的要求。由于 20 世纪 80 年代的检验评定标准着重于外观和定性检验，对抽样检验和定量检验的要求没有涉及，致使建筑工程现场抽样检验发展不快。随着建筑工程检验技术、方法和仪器研制的发展，这方面的技术标准逐步得到了重视，已制定了相应的现场检测技术标准，如《砌体工程现场检测技术标准》《玻璃幕墙工程质量检验标准》和《建筑结构检测技术标准》等。

2.1.4　现行建筑工程规范存在的问题

相比较而言，我国标准规范数量多，但法律、法规还不完善、不健全，还有很多空白和漏洞，有些领域由于法律、法规的缺失而影响标准规范的执行力度。近年来，国家对施工安全、建筑节能比较重视，政府部门三令五申，出台了一些政策性文件，但对建筑的功能、环保方面还重视不足，各专业在施工中的质量通病还是很多，工程竣工后往往因裂缝、渗漏、尺寸偏差等产生纠纷；某些建筑材料、施工措施不够环保，导致环境污染的事件屡屡发生。

建筑工程的施工技术和操作工艺涉及多道工序的技术依据，影响施工质量，20 世纪90 年代，对这些施工技术的总结均反映在系列工程施工及验收规范中。20 世纪末期，由于形成了以"强化验收"为核心的质量验收体系，认为需要重点把关施工结果，加强验收环节，而对施工操作的要求可以放宽，根据施工单位的经验和技术积累，发挥积极性、主动性、创造性，按照施工单位各自的企业技术标准执行，原有的工程施工及验收规范均被废止，而相应的施工技术体系规范没有及时编制，导致一段时间内施工操作依据应用混乱，在一定程度上影响了工程质量。21 世纪初，行业主管部门注意到国内大部分中小企业施工单位不具备制定施工企业技术规范的技术能力，根据我国施工企业的现状，为了搞好建筑工程的施工质量控制，将建筑工程施工技术和操作工艺部分形成一个新的建筑工程施工技术标准体系，目前已公布实施《智能建筑工程施工规范》（GB 50606—2010）、《通风与空调工程施工规范》（GB 50738—2011）、《混凝土结构工程施工规范》（GB 50666—2011）、《木结构工程施工规范》（GB/T 50772—2012）、《钢结构工程施工规范》（GB/T 50755—2012），《建筑地基基础施工规范》《砌体结构工程施工规范》等正在编制。

目前我国的建筑材料专用标准体系还存在系统不健全、缺乏整体性和系统性等问题。如混凝土材料专业，没有对混凝土材料进行分类、命名和定义的标准，只是参照国外或按习惯分类，而且由于管理体制、行业划分等原因，存在多头管理、分散管理的情况，技术标准体系比较凌乱。又如建筑钢材属于中国冶金总公司管辖，水泥属于中国建材总公司管辖等，一些细分的标准，基本上是谁下手快就归谁，没有章法。

涉及地基基础、结构安全和主要使用功能的现场抽样检验，是建筑工程施工质量验收的重要组成部分，我国已编制发行一些相应的标准，但尚未形成较完善的标准体系；同时，存在标准比较分散等问题，如混凝土结构中混凝土强度的检测方法标准就有 6 本之多。因此，对涉及地基基础、结构安全和主要使用功能的现场抽样检验标准在标准体系中提出了相应的建议。如将已颁布实施的《混凝土结构现场检测技术标准》《钢结构现场检测技术标准》中常用的和较成熟的检测方法合并，解决了检测方法标准过多和分散等问题。目前对地基基础的检测尚未形成一本系统的规范。同时，对外墙外保温及隔声等涉及建筑功能现场检测的内容也需要编制相应规范。

2.1.5 对建筑工程验收规范的改进

建筑工程施工质量验收规范中的专用标准需要进一步配套，对内容相近或重复的标准进行合并。例如，目前《塑料门窗安装及验收规范》已修订为《塑料门窗工程技术规程》，而针对铝合金门窗的安装和验收还有《铝合金门窗工程技术规范》，可以把上述两本标准及钢、木等材料的门窗技术标准合并，统一编制为《门窗工程技术规程》，用于各类门窗安装的施工技术、操作工艺及质量控制。

建筑施工过程贯穿建筑物及其功能从无到有的全过程，涉及结构、装修、通风与空调等诸多专业，而一些技术规程本身也涉及计算、设计原则、施工工艺、质量验收及使用维护等环节。因此，为避免遗漏或重复，各专业间需要加强协调配合。

应根据建筑施工的需要，对建筑材料进行分类、定义，制定完整的标准体系，然后根据标准体系系统地编制有关建筑施工所需的建筑材料标准。建筑材料专业标准体系分为三大类：专业基础标准，包括各大类建筑材料的分类标准和术语等；通用标准，包括各大类建筑材料的基本性能标准、基本性能的试验方法标准和基本性能的评定方法标准等；专用标准，包括各种建筑材料所用的原材料性能标准、试验方法和性能的评定方法，各种建筑材料的性能标准、试验方法和性能的评定方法，各种建筑材料的技术应用规程、规范等。

2.1.6 《建筑工程施工质量验收统一标准》介绍

1.《建筑工程施工质量验收统一标准》发展过程

为保证建设工程质量，必须制定相应的质量检验评定标准，使建设工程质量检评有章可循、有据可依，对工程质量实行有效检验与监控。

中华人民共和国成立以来，我国建筑主管部门组织制定了建筑工程质量检验评定标准，并根据经济建设的发展、科学技术的进步、管理体制的改革，不断对标准进行修订，可以说标准在一定程度上反映了建筑行业施工技术管理和质量的发展水平。

《建筑工程施工质量验收统一标准》由来已久，是建筑行业历史最悠久的标准之一，标准的前身可追溯到 1966 年，最早的标准为《建筑安装工程质量检验评定标准》（GBJ 22—66），后来历经《建筑安装工程质量检验评定标准》（TJ 301—74）、《建筑安装工程质量检验评定统一标准》（GBJ 300—88）、《建筑工程施工质量验收统一标准》（GB 50300—2001），标准大约每隔十余年修订一次，其发展过程见表 2-2。

表 2-2 建筑工程施工质量检验评定标准的发展过程

标准编号	颁布单位	标准名称	标准内容
GBJ 22—66	中华人民共和国建筑工程部	建筑安装工程质量检验评定标准	16 个分项工程，每个分项工程包含质量要求、检验方法、质量评定三部分
TJ 301—74	中华人民共和国国家基本建设委员会	建筑安装工程质量检验评定标准	32 个分项工程，每个分项工程包含质量要求、检验方法、质量评定三部分
GBJ 300—88	中华人民共和国建设部	建筑安装工程质量检验评定统一标准	32 个分项工程，每个分项工程包含质量要求、检验方法、质量评定三部分，单独成册颁布
GB 50300—2001	中华人民共和国住房和城乡建设部	建筑工程施工质量验收统一标准	六章四十五条
GB 50300—2013	中华人民共和国住房和城乡建设部	建筑工程施工质量验收统一标准	六章，8 个附录

由于我国市场经济的逐步形成，建设监理制的实施和推广，以及新材料、新技术、新结构、新机械的应用和推广，其质量检验评定标准理应做相应的修改和补充。中华人民共和国建设部于 2001 年 7 月颁布了《建筑工程施工质量验收统一标准》（GB 50300—2001），它是在 1988 年颁布执行的《建筑安装工程质量检验评定统一标准》（GBJ 300—88）的基础上修订而成的，相配套的系列质量验收规范、技术标准也陆续修订。该标准较 88 版标准实现了一个飞跃，适应了新时期建设工程质量管理的需要。其重要变化有以下三个方面。

1）实现了验收与评定的分离

从标准名称上就可以看出区别，改"检验评定"为"验收"，把验收和评优分开，突出了合格验收。如果建设单位需要，再根据《建筑工程施工质量评价标准》进行工程评优。一般的工程只要求验收合格，这样可以突出重点、简化验收过程、明确验收目的。

2）提出了"检验批"的概念

"检验批"概念的提出，细化了验收的对象，以便及时发现质量问题并进行整改。该标准实施十几年以来运行情况良好，没有出现原则性问题。

3）实现施工与验收的分离

早期的验收类规范名称大多为施工及验收规范，将施工操作及验收要求掺杂在一起，使标准体系较为混乱。标准修订过程中体现了"强化验收"，将施工操作的内容剥离，另行编制各专业的施工规范，指导具体的施工操作，使标准体系更加健全。

2.2013 版《建筑工程施工质量验收统一标准》的修订内容和章节设置

《建筑工程施工质量验收统一标准》（以下简称《统一标准》）的最新修订，解决了验收工作中存在的一些问题，填补了漏洞和空白，对 2001 版标准执行过程中遇到的一些常见情况给出了明确的规定。《统一标准》修订时考虑到承上启下，把握好了新旧版本标准的衔接，原则性要求的变化不大，不成熟和有争议的内容未纳入标准，主要修订的内容如下：

（1）提出可适当调整抽样复验、试验数量的规定；

（2）提出制定专项验收要求的规定；

（3）增加验收批最小抽样数量的规定；

（4）增加建筑节能分部工程，增加铝合金结构、土壤源热泵系统等子分部工程；

（5）修改结构、电气、空调等分部工程中的分项工程划分；

（6）增加计数抽样方案的一次、二次抽样判定方法；

（7）增加工程竣工预验收的规定；

（8）规定勘察单位应参加单位工程验收；

（9）增加质量控制资料缺失时，应进行相应检验的规定；

（10）修改各项验收表格。

2013 版《统一标准》章节设置维持 2001 版标准的方式，包括"总则""术语""基本规定""质量验收的划分""质量验收""验收的程序和组织"，共 6 章。标准还包含 8 个附录，分别为：

附录 A　施工现场质量管理检查记录

附录 B　建筑工程的分部工程、分项工程划分

附录 C　室外工程的划分

附录 D　一般项目正常检验一次、二次抽样判定

附录 E　检验批质量验收记录

附录 F　分项工程质量验收记录

附录 G　分部工程质量验收记录

附录 H　单位工程质量竣工验收记录

3.《建筑工程施工质量验收统一标准》的特点和主要任务

《统一标准》强调工程质量的保证与控制，规定施工现场质量管理要求，必须有相应的施工技术标准，健全的质量管理体系、施工质量验收制度和综合施工质量水平评定考核制度，强调工序质量控制和专业工种之间的交接验收，明确工程质量验收均应在施工单位自行检查评定的基础上进行。

《统一标准》的另一个重要特点是强调工程质量评定标准与工程施工规范协调并配合使用。各专业验收规范以技术内容为主，详细规定了各项验收工作的检查项目、抽样数量、检查方法、使用仪器、合格判定等要求。《统一标准》篇幅不多，技术内容较少，主要规定的是工程验收的原则要求，制定了建筑验收的统一准则，提出了验收工作的共性要求，由各专业验收规范遵照执行。同时，《统一标准》还起到了协调各专业验收规范的作

用，避免了规范间的重复和矛盾，对施工中常见的问题给出了统一的解决方案，与专业验收规范之间有明确的任务分工。《统一标准》的主要任务如下。

（1）规定了工程验收的划分方式。目前各专业验收规范都按照检验批、分项工程、分部工程方式验收，因此没有必要由每本规范分别规定工程验收的划分方式，现在采用的方式是在《统一标准》中说明，规定划分原则和方法，由各专业验收规范执行。

（2）规定了单位工程的验收要求。对检验批、分项工程、分部工程中具体项目的验收要求由各专业验收规范规定，各分部工程都完工后且分别验收合格，形成一个独立的单位工程，单位工程的验收要求不能由某一专业验收规范规定，需要由《统一标准》规定。

（3）明确了验收的程序和组织形式。质量验收的各个环节，包括检验批、分项工程、分部工程等，验收时由哪个单位组织、哪个单位参加，对验收参加人员提出的资格要求，也属于各专业验收规范共性的要求，需要由《统一标准》规定。

（4）明确了一些重要的原则规定。如进场检验、见证检验、复检等的原则规定由《统一标准》做出，而具体的抽检项目、数量、合格要求则由专业验收规范规定，体现了《统一标准》与各专业验收规范间的分工。

（5）确定了检验批抽样方案。虽然建筑工程涉及的专业众多，检验批的验收项目总计有近百项，但抽样方案的基本要求和方法却有着共同的特征，《统一标准》列举了常用的抽样方法，对验收时常用的计数抽样最小抽样量进行了规定，用于各专业验收规范检验批抽样。

（6）规定了常用验收表格的基本格式。验收记录表格是各层次质量的成果体现，在验收中十分重要，资料缺失将影响下一环节的验收。单位工程竣工后，这些资料还要整理齐全，作为工程竣工备案的必要条件，大部分资料需要归档长期保存。规定常用验收表格的格式是《统一标准》的重要任务之一，本标准规定了检验批、分项工程、分部工程、单位工程验收表格的基本格式。

（7）规定了一些其他情况的处理要求。对于工程验收时的常规问题，各专业规范都规定得很明确。《统一标准》针对验收过程中可能会遇到的一些非正常的情况，包括存在质量问题、资料缺失、使用新技术等情况，给出了处理的原则要求。

2.2 交通运输部编制的《公路工程标准体系》

我国自 1981 年起正式建立公路工程行业标准体系，标准有了系统的编号，此体系一直沿用至今。鉴于当时的情况，公路工程的标准主要涉及各专业（如路基、路面、桥梁、隧道等）工程的设计与施工技术，标准体系按专业和建设过程做了简单划分。经过 20 年的发展，到 2001 年年底，公路工程标准规范已有 62 本，其中 28 本是 20 世纪 90 年代新增加的，即从 1956 年到 1990 年的 34 年间共制定了 34 本规范，而 20 世纪 90 年代的 10 年时间内就新增了 28 本规范。具体的标准名称和代号见表 2-3。从标准的发展过程来看，具有几方面的特点：分工越来越细、周期越来越短、内容越来越丰富、覆盖面越来越宽、理论不断完善、技术不断更新、与国际接轨的趋势越来越明显。

表 2-3 公路工程标准体系表

序号	体系编号	原标准号	名称	类
1	JTG A01—2002		公路工程标准体系	综合
2	JTG A04—2013		公路工程标准编写导则	
3	JTG B01—2014	JTJ 001—1997	公路工程技术标准	基础
4	JTG B02—2013	JTJ 004—1989	公路工程抗震规范	
5	JTG B03—2006	JTJ 005—1996	公路建设环境影响评价规范	
6	JTG B04—2010	JTJ/T 006—1998	公路环境保护设计规范	
7	JTG B05—2015		公路安全性评价规范	
8	JTG B06—2007		公路工程基本建设项目概预算编制办法	
	JTG/T B07-01—2006		公路工程混凝土结构防腐蚀技术规范	
9	JTG C10—2007	JTJ 061—1999	公路工程勘测规范	勘测
10	JTG C20—2011	JTJ 064—1998	公路工程地质勘察规范	
11	JTG C30—2015	JTJ 062—1991	公路工程水文勘测设计规范	
12	JTG D10	GB/T 50283—1999	公路工程结构可靠性设计统一标准	设计
13	JTG D20—2006	JTJ 011—1994	公路路线设计规范	
14	JTG D30—2015	JTJ 013—1995	公路路基设计规范	
15	JTG D40—2011	JTJ 012—1994	公路水泥混凝土路面设计规范	
16	JTG D50—2017	JTJ 014—1997	公路沥青路面设计规范	
17	JTG D60—2015	JTJ 021—1989	公路桥涵设计通用规范	
18	JTG D61—2005	JTJ 022—1985	公路砖石与混凝土桥涵设计规范	
19	JTG D62—2004	JTJ 023—1985	公路钢筋混凝土与预应力混凝土桥涵设计规范	
20	JTG D63—2007	JTJ 024—1985	公路桥涵地基与基础设计规范	
21	JTG D64—2015	JTJ 025—1986	公路钢结构桥涵设计规范	
22	JTG D70—2004	JTJ 026—1990	公路隧道设计规范	
23	JTG D80—2006		高速公路交通工程及沿线设施设计通用规范	
24	JTG D81—2017	JTJ 074—1994	公路交通安全设施设计规范	
	JTG/T D81—2017		公路交通安全设施设计细则	
25	JTG E10		公路工程试验检测导则	检测
	JTG E30—2005		公路工程水泥及水泥混凝土试验规程	
	JTG E41—2005		公路工程岩石试验规程	
	JTG E42—2005		公路工程集料试验规程	
	JTG E50—2006		公路工程土工合成材料试验规程	

（续）

序号	体系编号	原标准号	名　　称	类
26	JTG F10—2006	JTJ 033—1995	公路路基施工技术规范	施工
27	JTG F20—2015	JTJ 034—2000	公路基层施工技术规范	
28	JTG F30—2003		公路水泥混凝土路面施工技术规范	
29	JTG F40—2004	JTJ 032—1994	公路沥青路面施工技术规范	
30	JTG/T F50—2011	JTJ 041—2000	公路桥涵施工技术规范	
31	JTG/T F60—2009	JTJ 042—1994	公路隧道施工技术细则	
32	JTG F70		公路附属设施安装规范	
	JTG F71—2006		公路交通安全设施施工规范	
33	JTG F80/1—2017	JTJ 071—1998	公路工程质量检验评定标准 第一册 土建工程	
	JTG/T F81-01—2004		公路工程基桩动测技术规程	
34	JTG G10—2016	JTJ 077—1994	公路工程施工监理规范	监理
35	JTG H10—2009	JTJ 073—1996	公路养护工程通用规范	养护与管理
36	JTG H11—2004		公路桥梁养护规范	
37	JTG H12—2015		公路隧道养护规范	
38	JTG H20	JTJ 075—1994	公路养护质量检验评定标准	
39	JTG H30—2015		公路养护安全作业规程	
40	JTG H40—2002		公路养护概预算编制导则	
41	JTG H50		公路工程数据采集规范	

本体系依据《公路法》和《标准法》，参照《标准体系表编制原则和要求》（GB/T 13016—2009），结合我国公路工程标准化工作的实践制定。本体系范围既包括公路工程从规划到养护管理全过程所需要制定的技术、管理与服务标准，也包括相关的安全、环保和经济方面的评价等标准。

2.2.1　公路工程标准体系的制定原则和体系结构

1. 公路工程标准体系的制定原则

（1）按建设程序及管理和使用者的不同分类。

（2）尽量扩大标准适用范围，在保持相对全面的前提下，合理控制标准的数量，行政标准立足于政府需要管的标准。

（3）以制定本行业范围内需统一的要求为主，兼顾相关行业的内容。

（4）按兼顾发展、动态管理的原则，既充分考虑当前可预测到的工程经济、技术及管理中需协调的各种要求、指标和概念，同时又适当留有余地，便于随着科学技术的发展不断地更新和充实。

（5）按照安全可靠、提高效益、有利环保、规范管理与服务的原则确定标准的项目。

（6）在本体系中未涵盖，或某标准不够具体，需要制定协会标准的，其体系与编号应符合本标准的制定原则。

2. 公路工程标准体系的结构

（1）体系的组成单元是标准。内容最单一的标准是某一门类下的某专项标准。

（2）由行政部门发布的标准体系结构层次为两层：一层为门类，包括综合、基础、勘测、设计、检测、施工、监理、养护管理等规范；另一层为专项内容，如设计类中桥涵部分的公路砖石与混凝土桥涵设计规范、公路钢筋混凝土与预应力混凝土桥涵设计规范、公路桥涵地基与基础设计规范等专项规范。

（3）体系编号的定义。

① 由交通运输部发布的标准编号为 JTG ×××—××××。JTG 是"交""通""公"三个字汉语拼音的第一个字母。后面的第一个字母为标准的分类，A、B 类标准后的数字为序号；C～H 类标准后的第一个数字为种类序号，第二个数字为该种标准的序号，如 JTG D54 表示交通运输部公路工程标准 D 类第 5 种的第 4 项标准，破折号后是标准的发布年份。

② 由"中国工程建设标准化协会公路工程委员会"发布的标准编号应为该委员会英文简称加空格加字母加数字，如 SHC D50—××××，表示属于交通运输部发布的 JTG D50 标准的细化或补充，破折号后是标准的发布年份。

③ 由各省交通厅发布的标准可参照上述规则编号，即用各省的简称代表该省，G 代表公路，其后字母和数字的定义同协会标准，破折号后是标准的发布年份。

2.2.2　国内外公路工程标准体系的比较

国外公路工程技术标准相对完善，相关技术法规也比较完备。公路作为经济发展的基础设施，受到了发达国家的高度重视，公路建设进程也较快，高速公路里程更是领先于发展中国家。为了适应公路建设的发展，国外发达国家尤其是美、英、日等国制定了科学完备的公路工程技术标准，如美国的《公路与城市道路几何设计》和《道路桥梁设计手册》及日本的《道路构造令》。我国现行的《公路工程技术标准》，也正是在借鉴上述国外公路工程技术标准基础上制定并不断完善的。国外在公路工程方面的技术标准也将成为今后我国公路工程技术标准不断完善的重要参考。国内有关公路工程技术标准的研究，多是从工程学的角度进行论述，并以阐释公路工程的技术参数的合理性和科学性为主要内容，其目的多以提出完善公路工程技术标准的对策为主，也有以论证选定并合理运用公路工程技术标准为宗旨的。

2.2.3　目前我国公路工程中存在的质量问题

公路工程建设项目是一种涉及面广、建设周期长、影响因素多的建设产品，这些特点是由于公路工程项目自身具备的特性决定的。公路工程具有群体性、固定性、单一性、协作性、预约性、复合性和露天性等特点，这从根本上决定了公路工程质量管理的特点。在建设过程中的各个环节、各种因素都将会影响工程质量。

公路工程建设主要受气候、环境等自然因素影响较大，加上无稳定的生产设备和生产环境，容易造成很多无法避免的问题。再加上施工人员水平参差不齐，容易导致施工方法不当、操作不规范。此外，机械故障、各道工序之间的交接等环节的工作都可能影响工程质量。目前，我国公路工程的质量问题主要表现在以下几个方面。

（1）设计单位存在的问题。目前我国主要实施设计与施工相分离的承包方式，设计文件缺漏是设计中的"常见病"。此外，设计有时不重视现场勘察，设计文件不切合实际或过于保险，在一定程度上造成了资源浪费，提高了工程造价。

（2）施工单位管理不力。近年来，随着公路建设速度的加快，有些施工单位只顾眼前利益，以次充好，造成了许多工程事故，出现了部分"豆腐渣"工程。施工单位的非法分包现象比较严重，经常私自把路基工程、路面工程、桥梁工程、交通工程分包给不同的分包队伍。部分分包队伍施工水平低下且协调能力不强，导致很多矛盾。由于价格被层层压低，导致质量与造价的矛盾突出，偷工减料现象时有发生。

（3）监理人员的素质问题。我国监理队伍的现状是监理人员水平参差不齐，兼营监理企业多，专营监理企业少；兼职人员比较多，专职人员比较少；返聘人员多，正式员工少。这种"三多三少"的现象是监理行业的通病。监理队伍中缺乏具有全方位控制能力的人才，大多数专业监理人员都是来自大中专院校的毕业生，事先控制的经验不足、能力比较弱。加之现在公路建设的速度很快，监理人员需求过大，监理费用却相对低廉，大量的非专业人员混入监理队伍，使得监理队伍整体素质不高，专业配套也不是很合理。

（4）监管部门监管不力。目前，我国工程建设发展迅速，工程建设监管部门在编人员少，无力管理到位，往往委托其他有资质的部门代管，代管单位人员素质参差不齐，加上代管单位追求利益最大化，难免给工程质量管理留下盲点。

产生以上这些问题的原因有很多，但主要是人为因素。提高技术人员的素质，完善各项制度，努力使各个部门配合，严格按照国家规范施工，才能有效提高公路工程建设的质量。

2.2.4 《公路工程技术标准》

1. 《公路工程技术标准》简介

《公路工程技术标准》（JTG B01—2003）（简称"03版标准"）自2004年3月1日施行以来，适应了当时和其后一个时期社会、经济发展和公路建设的需要，对指导全国公路工程建设工作发挥了重要作用。近几年来，随着我国社会、经济和公路事业的快速发展，全国各地在公路建设方面积累了丰富的经验，形成了许多新的科研成果和新的技术，其成绩和对公路工程标准体系提出的新要求可归结如下。

（1）改革开放以来公路交通建设的辉煌成就，促使公路工程技术标准不断完善。

（2）公路建设与交通科技投入的加大，促使公路工程技术标准更科学、实用。

（3）节能环保型公路交通对公路建设提出新的标准与要求。

（4）公路交通安全管理迫切需要公路工程技术标准的进一步修改。

（5）我国进入汽车社会后，交通组成结构的变化需要标准体系进一步改进。

为此，公路交通建设的发展需要解决如下问题。

（1）多车道高速公路扩建时机如何掌握（有关交通量、服务水平），技术标准和具体指标如何掌握。

（2）多车道高速公路运行过程中存在问题及安全隐患。

（3）长大纵坡在使用中的问题和建议。

（4）隧道路段交通事故发生的特点、频率、原因分析及降低交通事故的措施和建议。

（5）隧道建筑限界方面存在的问题、补充规定（若有）和使用效果。

（6）隧道机电设施配置规模、存在的问题和补充规定。

（7）隧道改扩建中遇到的问题和建议。

（8）运营管理机构、养护机构设置模式和经验，管理和养护人员配置的基本规模，必备的养护机具及数量。

（9）ETC 的应用现状及技术政策。

（10）机电工程、服务设施、房屋建筑等相关地方技术政策、地方标准等。

基于以上情况，现有标准的体系编号已不能容纳新增的标准，同时公路工程的建设、养护、管理等实践又要求标准体系有更大的扩容空间，因此体系的修订迫在眉睫。

《公路工程技术标准》（JTG B01—2014）（以下简称"新标准"）已于 2014 年 9 月 30 日正式签发，并于 2015 年 1 月 1 日起施行。"新标准"在"03 版标准"9 章 107 个条文的基础上，调整为 10 章 135 个条文，主要在 12 个方面进行了修订和完善，以满足今后一个时期内我国公路建设和管理的需要。

公路工程质量检验评定涉及的常用技术标准、规范及规程有：

（1）《公路工程技术标准》（JTG B01—2014）；

（2）《公路工程抗震设计规范》（JTG B02—2013）；

（3）《公路桥梁抗震设计细则》（JTG/T B02‑01—2008）；

（4）《公路建设项目环境影响评价规范》（JTG B03—2006）；

（5）《公路项目安全性评价指南》（JTG/T B05—2004）；

（6）《公路工程混凝土结构防腐蚀技术规范》（JTG/T B07‑1—2006）；

（7）《公路勘测规范》（JTG C10—2007）；

（8）《公路勘测细则》（JTG/T C10—2007）；

（9）《公路工程地质勘察规范》（JTG C20—2011）；

（10）《公路路基设计规范》（JTG D30—2015）；

（11）《公路水泥混凝土路面设计规范》（JTG D40—2011）；

（12）《公路沥青路面设计规范》（JTG D50—2017）；

（13）《公路排水设计规范》（JTG/T D33—2012）；

（14）《公路桥涵设计通用规范》（JTG D60—2015）；

（15）《公里圬工桥涵设计规范》（JTG D61—2005）；

（16）《公路钢筋混凝土及预应力混凝土桥涵设计规范》（JTG D62—2004）；

（17）《公路桥涵地基与基础设计规范》（JTG D63—2007）；

（18）《公路隧道设计规范》（JTG D70—2004）；

（19）《公路路基施工技术规范》（JTG F10—2006）；

（20）《公路水泥混凝土路面施工技术细则》（JTG/T F30—2014）；

（21）《公路桥涵施工技术规范》（JTG/T F50—2011）；

（22）《公路工程质量检验评定标准 第一册 土建工程》（JTG F80/1—2017）。

2.《公路工程技术标准》（JTG B01—2014）的编写原则、编写基本思路及特点

1）《公路工程技术标准》（JTG B01—2014）的编写原则

（1）"新标准"系统总结了"03 版标准"施行以来我国公路建设的经验，在充分吸收近年来公路行业科研成果的基础上，有针对性地开展了 13 项专题支撑科研项目，并参考借鉴了国外发达国家的相关标准和先进技术。

（2）"新标准"修订工作始终坚持面向需求、面向世界、面向未来的标准化工作方针，全面体现"综合交通、智慧交通、绿色交通、平安交通"的发展要求，坚持"先进理念、系统管理、经济可靠、有效实施"的工作原则，并结合我国公路交通事业发展的现状和趋势，在强调安全、保护环境、节约资源的前提下，突出公路及其设施的功能在确定技术标准和指标中的主导作用。

（3）修订后的"新标准"对于促进公路交通事业发展、构建完善合理的路网结构和"两个公路体系"建设、提高公路网服务水平具有重要的指导作用。

2）《公路工程技术标准》（JTG B01—2014）的编写基本思路及特点

（1）理念转变：公路功能决定技术等级的选用。

一直以来，在确定公路技术等级的诸多考虑因素中，由于交通量是唯一可以明确量化的指标，各地往往都以交通量作为技术等级选用的决定性要素，造成路网等级结构不合理，功能与需要脱节。

"新标准"打破了传统观念，明确了公路功能作为确定技术等级和主要技术指标的主要依据。要求在进行公路建设时，首先要根据项目的地区特点、交通特性、路网结构，分析拟建项目在路网中的地位和作用，明确公路功能及类别；然后以功能为主，结合交通量、地形条件选用技术等级；再以技术等级为主，结合地形条件选用设计速度，并由设计速度控制路线平纵设计；最后，根据公路功能、等级、设计速度，结合交通量、地形条件、通行能力等因素，综合考虑选用车道数、横断面各组成部分的尺寸、各类构造物的技术指标或参数、各类设施的配置水平等。这项调整将对路网结构的形成产生深远影响。

（2）显著提升：调整设计车辆和车辆折算系数。

大型化是载重车辆发展的方向之一，依据《公路设计车型与车辆折算系数研究》的最新研究成果，"新标准"细化了设计车辆类型，增加了设计车辆总体尺寸。在"03 版标准"的基础上，新增大型客车、铰接客车两种车型，车辆类型由三类调增至五类；最大总长铰接列车为 18.1m，较"03 版标准"增长 4.1m，最大总宽由 2.5m 增至 2.55m。

另外，针对近年来各地普遍反映车辆折算系数偏小的问题，"新标准"将大型车折算系数由 2.0 增至 2.5，新增的汽车列车折算系数为 4.0。该项调整将提高公路的经济评价水平，提前最佳投资时机，延迟升级改造时机。

（3）着眼基础：服务水平分级进一步细化、优化。

公路设计交通量是基于服务水平的基础确定的。"新标准"采用 v/C 值来衡量拥挤程

度，并作为评价服务水平的主要指标，同时采用限速值与自由流速度之差作为次要评价指标。修订后，服务水平由原四级调整为六级，主要变化为：将原二级划分为两个等级，即现二级与三级服务水平；将原四级服务水平上半段和下半段分为两级，即现五级与六级服务水平。"新标准"仍维持技术等级决定设计服务水平，但增加了公路功能因素考虑设计服务水平的调整，总体来讲，功能类别高的公路应该选用较高的设计服务水平，功能级别低的公路应选用较低的设计服务水平。

（4）千锤百炼：应用运行速度检验与安全评价。

运行速度综合考虑了驾驶行为、心理、视觉需求、汽车性能特征、线形几何要素，显著提升了路线的协调性、一致性和安全性，在欧美发达国家得到了广泛应用。我国经过十余年的持续研究和实践应用，也取得了一系列成果，因此，本次修订明确了路线设计应采用运行速度检验的规定。在安全评价方面，"新标准"规定"二级及二级以上的干线公路应在设计时进行交通安全评价，其他公路在有条件时也可进行交通安全评价"；另外，对特殊困难地段的隧道洞口线形以及纵坡值的确定，也提出了进行交通安全性评价的要求。

（5）摒弃"一刀切"：功能主导横断面组成及指标。

本次修订主要按照功能主导原则调整横断面的主要指标值。"新标准"规定：8车道及以上高速公路（含一级公路），在内侧一、二车道主要通行小型车辆时，其车道宽度可采用3.5m。对于以通行中、小型客运车辆为主的公路（如机场公路等）可论证采用3.5m的车道宽度。"新标准"不再规定中央分隔带宽度推荐值，调整为"根据公路项目中央分隔带功能确定"。另外，高速公路和承担干线功能的一级公路其右侧硬路肩宽度一般值为3m，最小值为1.5m；主要通行小客车时右侧硬路肩也可采用2.5m。同时，"新标准"取消了路基总宽度指标值。

（6）给出调整空间：路面设计轴载可根据项目需求确定。

路面设计轴载标准关系到建设成本、运营养护和路面使用寿命等重大问题，同时也关系到汽车工业的发展方向，因此该标准的任何调整和变化都十分敏感。从各省调研情况来看，部分项目或路段有重载交通的需求，因此，本次修订在综合考虑原有标准的延续性、现行汽车荷载标准、工程建设和路网运营的基础上，补充增加了"对于重载交通路段，可采用分向、分道根据实际的轴载谱进行路面结构设计"的导向性规定，给重载路段轴载标准的确定，留出可灵活选择的空间。

（7）适应新政：提高了二级公路汽车荷载标准。

在逐步取消政府还贷二级公路收费政策后，部分重载车辆为降低运输成本转向二级公路。另外，由于农村建设和经济发展的需要，四级公路和有些乡村道路作为进村的唯一通道，也有较重的车辆通行。因此，本次修订提高了二级公路和四级公路的荷载标准，修改后二级公路的汽车荷载等级改为公路—Ⅰ级，并取消了"四级公路重型车辆少时，其桥涵设计可采用公路—Ⅱ级车道荷载效应的0.8倍，车辆荷载效应可采用0.7倍"的规定。此外，除车道荷载和车辆荷载外，新标准还提出"对交通组成中重载交通比重较大的公路，宜采用与该公路交通组成相适应的汽车荷载模式进行结构整体和局部验算"的规定。据测算，标准调整后，对于跨径小于50m的桥梁，造价将增加1%左右。

（8）造价与安全的平衡：调整隧道限界及相关安全规定。

隧道建筑限界是关系到行车安全的重要技术要素。本次修订的支撑研究课题"公路隧道建筑限界指标研究"在专门展开研究后提出：将时速 100km 所对应的左侧侧向宽度由原标准的 0.5m 调整为 0.75m；四车道高速公路、一级公路上的短隧道，城市出入口公路的中、短隧道，经技术经济论证后可与路基同宽。

（9）明确设计目标：规定工程设计使用寿命。

如今，全社会越来越关注桥涵的安全性和耐久性，2008 年，国家标准《工程结构可靠性设计统一标准》（GB 50153—2008）和《混凝土结构耐久性设计规范》（GB/T 50476—2008）颁布，明确规定了各类工程结构的设计使用年限。作为耐久性的总体性指标，设计使用年限是桥涵、隧道的地基基础工程和主体结构工程"合理使用年限"的具体化。本次修订依照以上两个上位标准，并参考铁路、市政、建筑等行业的规定，针对桥涵和隧道的安全性和耐久性，给出了主体结构设计使用年限，可保证桥涵与隧道结构的长期稳定，尽量避免频繁的维修、拆除与重建。关于路面类型、路面结构形式选择的原则以及路面结构设计使用年限的规定可以有效提高路面使用年限，满足社会和经济发展的需求。

（10）着眼未来：对改扩建做出原则性规定。

我国高速公路建设逐步进入改扩建的新阶段，本次修订根据标准修订课题"高速公路改扩建技术研究"以及新近下发的《关于西部沙漠戈壁和草原地区高速公路建设执行技术标准的若干意见》，按照"保证安全、功能主导、适度灵活、合理利用"的总原则，首次系统地针对公路桥涵、隧道和路基路面改扩建做出了原则性规定，以保证行车安全和结构安全为底线，以使用功能和重要性为主导，适度灵活地降低原有工程利用时的标准要求，合理利用原有工程，实现改扩建工程效果与经济性的合理平衡。

（11）因地制宜：给出特殊地区公路建设标准和指标。

本次修订，首次提出特殊地区高速公路建设标准和指标的概念，并规定：第一，特殊地区是指戈壁、沙漠、草原和交通末端的小交通量地区，小交通量是指年平均日交通量为 1.5 万辆以下；第二，特殊地区分离式断面的高速公路"可采用分期分幅修建，先期建成的一幅按双向交通通车时，应按二级公路通车条件进行管理"；第三，西部沙漠、戈壁、草原地区的高速公路分离式断面路段利用现有二级公路改建为一幅时，其设计洪水频率可维持原标准不变，设计时速不应大于 80km，并应设置完善的标志、港湾式紧急停车带等安全设施；第四，"沙漠、戈壁、草原地区硬路肩路面可分期修建"；第五，硬路肩宽度可论证采用"最小值"；第六，提出沿线城镇分布稀疏，水、电等供给困难的高速公路，服务区间距可适当增大；第七，小交通量高速公路的监控设施，可以采用分段监控的模式，实施全线重点监控、动态信息发布和交通诱导。

（12）细节决定成败：调整交通工程及沿线设施配置标准。

本次修订取消了原交通工程及沿线设施的等级划分，以公路的功能分类、技术等级和交通量为基础，三大设施各自建立相对独立的规模配置体系；按照公路功能类别提出了安全设施的配置标准，提高了低等级公路的安全保障水平；对服务设施提出了按功能需要配置的规定，总体上提高了公路的服务水平和质量；对管理设施提出了与公路功能相适应的配置规定，根据公路功能将监控设施划分为四个等级并明确了适用范围，根据需求将高速公路分为全程监控和分段监控两种模式。对收费设施的交通量规划年限、ETC 收费系统的设置、通信管道的容量与使用效率、配电系统的负荷等级、照明设施的设置与技术要求等，做了修订或补充规定。

标准修订是实际工程经验的高度总结，从"新标准"与国外代表性国家的标准对比来看，技术指标的确定充分考虑了与我国国情、经济社会发展阶段、土地资源现状和建设条件的适应和协调，整体特点是安全、实用、经济，在国际标准体系中属于技术先进、特色突出的公路工程建设标准。

2.2.5　公路工程质量检验评定标准的发展

1994 年 3 月 6 日原交通部发布《公路工程质量检验评定标准》（JTJ 071—94），并于 1994 年 10 月 1 日开始实行。

1998 年 11 月 3 日原交通部发布《公路工程质量检验评定标准》（JTJ 071—98），并于 1999 年 7 月 1 日开始实行。

2004 年 9 月 2 日原交通部发布《公路工程质量检验评定标准》（JTG F80—2004），并于 2005 年 1 月 1 日开始实行。

2017 年 12 月 15 日交通运输部发布《公路工程质量检验评定标准　第一册　土建工程》（JTG F80/1—2017），并于 2018 年 5 月 1 日开始实行。

本标准成为公路工程建设中必须严格执行的主要技术法规，对于加强工程技术管理和质量监控起到了重要作用。

2.3　建筑工程质量控制体系与公路工程质量控制体系的异同

建筑工程与公路工程均属土木工程范畴，但由于二者工程特点有差异，加之目前分属国家不同部门管理，修订时间不一致，致使质量检评标准及相关规范、规程有所不同，学习使用时要注意对照区分。

建筑工程与公路工程比较明显的不同点有以下几方面。

（1）建筑工程与公路工程划分不同。

建筑工程划分为单位（子单位）、分部（子分部）、分项工程与检验批，而公路工程仅划分为单位、分部、分项工程，而无子单位、子分部和检验批，工程划分不同主要是二者工程特点、复杂程度不一样所致。

（2）工程质量等级与评定方法不同。

建筑工程施工质量验评仅有一个合格等级，而公路工程有合格、不合格两个等级。建筑工程不分质量层次，主要检查验收其是否达到合格等级的最基本要求，注意建筑工程质量虽无不合格等级，但有工程质量达不到验收要求时的处理规定。而公路工程则需通过分项工程、分部工程、单位工程逐级评定，评为不合格的分项工程、分部工程，经返工、加固、补强或调测，满足设计要求后，可重新进行评定。

（3）工程质量验收标准体系不同。

如前所述，建筑工程已将其施工质量验收统一标准与各专业施工规范中质量要求与标准统一合并，构成建筑工程质量验收规范系列标准体系。而公路工程质量检验评定标准较建筑工程施工质量验收统一标准更为详尽，且有相关施工规范、技术标准作为其补充。

复习思考题

1. 简述国内外建筑施工质量规范的比较。
2. 简述最新版《建筑工程施工质量验收统一标准》的主要修订内容。
3. 简述最新版《公路工程技术标准》的编写背景和原则。

第**3**章

建设工程质量检验与评定划分

教学目标

本章主要讲述建筑工程质量检验评定划分；公路工程质量检验评定划分。通过本章学习，达到以下目标：

（1）掌握建筑工程质量检验评定的划分；

（2）掌握公路工程质量检验评定的划分。

教学要求

知识要点	能力要求	相关知识
建筑工程的单位工程、子单位工程、分部工程、子分部工程、分项工程、检验批的划分标准和划分方法	（1）掌握建筑工程的单位工程、子单位工程的划分要求和划分方法； （2）掌握分部工程、子分部工程的划分要求和划分方法； （3）掌握分项工程的划分要求和划分方法； （4）掌握检验批的划分原则和划分方法	（1）单位工程； （2）分部工程； （3）分项工程 （4）检验批
公路工程的单位工程、分部工程、分项工程的划分标准和划分方法	（1）掌握单位工程的划分要求和划分方法； （2）掌握分部工程的划分要求和划分方法； （3）掌握分项工程的划分要求和划分方法	（1）建设项目； （2）合同段； （3）道路工程； （4）桥梁工程； （5）隧道工程

 基本概念

建筑工程，道路工程，桥梁工程，隧道工程，建设项目，合同段，单位工程，分部工程，分项工程，检验批。

 引言

建设工程，无论是建筑工程还是公路工程等，它们和其他工业产品类似，都是许多组成部件的集合体。各组成部件均有一定的设计标准，并通过相应的施工工艺和技术措施得以形成。所以，建设工程质量也应是其内部部件质量的综合。出于质量控制检查和验收的需要，有必要将建设工程按其组成及特点确定相对统一的划分方法，以便对工程的组成部件由小到大，由内及外，逐一、全面、综合、系统地评价其工程质量。如建筑工程可划分为单位工程、子单位工程、分部工程、子分部工程、分项工程和检验批六个质量验收划分层次，而公路工程可划分为单位工程、分部工程和分项工程三个质量验收划分层次。

建设工程类别较多，限于篇幅，本书仅介绍建筑工程与公路工程。鉴于这两种工程功能形态不同，结合我国目前建设工程的管理体制现状，本书将建筑工程、公路工程（含公路、桥梁、隧道等）质量检验评定内容分开阐述。

3.1 建筑工程质量检验评定划分

建筑工程是为新建、改建和扩建房屋建筑物和附属构筑物所进行的规划、勘察、设计、施工、竣工等各项技术工作及完成的工程实体的总称。其中最典型的是房屋工程。其使用功能、产品种类、组成部件、施工工序、材料设备类别繁多且复杂。特别是改革开放以来，随着我国经济和建筑业的快速发展，涌现了大量建筑规模较大的单体工程和具有综合使用功能的综合性建筑。而这些建筑物一般施工周期长，影响因素多，其中有的因这样或那样的原因甚至出现中途停建、缓建或在整幢建筑尚未竣工的情况下，部分建筑提前使用等情况，这必然要导致施工时间、顺序，验收顺序的适时调整。而这一调整也必然要反映到工程检验划分方法的调整与细化。新的建筑工程质量验收划分考虑了上述因素，在原标准将建筑工程划分为单位工程、分部工程、分项工程三个层次的基础上，增加子单位工程、子分部工程和检验批三个层次，共六个质量验收划分层次（图3.1）。

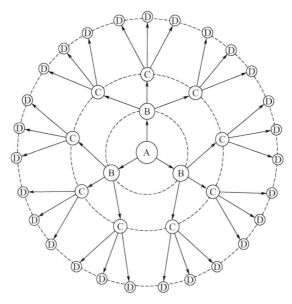

图 3.1　建筑工程检验划分示意

A—单位（子单位）工程；B—分部（子分部）工程；C—分项工程；D—检验批

3.1.1 单位工程的划分

单位工程是指具有单独设计和独立施工条件，但不能独立发挥生产能力或效益的工程，它是单项工程的组成部分。

单位工程的划分原则如下。

（1）具备独立的施工条件并能形成独立使用功能的建筑物及构筑物为一个单位工程。

（2）建筑规模较大的单位工程，可将其能形成独立使用功能的部分划分为一个子单位工程。

原则（1）是基本原则，对一般建筑工程均适用。按此规定，具备独立施工条件和使用功能的建筑物（如一幢办公楼、教学楼、住宅楼、商店、影剧院等）和构筑物（如一座电视塔、烟囱、水池等）均为单位工程。

原则（2）仅适用于规模较大、独立使用功能较多的建筑，如一幢宾馆（图3.2）由主楼和裙房两部分组成，主楼为客房，裙房为餐厅、舞厅、会议室等，主楼和裙房都具备相对独立的使用功能。主楼的功能为供旅客住宿，裙房的功能为公共服务，考虑到可能分批验收，且充分发挥基本建设投资效益需要，可以将二者视为整个宾馆单位工程的子单位工程。在此单位工程中，当主楼或裙房单独完成时，可以子单位工程竣工验收并办理备案手续，当各子单位工程验收完毕，整个单位工程验收也就结束了。

图3.2 一幢宾馆的主楼和裙房

室外工程可根据专业类别和工程规模划分单位工程或子单位工程，如附属建筑和室外环境即为两个子分部工程。

显然，子单位工程是为规模较大工程需部分提前使用或停建、缓建设立的，子单位工程的划分，需在施工前，由建设单位、监理单位、施工单位根据上述原则，协商确定。

3.1.2 分部工程的划分

分部工程是单位工程的组成部分，一般按专业性质、工程部位或特点、功能和工程量确定。对于建筑工程，分部工程的划分应按下列原则确定。

（1）分部工程的划分应按专业性质、建筑部位确定。

（2）当分部工程较大或较复杂时，可按材料种类、施工特点、施工程序、专业系统及类别划分为若干子分部工程。

按照原则（1），建筑工程的建筑与结构主要根据其部位划分为地基与基础工程、主体结构工程、建筑装饰装修工程和建筑屋面工程四个分部工程。

各分部工程有明确的部位分界和内容：地基与基础分部工程，包括±0.00以下的结构及防水工程。凡有地下室的工程，其首层地面下的结构（现浇钢筋混凝土楼板或预制楼板）以下的项目，均纳入地基与基础分部工程；没有地下室的工程，墙体以防潮层分界，室内以地面垫层以下分界，灰土、混凝土等垫层应纳入装饰工程分部。桩基础则以承台上皮为分界。

主体分部工程为±0.00以上的承重结构构件。对非承重墙，凡使用板块材料，经砌筑、焊接的隔墙纳入主体分部项目，如砌块、加气条板等。凡采用轻钢、木材等用铁钉、螺钉或胶类黏结的墙体均纳入装饰装修工程分部，如轻钢龙骨、木龙骨的隔墙、石膏板隔墙等。

建筑装饰装修分部包括地面与楼面工程（含基层与面层）、门窗工程、幕墙工程及室内外装饰装修项目，如清水墙勾缝工程、细木装饰、油漆、刷浆、玻璃工程等。地下室的地面、装饰、门窗等也属本分部内容。

建筑屋面分部工程包括屋顶的找平层、保温隔热层、各种防水层及保护层。而地下防水、地面防水、墙面防水分别纳入所在部位的地基与基础、装饰装修、主体分部工程。

设备安装部分按专业性质划分为建筑给水、排水及采暖工程，通风与空调工程，建筑电气工程，智能建筑工程（弱电），建筑节能工程，电梯工程共6个分部工程。

土建与安装工程合计10个分部工程。需注意的是不一定每个单位或子单位工程都有10个分部。如一般多层建筑不设电梯，即无电梯工程这一分部；一些规格标准不高的建筑一般也无通风与空调工程等。一些构筑物无装饰装修、屋面等土建分部工程，以及无建筑给排水、采暖、智能建筑等安装分部工程。

依据原则（2），一些较大较复杂的分部工程，按照施工程序质量验收的需要，又划分为若干个子分部工程，如地基与基础分部工程可划分为地基、基础、基坑支护、地下水控制、土方、边坡、地下防水等子分部工程；此处不一一列举，详见建筑工程的分部工程、分项工程划分表（表3-1）。

表 3-1　建筑工程的分部工程、分项工程划分

序号	分部工程	子分部工程	分 项 工 程
1	地基与基础	地基	素土、灰土地基，砂和砂石地基，土工合成材料地基，粉煤灰地基，强夯地基，注浆地基，预压地基，砂石桩复合地基，高压旋喷注浆地基，水泥土搅拌桩地基，水和灰土挤密桩复合地基，水泥粉煤灰碎石桩复合地基，夯实水泥土桩复合地基
		基础	无筋扩展基础，钢筋混凝土扩展基础，筏形与箱形基础，钢结构基础，钢管混凝土结构基础，型钢混凝土结构基础，钢筋混凝土预制桩基础，泥浆护壁成孔灌注桩基础，干作业成孔桩基础，长螺旋钻孔压灌桩基础，沉管灌注桩基础，钢桩基础，锚杆静压桩基础，岩石锚杆基础，沉井与沉箱基础

（续）

序号	分部工程	子分部工程	分项工程
1	地基与基础	基坑支护	灌注桩排桩围护墙，板桩围护墙，咬合桩围护墙，型钢水泥土搅拌墙，土钉墙，地下连续墙，水泥土重力式挡墙，内支撑，锚杆，与主体结构相结合的基坑支护
		地下水控制	降水与排水，回灌
		土方	土方开挖，土方回填，场地平整
		边坡	喷锚支护，挡土墙，边坡开挖
		地下防水	主体结构防水，细部构造防水，特殊施工法结构防水，排水，注浆
2	主体结构	混凝土结构	模板，钢筋，混凝土，预应力、现浇结构，装配式结构
		砌体结构	砖砌体，混凝土小型空心砌块砌体，石砌体，配筋砖砌体，填充墙砌体
		钢结构	钢结构焊接，紧固件连接，钢零部件加工，钢构件组装及预拼装，单层钢结构安装，多层及高层钢结构安装，钢管结构安装，预应力钢索和膜结构，压型金属板，防腐涂料涂装，防火涂料涂装
		钢管混凝土结构	构件现场拼装，构件安装，钢管焊接，构件连接，钢管内钢筋骨架，混凝土
		型钢混凝土结构	型钢焊接，紧固件连接，型钢与钢筋连接，型钢构件组装及预拼装，型钢安装，模板，混凝土
		铝合金结构	铝合金焊接，紧固件连接，铝合金零部件加工，铝合金构件组装，铝合金构件预拼装，铝合金框架结构安装，铝合金空间网格结构安装，铝合金面板，铝合金幕墙结构安装，防腐处理
		木结构	方木与原木结构，胶合木结构，轻型木结构，木结构防护
3	建筑装饰装修	建筑地面	基层铺设，整体面层铺设，板块面层铺设，木、竹面层铺设
		抹灰	一般抹灰，保温层薄抹灰，装饰抹灰，清水砌体勾缝
		外墙防水	外墙砂浆防水，涂抹防水，透气膜防水
		门窗	木门窗安装，金属门窗安装，塑料门窗安装，特种门安装，门窗玻璃安装
		吊顶	整体面层吊顶，板块面层吊顶，格栅吊顶
		轻质隔墙	板材隔墙，骨架隔墙，活动隔墙，玻璃隔墙
		饰面板	石板安装，陶瓷板安装，木板安装，金属板安装，塑料板安装
		饰面砖	外墙饰面砖粘贴，内墙饰面砖粘贴
		幕墙	玻璃幕墙安装，金属幕墙安装，石材幕墙安装，陶板幕墙安装
		涂饰	水性涂料涂饰，溶剂型涂料涂饰，美术涂饰
		裱糊与软包	裱糊，软包
		细部	橱柜制作与安装，窗帘盒和窗台板制作与安装，门窗套制作与安装，护栏和扶手制作与安装，花饰制作与安装

（续）

序号	分部工程	子分部工程	分 项 工 程
4	屋面	基层与保护	找坡层和找平层，隔汽层，隔离层，保护层
		保温与隔热	板状材料保温层，纤维材料保温层，喷涂硬泡聚氨酯保温层，现浇泡沫混凝土保温层，种植隔热层，架空隔热层，蓄水隔热层
		防水与密封	卷材防水层，涂膜防水层，复合防水层，接缝密封防水
		瓦面与板面	烧结瓦和混凝土瓦铺装，沥青瓦铺装，金属板铺装，玻璃采光顶铺装
		细部构造	檐口，檐沟和天沟，女儿墙和山墙，水落口，变形缝，伸出屋面管道，屋面出入口，反梁过水孔，设施基座，屋脊，屋顶窗
5	建筑给水、排水及采暖	室内给水系统	给水管道及配件安装，给水设备安装，室内消火栓系统安装，消防喷淋系统安装，防腐，绝热，管道冲洗，消毒，试验与调试
		室内排水系统	排水管道及配件安装，雨水管道及配件安装，防腐，试验与调试
		室内热水系统	管道及配件安装，辅助设备安装，防腐，绝热，试验与调试
		卫生器具	卫生器具安装，卫生器具给水配件安装，卫生器具排水管道安装，试验与调试
		室内供暖系统	管道及配件安装，辅助设备安装，散热器安装，低温热水地板辐射供暖系统安装，电加热供暖系统安装，燃气红外辐射供暖系统安装，热风供暖系统安装，热计量及调控装置安装，试验与调试，防腐，绝热
		室外给水管网	给水管道安装，室外消火栓系统安装，试验与调试
		室外排水管网	排水管道安装，排水管沟与井池，试验与调试
		室外供热管网	管道及配件安装，系统水压试验，土建结构，防腐，绝热，试验与调试
		建筑饮用水供应系统	管道及配件安装，水处理设备及控制设施安装，防腐，绝热，试验与调试
		建筑中水系统及雨水利用系统	建筑中水系统，雨水利用系统管道及配件安装，水处理设备及控制设施安装，防腐，绝热，试验与调试
		游泳池及公共浴池水系统	管道及配件安装系统，水处理设备及控制设施安装，防腐，绝热，试验与调试
		水景喷泉系统	管道系统及配件安装，防腐，绝热，试验与调试
		热源及辅助设备	锅炉安装，辅助设备及管道安装，安全附件安装，换热站安装，防腐，绝热，试验与调试
		监测与控制仪表	检测仪器及仪表安装，试验与调试

（续）

序号	分部工程	子分部工程	分项工程
6	通风与空调	送风系统	风管与配件制作，部件制作，风管系统安装，风机与空气处理设备安装，风管与设备防腐，旋流风口，岗位送风风口，织物（布）风管安装，系统调试
		排风系统	风管与配件制作，部件制作，风管系统安装，风机与空气处理设备安装，风管与设备防腐，吹风罩及其他空气处理设备安装，厨房、卫生间排风系统安装，系统调试
		防排烟系统	风管与配件制作，部件制作，风管系统安装，风机与空气处理设备安装，风管与设备防腐，排烟风阀（口），常闭正压风口，防火风管安装，系统调试
		除尘系统	风管与配件制作，部件制作，风管系统安装，风机与空气处理设备安装，风管与设备防腐，除尘器与排污设备安装，吸尘罩安装，高温风管绝热，系统调试
		舒适性空调系统	风管与配件制作，部件制作，风管系统安装，风机与空气处理设备安装，风管与设备防腐，组合式空调机组安装，消声器、静电除尘器、换热器、紫外线灭菌器等设备安装，风机盘管、变风量与定风量送风装置、射流喷口等末端设备安装，风管与设备绝热，系统调试
		恒温恒湿空调系统	风管与配件制作，部件制作，风管系统安装，风机与空气处理设备安装，风管与设备防腐，组合式空调机组安装，电加热器、加湿器等设备安装，精密空调机组安装，风管与设备绝热，系统调试
		净化空调系统	风管与配件制作，部件制作，风管系统安装，风机与空气处理设备安装，风管与设备防腐，净化空调机组安装，消声器、静电除尘器、换热器、紫外线灭菌器等设备安装，中、高效过滤器及风井过滤器单元等末端设备清洗及安装，洁净度测试，风管与设备绝热，系统调试
		地下人防通风系统	风管与配件制作，部件制作，风管系统安装，风机与空气处理设备安装，风管与设备防腐，过滤吸收器、防爆波活门、防爆超压排气活门等专用设备安装，系统调试
		真空吸尘系统	风管与配件制作，部件制作，风管系统安装，风机与空气处理设备安装，风管与设备防腐，管道安装，快速接口安装，风机与滤尘设备安装，系统压力试验及调试

（续）

序号	分部工程	子分部工程	分 项 工 程
6	通风与空调	冷凝水系统	管道系统及部件安装，水泵及附属设备安装，管道冲洗，管道、设备防腐，板式热交换器、辐射板及辐射供热（供冷）地埋管、热泵机组设备安装，管道、设备绝热，系统压力试验及调试
		空调（冷、热）水系统	管道系统及部件安装，水泵及附属设备安装，管道冲洗，管道、设备防腐，冷却塔与水处理设备安装，防冻伴热设备安装，管道、设备绝热，系统压力试验及调试
		冷却水系统	管道系统及部件安装，水泵及附属设备安装，管道冲洗，管道、设备防腐，系统灌水渗漏及排放试验，管道、设备绝热
		土壤热源泵换热系统	管道系统及部件安装，水泵及附属设备安装，管道冲洗，管道、设备防腐，埋地换热系统与管网安装，除垢设备安装，管道、设备绝热，系统压力试验及调试
		水源热泵换热系统	管道系统及部件安装，水泵及附属设备安装，管道冲洗，管道、设备防腐，地表水源热管及管网安装，除垢设备安装，管道、设备绝热，系统压力试验及调试
		蓄能系统	管道系统及部件安装，水泵及附属设备安装，管道冲洗，管道、设备防腐，蓄水罐与蓄冰槽（罐）安装，管道、设备绝热，系统压力试验及调试
		压缩式制冷（热）设备系统	制冷机组及附属设备安装，管道、设备防腐，制冷剂管道及部件安装，制冷剂灌注，管道、设备绝热，系统压力试验及调试
		吸收式制冷设备系统	制冷机组及附属设备安装，管道、设备防腐，系统真空试验，溴化锂溶液加灌，蒸汽管道系统安装，燃气或燃油设备安装，管道、设备绝热，系统压力试验及调试
		多联机（热泵）空调系统	室外机组安装，室内机组安装，制冷剂管路连接及控制开关安装，风管安装，冷凝水管道安装，制冷剂灌注，系统压力试验及调试
		太阳能供暖空调系统	太阳能集热器安装，其他辅助能源、换热设备安装，蓄能水箱、管道及配件安装，防腐、绝热，低温热水地板辐射采暖系统安装，系统压力试验及调试
		设备自控系统	温度、压力与流量传感器安装，执行机构安装调试，防排烟系统功能测试，自动控制及系统智能控制软件调试

（续）

序号	分部工程	子分部工程	分 项 工 程
7	建筑电气	室外电气	变压器、箱式变电所安装，成套配电柜、控制柜（屏、台）和动力、照明配电箱（盘）及控制柜安装，梯架、支架、托盘和槽盒安装，导管敷设，电缆敷设，管内穿线和槽盒内敷线，电缆头制作，导线连接和线路绝缘测试，普通灯具安装，专用灯具安装，建筑照明通电试运行，接地装置安装
		变配电室	变压器、箱式变电所安装，成套配电柜、控制柜（屏、台）和动力、照明配电箱（盘）安装，母线槽安装，梯架、支架、托盘和槽盒安装，电缆敷设，电缆头制作，导线连接和线路绝缘测试，接地装置安装，接地干线敷设
		供电干线	电气设备试验和试运行，母线槽安装，梯架、支架、托盘和槽盒安装，导线敷设，电缆敷设，管内穿线和槽盒内敷线，电缆头制作，导线连接和线路绝缘测试，接地干线敷设
		电气动力	成套配电柜、控制柜（屏、台）和动力配电箱（盘）安装，电动机、电加热器及电动执行机构检查接线，电气设备试验和试运行，梯架、支架、托盘和槽盒安装，导管敷设，电缆敷设，管内穿线和槽盒敷设，电缆头制作，导线连接和线路绝缘测试
		电气照明	成套配电柜、控制柜（屏、台）和照明配电箱（盘）安装，梯架、支架、托盘和槽盒安装，导管敷设，管内穿线和槽盒内敷设，塑料护套线直敷布线，钢索配线，电缆头制作，导线连接和线路绝缘测试，普通灯具安装，专用灯具安装，开关、插座、风扇安装，建筑照明通电试运行
		备用和不间断电源安装	成套配电柜、控制柜（屏、台）和动力、照明配电箱（盘）安装，柴油发电机组安装，不间断电源装置及应急电源装置安装，母线槽安装，导管敷设，电缆敷设，管内穿线和槽盒内敷线，电缆头制作，导线连接和线路绝缘测试，接地装置安装
		防雷及接地	接地装置安装，防雷引下线及接闪器安装，建筑物等电位连接，浪涌保护器安装
8	智能建筑	智能化集成系统	设备安装，软件安装，接口及系统调试，试运行
		信息接入系统	安装场地检查
		用户电话交换系统	线缆敷设，设备安装，软件安装，接口及系统调试，试运行
		信息网络系统	计算机网络设备安装，计算机网络软件安装，网络安全设备安装，网络安全软件安装，系统调试，试运行
		综合布线系统	梯架、托盘、槽盒和导管安装，线缆敷设，机柜、机架、配线架安装，信息插座安装，链路或信道测试，软件安装，系统调试，试运行

（续）

序号	分部工程	子分部工程	分 项 工 程
8	智能建筑	移动通信室内信号覆盖系统	安装场地检查
		卫星通信系统	安装场地检查
		有线电视及卫星电视接收系统	梯架、托盘、槽盒和导管安装，线缆敷设，设备安装，软件安装，系统调试，试运行
		公共广播系统	梯架、托盘、槽盒和导管安装，线缆敷设，设备安装，软件安装，系统调试，试运行
		会议系统	梯架、托盘、槽盒和导管安装，线缆敷设，设备安装，软件安装，系统调试，试运行
		信息导引及发布系统	梯架、托盘、槽盒和导管安装，线缆敷设，显示设备安装，机房设备安装，软件安装，系统调试，试运行
		时钟系统	梯架、托盘、槽盒和导管安装，线缆敷设，设备安装，软件安装，系统调试，试运行
		信息化应用系统	梯架、托盘、槽盒和导管安装，线缆敷设，设备安装，软件安装，系统调试，试运行
		建筑设备监控系统	梯架、托盘、槽盒和导管安装，线缆敷设，传感器安装，执行器安装，控制器、箱安装，中央管理工作站和操作分站设备安装，软件安装，系统调试，试运行
		火灾自动报警系统	梯架、托盘、槽盒和导管安装，线缆敷设，探测器类设备安装，控制器类设备安装，其他设备安装，软件安装，系统调试，试运行
		安全技术防范系统	梯架、托盘、槽盒和导管安装，线缆敷设，设备安装，软件安装，系统调试，试运行
		应急响应系统	设备安装，软件安装，系统调试，试运行
		机房	供配电系统，防雷与接地系统，空气调节系统，给水排水系统，综合布线系统，监控与安全防范系统，消防系统，室内装饰装修，电磁屏蔽，系统调试，试运行
		防雷与接地	接地装置，接地线，等电位联结，屏蔽设施，电涌保护器，线缆敷设，系统调试，试运行
9	建筑节能	围护系统节能	墙体节能，幕墙节能，门窗节能，屋面节能，地面节能
		供暖空调设备及管网节能	供暖节能，通风与空调设备节能，空调与供暖系统冷热源节能，空调与供暖系统管网节能
		电气动力节能	配电节能，照明节能
		监控系统节能	监测系统节能，控制系统节能
		可再生能源	地源热泵系统节能，太阳能光热系统节能，太阳能光伏节能

（续）

序号	分部工程	子分部工程	分 项 工 程
10	电梯	电力驱动的曳引式或强制式电梯	设备进场验收，土建交接检验，驱动主机、导轨、门系统、轿厢、对重、安全部件、悬挂装置、随行电缆、补偿装置、电气装置、整机安装验收
		液压电梯	设备进场验收，土建交接检验，液压系统、导轨、门系统、轿厢、对重、安全部件、悬挂装置、随行电缆、电气装置、整机安装验收
		自动扶梯、自动人行道	设备进场验收，土建交接检验，整机安装验收

需要注意的是表中所列分部、子分部工程绝大部分为构成建筑工程的实体，但也有特殊情况，如地基与基础分部工程中的基坑支护子分部工程不构成建筑工程实体，但它是建筑施工程序之一，是工程质量的组成部分，因此应进行其质量的检验和评定；但因它不构成建筑工程实体，一般不参加上一层次相应分部工程的质量评定或验收。

3.1.3 分项工程的划分

分项工程是分部工程的组成部分，可按主要工种、材料、施工工艺、设备类别进行划分。

按照上述原则，每个分部（子分部）工程可划分为若干分项工程。其中建筑与结构工程主要按工种工程划分，如混凝土结构子分部工程中有模板、钢筋、混凝土三个不同工种的分项工程。有些分项工程并不限于一个工种，如建筑装饰装修工程细部子分部工程中的护栏和扶手制作与安装，所用材料可为木质、金属的结合，需两个或两个以上工种的配合施工，可按其主要工种划分。混凝土结构子分部工程按施工工艺又有预应力结构、现浇结构、装配式结构三个分项工程。建筑设备安装工程中的分项工程主要按照材料、设备组别划分。如建筑给排水及采暖分部的卫生器具子分部工程依据材料、设备类别不同，划分为卫生器具安装、卫生器具给水配件安装、卫生器具排水管道安装等分项工程。同时，可依据工程特点，按系统或区段来划分分项工程，如住宅楼的下水管道，可把每单元排水系统划分为一个分项工程。大型建筑的通风管道工程，一个楼层可分数段，每段则为一个分项工程来进行质量控制和验收。

分项工程的划分是在分部、子分部工程项目的基础上的进一步细分，它是建筑工程组成的最基本单元。

3.1.4 检验批的划分

检验批是指按相同的生产条件或按规定的方式汇总起来供抽样检验用的，由一定数量样本组成的检验体。它是建筑工程质量验收划分中的最小验收单位。

检验批不是工程组成的基本单位，仅是为着质量检验的需要，人为地对较大分项工程的进一步划分。如多层和高层建筑的主体结构工程，是涉及人身安全的重要分部工程，为控制其质量，一般情况按楼层（段）划分检验批，这样完成一层（段），验收一层（段），可以及时发现问题，及时返修，及时总结经验，不致连续出现同类质量缺陷或产生严重质量问题而得不到及时的发现和解决。但对一些小的项目，或按楼层划分有困难的项目，也可不按楼层划分检验批，如平房工程。

显然，在一般情况下，一个分项工程可由一个或若干检验批组成，检验批可根据施工、质量控制和专业验收的需要，按工程量、楼层、施工段、变形缝进行划分。

对不同建筑工程、分部分项工程可依据工程特点，按下列要求划分检验批。

（1）多层及高层建筑中主体分部的分项工程，按楼层或施工段划分检验批。

（2）单层建筑工程的分项工程按变形缝划分检验批。

（3）地基基础分部工程一般划分为一个检验批，但有地下层的基础工程可按不同地下层划分检验批。

（4）屋面分部工程的分项工程可统一划分为一个检验批。

（5）工程量较少的分项工程可统一划分为一个检验批。

（6）安装工程一般按设计系统或设备组别划分为一个检验批。

（7）室外工程统一划分为一个检验批，其中散水、台阶、明沟含在地面检验批中。

地基基础中的土方工程、基坑支护工程及混凝土结构工程中的模板工程，虽不构成建筑工程实体，但因其是建筑工程施工中不可缺少的重要环节和必要条件，其质量关系到建筑工程的质量和施工安全，因此将其列入施工验收的内容。

根据《建筑工程施工质量验收统一标准》的规定，质量只有合格一个等级，检验批的数量大小对质量评定等级已没有什么影响，但建议大小适宜，避免相差过大。

分项工程划分为检验批后，其验收重点就后移了。分项工程的验收实际上就成为检验批的验收。因为检验批执行的是其所属分项工程的验收标准，当分项工程的所有检验批验收结束时，分项工程的验收也就完成了，剩下的仅是检验批质量的统计汇总而已。当然，不划分检验批的分项工程，其验收直接执行分项工程的验收标准。

随着建筑工程领域的技术进步和建筑功能要求的提升，会出现一些新的验收项目，并需要有专门的分项工程和检验批与之对应。对于《建筑工程施工质量验收统一标准》附录及相关专业验收规范中未涵盖的分项工程、检验批，可由建设单位组织监理、施工等单位在施工前根据工程具体情况协商确定，并据此整理施工技术资料和进行验收。

3.1.5 室外建筑工程划分

室外建筑工程（图3.3）一般与室内工程不同步，多在室内工程基本结束时进行施工，所以工程质量与验收需单独进行，其工程划分自成系列。

室外工程根据专业类别和工程规模划分为室外设施、附属建筑及室外环境两个单位工程。其中室外设施包含道路和边坡两个子单位工程；附属建筑及室外环境包含附属建筑和室外环境两个子单位工程。各子单位工程有若干分部子分部工程。由于室外工程较简单，所以不再细分分项工程与检验批，详见表3-2。

图 3.3 室外建筑工程

表 3 - 2 建筑工程室外单位（子单位）工程和分部工程划分

单 位 工 程	子单位工程	分部（子分部）工程
室外设施	道路	路基、基层、面层、广场与停车场、人行道、人行地道、挡土墙、附属构筑物
	边坡	土石方、挡土墙、支护
附属建筑及室外环境	附属建筑	车棚、围墙、大门、挡土墙
	室外环境	建筑小品、亭台、水景、连廊、花坛、场坪绿化、景观桥

3.1.6 建筑分项工程检验批划分方法案例

检验批作为工程施工质量验收的最小单元，是整体单位工程验收的基础。如何划分检验批是验收规范的一个重点和难点。为此，建议在施工组织设计时对检验批进行预划分，以使建设各方责任主体对分项工程施工质量验收事先形成统一意见，使验收工作能顺利进行。因国家对检验批预划分没有一个统一的格式要求，且建设各方责任主体对国家标准规范的认知程度也不尽相同，所以划分起来会感到有些困难，争议也较多。工程项目开工前，施工单位在编制施工组织设计时，单位工程各分部的分项工程可对照工程施工图纸，并依据国家建筑工程施工质量统一标准、各专业验收规范的规定，按以下两种方法进行预划分。

1. 表述法

表述法即按照国家规范的规定，以文字叙述的形式对单位工程各分部（子分部）的分项工程检验批进行预划分。

《建筑工程施工质量验收统一标准》（GB 50300—2013）规定，检验批是按同样的生产条件或按规定的方式汇总起来供检验用的，由一定数量样本组成的检验体；并在该标准条文说明中对检验批的划分做出了原则性的规定。各专业施工质量验收规范又对检验批的划分做出了以下更为明确的规定。

（1）《建筑地基基础工程施工质量验收规范》（GB 50202—2002）和《地下防水工程质量验收规范》（GB 50208—2011）：一般为一个检验批，有地下层的按不同地下层划分。

（2）《砌体结构工程施工质量验收规范》（GB 50203—2011）：按施工段、楼层、变形缝划分。

（3）《混凝土结构工程施工质量验收规范》（GB 50204—2015）：按工作班、楼层、结构缝或施工段划分。

（4）《钢结构工程施工质量验收规范》（GB 50205—2001）的规定如下。

① 单层钢结构制作或安装工程按变形缝或空间刚度单元等划分为一个或若干个。多层及高层钢结构制作或安装工程按楼层或施工段等划分为一个或若干个。

② 地下钢结构可按不同地下层划分。

③ 钢网架工程按变形缝、施工段或空间刚度单元划分为一个或若干个。

④ 压型金属板制作安装可按变形缝、施工段或空间刚度单元划分为一个或若干个。

⑤ 原材料进场验收可按以上各分项工程划分原则划分，或按工程规模及进料实际情况划分。

⑥ 钢结构焊接工程、紧固件连接工程、钢零件及钢部件加工工程、钢构件组装工程、钢构件预拼装工程、钢结构涂装工程与钢结构制作或安装工程检验批的划分原则相同。

（5）《木结构工程施工质量验收规范》（GB 50206—2012）：按结构类型、构件受力特征、连接件种类、截面形状和尺寸及所采用的树种和加工量划分。

（6）《屋面工程质量验收规范》（GB 50207—2012）：按不同楼层屋面为一批。

（7）《建筑装饰装修工程质量验收规范》（GB 50210—2001）的规定如下。

① 室内［抹灰、饰面板（砖）、涂饰］工程、吊顶、轻质隔墙按每 50 间同类型（大面积房和走廊按 30m² 计一间）为一批，不足 50 间按一批。

② 室外［抹灰、饰面板（砖）、涂饰］工程、幕墙工程按同材料、工艺、施工条件每 500～1000m² 为一批，不足 500m² 按一批。

③ 幕墙工程如同一单位工程的不连续的幕墙应单独划分。

④ 一般门窗玻璃工程按每 100 樘同品种、同类型为一批，不足 100 樘按一批。特种门按每 50 樘同品种、类型、规格为一批，不足 50 樘按一批。

⑤ 细部工程每 50 间同类制品为一批；每部楼梯为一批。

（8）《建筑地面工程施工质量验收规范》（GB 50209—2010）：基层（各构造层）和各类面层按每一层次或每层施工段或变形缝为一批。高层标准层按每三层一批，不足三层按一批，含散水、台阶、明沟等。

表述法的优点是简单易行，可用于规模较小、结构较简单的工程；缺点是太过原则，对大工程则不易表述清楚，不利于后续操作，故应尽量少采用这种预划分方法。

2. 表格法

表格法即按照以上规范规定，以列表的形式对单位工程各分部（子分部）的分项工程检验批进行预划分，举例见表 3-3。

表 3 - 3　某工程基础分部检验批划分

分部工程	子分部工程	分项工程检验批名称		批数	划 分 部 位	检验批编号
地基与基础工程	无支护土方	土方开挖		1	①～⑥轴	010101001
		土方回填		1	①～⑥轴	010102001
	混凝土基础	模板	安装	1	①～⑥轴	010601(1)001
			拆除	1	①～⑥轴	010601(2)001
		钢筋	原材	1	①～⑥轴	010602(1)001
			加工	1	①～⑥轴	010602(2)001
			连接	1	①～⑥轴	010602(3)001
			安装	1	①～⑥轴	010602(4)001
		混凝土	原材	1	①～⑥轴	010603(1)001
			配合比	1	①～⑥轴	010603(2)001
			混凝土施工	1	①～⑥轴	010603(3)001
			结构外观	1	①～⑥轴	(Ⅰ)010603(4)001
			结构尺寸	1	①～⑥轴	(Ⅱ)010603(5)001
	砌体基础	砖砌体		1	①～⑥轴	010701001

　　表格法的优点是直观易懂，可用于专业较多、结构较复杂的各种规模的工程。施工过程中只需按表列顺序、编号组织验收和整理验收资料即可，具有较强的操作性，故应多采用这种预划分方法。

　　以上两种方法同样也适用于设备安装工程和建筑节能工程的分项工程检验批预划分。

3.2　公路工程质量检验评定划分

　　公路工程是由路、桥、隧道等组成的细长带状工程。根据建设任务分配、施工管理和质量检验评定的需要，将公路工程建设项目划分为单位工程、分部工程和分项工程（图 3.4）。

3.2.1　单位工程划分

　　划分原则：在合同段中，具有独立施工条件和结构功能的工程。

　　按照上述划分原则，公路工程共划分为路基工程、路面工程、桥梁工程、隧道工程、

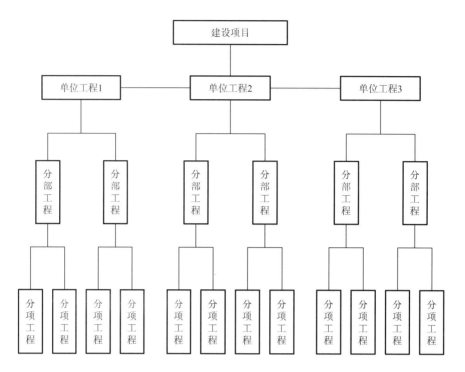

图 3.4 公路工程检验划分示意

绿化工程、声屏障工程、交通安全设施、交通机电工程和附属设施 9 个单位工程；考虑到路基工程、路面工程两类单位工程长度大和施工承包的特点，按每 10km 或每标段为单元划分为一个单位工程；而与路基工程和路面工程类似，交通安全设施以每 20km 或每标段为单元划分为一个单位工程。

此外，近年来，随着我国经济的发展和桥梁设计施工技术的进步，出现了不少工程量大、技术工艺复杂的特大斜拉桥和悬索桥，为加强其质量管理，现也作为建设项目单独划分为塔及辅助墩与过渡墩、锚锭、上部结构制作与防护、上部构造浇筑与安装，以及桥面系、附属工程和桥梁总体等单位工程。

3.2.2 分部工程划分

分部工程是指在单位工程中按路段长度、结构部位及施工特点等划分的工程。

按照分部工程的划分原则，路基工程分为路基土石方工程，排水工程，小桥及符合小桥标准的通道、人行天桥、渡槽、涵洞、通道，防护支挡工程和大型挡土墙、组合挡土墙等分部工程；桥梁工程分为基础及下部构造、上部构造预制和安装、上部构造现场浇筑、桥面系、附属工程及桥梁总体、防护工程、引道工程等分部工程；隧道工程主要分为总体及装饰装修、洞口工程、洞身开挖、洞身衬砌、防排水、路面、辅助通道等分部工程。具体划分公路工程详见表 3-4。特大斜拉桥和悬索桥详见表 3-5。

表 3 - 4 公路工程一般建设项目单位分部及分项工程的划分

单 位 工 程	分 部 工 程	分 项 工 程
路基工程（每 10km 或每标段）	路基土石方工程（1～ 3km 路段）①	土方路基，填石路基，软土地基处治，土工合成材料处治层等
	排水工程（1～3km 路段）①	管节预制，混凝土排水管施工，检查（雨水）井砌筑，土沟，浆砌水沟，盲沟，跌水，急流槽，水簸箕，排水泵站沉井、沉淀池等
	小桥及符合小桥标准的通道、人行天桥、渡槽（每座）	钢筋加工及安装，砌体，混凝土扩大基础，钻孔灌注桩，混凝土墩、台、墩、台身安装，台背填土，就地浇筑梁、板，预制安装梁、板，就地浇筑拱圈，混凝土桥面板桥面防水层，支座垫石和挡板，支座安装，伸缩装置安装，栏杆安装，混凝土护栏，桥头搭板，砌体坡面护坡，混凝土构件表面防护，桥梁总体等
	涵洞、通道（1～3km 路段）①	钢筋加工及安装，涵台，管节预制，管座及涵管安装，波形钢管涵安装，盖板预制，盖板安装，箱涵浇筑，拱涵浇（砌）筑，倒虹吸竖井、集水井砌筑，一字墙和八字墙，涵洞填土，顶进施工的涵洞，砌体坡面防护，涵洞总体等
	防护支挡工程（1～3km 路段）①	砌体挡土墙，墙背填土，边坡锚固防护，土钉支护，砌体坡面防护，石笼防护，导流工程等
	大型挡土墙、组合挡土墙（每处）	钢筋加工及安装，砌体挡土墙，悬臂式挡土墙，扶壁式挡土墙，锚杆、锚定板和加筋土挡土墙，墙背填土等
路面工程（每 10km 或每标段）	路面工程（1～3km 路段）①	垫层，底基层，基层，面层，路缘石，路肩等
桥梁工程②（每座或每合同段）	基础及下部构造（1～3 墩台）③	钢筋加工及安装，预应力筋加工和张拉，预应力管道压浆，混凝土扩大基础，钻孔灌注桩，挖孔桩，沉入桩，灌注桩桩底压浆，地下连续墙，沉井，沉井、钢围堰的混凝土封底，承台等大体积混凝土结构，砌体，混凝土墩、台、墩台身安装，支座垫石和挡块，拱桥组合桥台，台背填土等
	上部构造预制和安装（1～3 跨）③	钢筋加工及安装，预应力筋加工和张拉，预应力管道压浆，预制安装梁、板，悬臂施工梁，顶推施工梁，转体施工梁，拱圈节段预制，拱的安装，转体施工拱，中下承式拱吊杆和柔性系杆，刚性系杆，钢梁制作，钢梁安装，钢梁防护等
	上部构造现场浇筑（1～3 跨）③	钢筋加工及安装，预应力筋加工和张拉，预应力管道压浆，就地浇筑梁、板，悬臂施工梁，就地浇筑拱圈，劲性骨架混凝土拱，钢管混凝土拱，中下承式拱吊杆和柔性系杆，刚性系杆等

65

（续）

单位工程	分部工程	分项工程
桥梁工程② （每座或每合同段）	桥面系、附属工程及桥梁总体	钢筋加工及安装，混凝土桥面板桥面防水层，钢桥面板上防水黏结层，混凝土桥面板桥面铺装，钢桥面板上沥青混凝土铺装，支座安装，伸缩装置安装，人行道铺设，栏杆安装，混凝土护栏，钢桥上钢护栏安装，桥头搭板，混凝土小型构件预制，砌体坡面护坡，混凝土构件表面防护，桥梁总体等
	防护工程	砌体坡面护坡，护岸①，导流工程等
	引道工程	见路基工程、路面工程的分项工程
隧道工程⑤ （每座或每合同段）	总体及装饰装修（每座或每合同段）	隧道总体、装饰装修工程等
	洞口工程（每个洞口）	洞口边仰坡防护，洞门和翼墙的浇（砌）筑，截水沟、洞口排水沟、明洞浇筑，明洞防水层，明洞回填
	洞身开挖（100 延米）	洞身开挖
	洞身衬砌（100 延米）	喷射混凝土、锚杆、钢筋网、钢架、仰拱、仰拱回填、衬砌钢筋、混凝土衬砌、超前锚杆、超前小导管、管棚
	防排水（100 延米）	防水层、止水带、排水
	路面（1～3km 路段）①	基层、面层
	辅助通道⑥（100 延米）	洞身开挖、喷射混凝土、锚杆、钢筋网、钢架、仰拱、仰拱回填、衬砌钢筋、混凝土衬砌、超前锚杆、超前小导管、管棚、防水层、止水带、排水
绿化工程（每合同段）	分隔带绿地、边坡绿地、护坡道绿地、碎落台绿地、平台绿地（每 2km 路段）互通式立体交叉区与环岛绿地、管理养护设施区绿地、服务设施区绿地、取（弃）土场绿地（每处）	绿地整理，树木栽植，草坪、草本地被植物及花卉种植，喷播绿化
声屏障工程（每合同段）	声屏障工程（每处）	砌块体声屏障，金属结构声屏障，复合结构声屏障
交通安全设施（每 20km 或每标段）	标志、标线、突起路标、轮廓标（5～10km 路段）①	标志，标线，突起路标，轮廓标
	护栏（5～10km 路段）①	波形梁护栏，缆索护栏，混凝土护栏，中央分隔带开口护栏
	防眩设施、隔离栅、防落物网（5～10km 路段）①	防眩板，防眩网，隔离栅，防落物网等
	里程碑和百米桩（5km 路段）	里程碑、百米桩
	避险车道（每处）	避险车道

（续）

单 位 工 程	分 部 工 程	分 项 工 程
交通机电工程	其分部、分项工程划分见《公路工程质量检验评定标准 第二册 机电工程》	
附属设施	管理中心、服务区、房屋建筑、收费站、养护工区等设施	按其专业工程质量检验评定标准评定

① 按路段长度划分的分部工程，高速公路、一级公路宜取低值，二级及二级以下公路可取高值。

② 分幅桥梁按照单幅划分，特大斜拉桥和悬索桥按照表 3-5 进行划分，其他斜拉桥和悬索桥可作为一个单位工程参照表 3-5 进行划分。

③ 按单孔跨径确定的特大桥取 1，其余根据规模取 2 或 3。

④ 护岸可参照挡土墙进行划分。

⑤ 双洞隧道每单洞作为一个单位工程。

⑥ 辅助通道包括竖井、斜井、平行导坑、横通道、风道、地下风机房等。

表 3-5　特大斜拉桥、特大悬索桥工程划分

单 位 工 程	分 部 工 程	分 项 工 程
塔及辅助、过渡墩（每个）	塔基础	钢筋加工及安装，混凝土扩大基础，钻孔灌注桩，灌注桩桩底压浆，沉井，沉井、钢围堰的混凝土封底等
	塔承台	钢筋加工及安装，双壁钢围堰，沉井、钢围堰的混凝土封底，承台等大体积混凝土结构等
	索塔	钢筋加工及安装，预应力筋加工和张拉，预应力管道压浆，混凝土索塔，索塔钢锚箱节段制作，索塔钢锚箱节段安装、支座垫石和挡块等
	辅助墩	钢筋加工及安装，预应力筋加工和张拉，预应力管道压浆，钻孔灌注桩，灌注桩桩底压浆，承台等大体积混凝土结构，沉井、钢围堰的混凝土封底，混凝土墩、台，墩台身安装、支座垫石和挡块等
	过渡墩	
锚碇（每个）	锚碇基础	钢筋加工及安装，混凝土扩大基础，钻孔灌注桩，灌注桩桩底压浆，地下连续墙，沉井，沉井、钢围堰的混凝土封底等
	锚体	钢筋加工及安装，锚碇锚固体系制作，锚碇锚固体系安装，锚碇混凝土块体，预应力锚索的张拉与压浆，隧道锚的洞身开挖，隧道锚的混凝土锚塞体等

67

（续）

单位工程	分部工程	分项工程
上部钢结构制作与防护	主缆	索股和锚头的制作与防护，主缆防护
	索鞍	索鞍制作，索鞍防护
	索夹	索夹制作，索夹防护
	吊索	吊索和锚头制作与防护
	加劲梁	钢梁制作，钢梁防护，自锚式悬索桥主缆索股的锚固系统制作等
上部结构浇筑与安装	加劲梁浇筑	混凝土斜拉桥主墩上梁段的浇筑，混凝土斜拉桥梁的悬臂施工，组合梁斜拉桥的混凝土板等
	安装	索鞍安装，主缆架设，索夹和吊索安装，悬索桥钢加劲梁安装，自锚式悬索桥吊索张拉和体系转换，钢斜拉桥钢箱梁段的拼装、组合梁斜拉桥工字梁段的悬臂拼装，混凝土斜拉桥梁的悬臂施工等
桥面系、附属工程及桥梁总体	桥面系	钢筋加工及安装，混凝土桥面板板面防水或钢桥面板上防水黏结层，混凝土桥面板桥面铺装或钢桥面板上沥青混凝土铺装
	附属工程及桥梁总体	支座安装，伸缩装置安装，人行道铺设，栏杆安装，混凝土护栏，钢桥上钢护栏安装，混凝土构件表面防护，桥头搭板，桥梁总体等

3.2.3 分项工程划分

分项工程是指在分部工程中根据施工工序、工艺或材料等划分的工程。如路基土石方分部工程，按不同材料可划分为土方路基、填石路基、软土地基处治、土工合成材料处治层等分项工程。各分部工程所含分项工程，详见表 3-4。

3.2.4 公路工程划分的程序和要求

公路工程的划分是在施工准备阶段，由施工单位结合工程特点对工程按单位、分部和分项工程逐级进行划分，并报监理单位和建设单位审核。对于表 3-4 未涵盖的分项工程、分部工程和单位工程，可由建设单位组织监理单位、施工单位协商确定。

公路工程项目划分的基本要求是：按照单位工程、分部工程、分项工程逐级划分，直至详细列出每一个分项工程的编号、名称或内容、桩号或部位。整个公路工程项目中工程实体与划分的项目一一对应，单位工程、分部工程、分项工程的数量和位置都一目了然。

3.2.5 工程实例

高速公路 A2 合同段，路线起讫里程为 ZK6＋000～K12＋000，全长 6.0km，如图 3.5 所示。该合同段含左右线隧道各一座，大中小桥及涵洞各一座，沥青混凝土路面，设计情况见表 3－6。

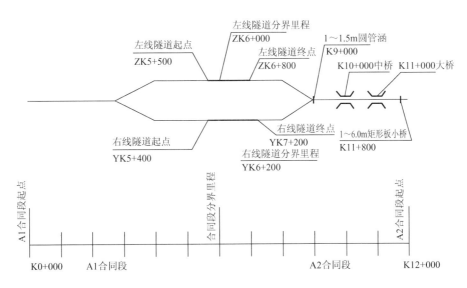

图 3.5 高速公路 A2 合同段平面示意

表 3－6 A2 合同段设计情况

序号	工 程 名 称	设 计 参 数	备 注
1	路线起讫里程	ZK6＋000～ZK9＋000	分离式（左线）
		YK6＋200～YK9＋000	分离式（右线）
		K9＋000～K12＋000	整体式
2	隧道	ZK5＋500～ZK6＋800	左线隧道
		YK5＋400～YK7＋200	右线隧道
3	隧道分界点里程 （A2 合同段起点里程）	ZK6＋000	左线隧道
		YK6＋200	右线隧道
4	K10＋000 中桥	2～20m	矩形预应力空心板梁
5	K11＋000 大桥	8～40m	后张法预应力 T 形梁
6	涵洞工程	K9＋000，1～1.5m 圆管涵	
7	K11＋800 小桥	1～6.0m 矩形板小桥	

1. 路基工程分部分项划分

（1）为了满足分项工程评定需要，便于竣工文件的组卷与规档，不但要求路基工程中的土石方工程、排水工程、防护支挡工程等分部工程的分项工程之间划分里程桩号相统一，而且还要求与路面工程的分项工程划分桩号相一致。

（2）原则上应按整千米桩号进行分项工程划分，以 1km 为单元进行组卷。如果起止桩号不是整千米桩号，则应将整千米以外的路段长度以 500m 为界进行调整：小于 500m 时，直接将该段长度加在临近的 1km 路段上，把整个路段划分为一个分项工程；大于 500m 时，则单独作为一个分项工程进行组卷。

（3）构造物位于整千米桩号附近时，应以构造物为界进行划分。

（4）由于山区的排水、防护支挡工程是依据实际地形设计的，有的段落桩号要跨越两个已划分的分项工程，并且其中一个分项工程中的工程量很小，在这种情况下可以合并在另一个分项工程中，统一进行报验。报验时，各检查记录表按实际桩号进行填写；但在填写分项工程质量检验评定表时，工程部位仍然填写原分项工程里程桩号。

本例中分项工程桩号为 K9+000～K10+000、K10+000～K11+000，排水工程的桩号为 K9+600～K10+000，应按照 K9+000～K10+000 分项工程进行报验，但各检查记录表按实际桩号填写，只是在分项工程评定时，工程部位仍然按照 K9+000～K10+000 填写。

（5）若一个工序跨两个分项工程，在进行工序检验时，应从两个分项工程的分界线分开，按照两个工序进行内业资料整理。

（6）路基工程分部分项划分见表 3-7。

表 3-7　路基工程分部分项划分

序号	子单位工程	分部工程	子分部工程	分项工程
1	ZK6+800～ZK8+000 路基工程	防护支挡工程		砌体挡土墙，墙背填土
		排水工程		混凝土排水管施工
2	ZK8+000～ZK9+000 路基工程	防护支挡工程		边坡锚固防护
		排水工程		检查（雨水）井砌筑
3	YK6+200～YK8+000 路基工程	防护支挡工程		边坡锚固防护
		排水工程		浆砌水沟
4	YK8+000～YK9+000 路基工程	防护支挡工程		边坡锚固防护
		排水工程		盲沟

（续）

序号	子单位工程	分部工程	子分部工程	分项工程
5	K9+000～K10+000 路基工程	防护支挡工程		砌体坡面防护
		排水工程		急流槽
		涵洞	K9+000，1～1.5m圆管涵	钢筋加工及安装，涵台，管节预制，管座及涵管安装，涵洞填土，涵洞总体
6	K10+000～K11+000 路基工程	防护支挡工程		砌体坡面防护
		排水工程		浆砌排水沟，跌水
7	K11+000～K12+000 路基工程	防护支挡工程		砌体坡面防护
		排水工程		浆砌排水沟，跌水
		小桥	基础及下部构造，上部构造预制和安装，桥面系，附属工程及桥梁总体	基础，钢筋，模板，混凝土

2. 路面工程分部分项划分

路面工程分部分项的划分见表 3-8。

表 3-8　路面工程分部分项划分

序　号	分部工程	分项工程
1	ZK6+800～ZK8+000	垫层，底基层，基层，面层，路缘石，路肩等
2	ZK8+000～ZK9+000	
3	YK6+200～YK8+000	
4	YK8+000～YK9+000	
5	K9+000～K10+000	
6	K10+000～K11+000	
7	K11+000～K12+000	

3. 桥梁工程分部分项划分

桥梁工程分部分项的划分见表 3-9。

表 3-9 桥梁工程分部分项划分

序号	子单位工程	分部工程	子分部工程	分项工程
1	K10+000 中桥	基础及下部结构	0号台	钢筋加工及安装，钻孔灌注桩，承台，墩台身、墩台帽混凝土浇筑，支座垫石，挡块，台背填土
			1号墩	
			2号台	
		上部构造预制和安装	1号孔	钢筋加工及安装，预应力筋加工和张拉，预制安装梁、板
			2号孔	
		桥面系，附属工程及桥梁总体		钢筋加工及安装，桥面铺装，支座安装，伸缩装置安装，栏杆安装，桥头搭板，桥梁总体
2	K11+000 大桥	基础及下部构造	0号台	钢筋加工及安装，钻孔灌注桩，承台，墩台身、墩台帽混凝土浇筑，支座垫石，挡块，台背填土
			1号墩	
			2号墩	
			……	
			8号台	
		上部构造预制和安装	1号孔	钢筋加工及安装，预应力筋加工和张拉，预制安装梁、板
			2号孔	
			……	
			8号孔	
		桥面系，附属工程及桥梁总体		钢筋加工及安装，桥面铺装，支座安装，伸缩装置安装，栏杆安装，桥头搭板，桥梁总体

4. 隧道工程分部分项划分

隧道工程分部分项的划分见表 3-10。隧道通常作为一个单位工程，但本例中隧道由 A1、A2 两个合同段施工，所以各合同段应分别作为一个单位工程，然后再进行分部分项划分。

表 3-10 隧道工程分部分项划分表

序号	子单位工程	分部工程	分项工程
1	左线隧道	总体及装饰装修	隧道总体、装饰装修工程等
		洞口工程	洞口边仰坡防护、洞门和翼墙的浇（砌）筑、截水沟、洞口排水沟、明洞浇筑、明洞防水层、明洞回填
		洞身开挖	洞身开挖
		洞身衬砌	喷射混凝土、锚杆、钢筋网、钢架、仰拱、仰拱回填、衬砌钢筋、混凝土衬砌、超前锚杆、超前小导管、管棚
		防排水	防水层、止水带、排水
		路面	基层、面层
		辅助通道	洞身开挖、喷射混凝土、锚杆、钢筋网、钢架、仰拱、仰拱回填、衬砌钢筋、混凝土衬砌、超前锚杆、超前小导管、管棚、防水层、止水带、排水
2	右线隧道	总体及装饰装修	隧道总体、装饰装修工程等
		洞口工程	洞口边仰坡防护，洞门和翼墙的浇（砌）筑、截水沟、洞口排水沟、明洞浇筑，明洞防水层，明洞回填
		洞身开挖	洞身开挖
		洞身衬砌	喷射混凝土、锚杆、钢筋网、钢架、仰拱、仰拱回填、衬砌钢筋、混凝土衬砌、超前锚杆、超前小导管、管棚
		防排水	防水层、止水带、排水
		路面	基层、面层
		辅助通道	洞身开挖、喷射混凝土、锚杆、钢筋网、钢架、仰拱、仰拱回填、衬砌钢筋、混凝土衬砌、超前锚杆、超前小导管、管棚、防水层、止水带、排水

复习思考题

1. 建筑工程的单位（子单位）、分部（子分部）、分项工程及检验批是如何定义和划分的？其中地基基础、主体结构与建筑装饰装修在有地下室的工程中如何归类区分？

2. 公路工程与建筑工程划分有何异同？试说说其原因。

3. 简述公路工程划分的程序和要求。

第 **4** 章

建设工程质量检验与评定标准

本章主要讲述建筑工程施工质量合格验收标准；公路工程质量检验评定标准；优质建设工程评审标准。通过本章学习，达到以下目标：

（1）掌握建筑工程施工质量合格验收标准；

（2）掌握公路工程质量检验评定标准；

（3）熟悉优质建设工程评审标准。

教学要求

知识要点	能力要求	相关知识
建筑工程的检验批、分项工程、分部工程、单位工程的合格标准及其评定方法	（1）掌握检验批的合格标准，掌握检验批的质量检验与评定要求； （2）掌握分项工程合格标准，掌握分项工程的质量检验与评定要求； （3）掌握分部工程合格标准，掌握分部工程的质量检验与评定要求； （4）掌握单位工程的合格标准，掌握单位工程的质量检验与评定要求； （5）掌握建筑工程不到合格要求的处理办法	（1）主控项目和一般项目； （2）计数抽样检验程序； （3）有关安全及功能的检验项目； （4）让步验收
公路工程的分项工程、分部工程、单位工程的等级评定法	掌握分项工程、分部工程、单位工程的等级评定方法	（1）实测项目； （2）外观检查
国家优质工程奖评审标准和评选办法；中国建设工程鲁班奖实施细则	（1）熟悉国家优质工程奖评审标准和评选办法； （2）熟悉中国建设工程鲁班奖实施细则	（1）国家优质工程奖； （2）鲁班奖

 基本概念

主控项目，一般项目，抽样检验，安全及功能的检验项目，观感质量，关键项目，实测项目，外观检查，国家优质工程奖，鲁班奖。

引言

建设工程质量要达到一定的标准，以满足安全和使用要求。为此，国家住建部、交通运输部分别在 2013 年和 2018 年发布施行新的《建筑工程施工质量验收统一标准》和《公路工程质量检验评定标准》及配套专业规范，对两类工程的质量检验评定标准做了明确的规定。建筑工程施工质量验收标准由统一标准和各专业规范组成。公路工程质量检验评定标准（土建工程）由总体工程质量评定方法标准和公路工程各主要工程检评标准及交竣工验收办法组成。为进一步规范和完善公路工程竣（交）工验收工作，交通运输部根据《公路工程竣（交）工验收办法》（交通部令 2004 年第 3 号），还制定了《公路工程竣（交）工验收办法实施细则》（交公路发〔2010〕65 号）。上述 3 个标准是建设工程质量检验和评定的主要依据。如《建筑工程施工质量验收统一标准》规定了工程项目的划分办法、单位工程验收的组织和程序等。

4.1　建筑工程施工质量合格验收标准

《建筑工程施工质量验收统一标准》包含了对建筑工程的检验批、分项、分部（子分部）、单位（子单位）工程质量合格的要求和规定。

建筑工程质量是反映建筑工程满足相关标准或合同约定的要求，包括其在安全、使用功能及其在耐火性能、环境保护等方面所有明显和隐含能力特征的总和。为保证建筑工程质量，施工单位需按质量标准进行自检自评，参与建设活动的有关单位需按标准对工程质量进行检验认定。而这一标准就是对建筑工程的检验批、分项、分部（子分部）、单位（子单位）工程质量合格的要求和规定。

4.1.1　检验批质量检评

检验批是分项工程的检验批次，执行的是分项工程的检验评定标准，其检验项目主要是分项工程的主控项目和一般项目。其项目名称、内容、检验标准及施工操作依据均来自于建筑工程各专业施工质量验收规范的有关规定和要求。各专业施工质量验收规范中都明确了检查验收方法，包括检验批的范围、抽检的数量、检查方法、质量要求、合格条件等，有很强的可操作性，照章检查验收即可。

1. 检验批质量合格的规定

（1）主控项目和一般项目的质量经抽样检验合格。

（2）具有完整的施工操作依据和质量检查记录（图 4.1）。

上述规定（1）是合格质量的要求。根据专业性质的不同，由各专业施工质量验收规范做出可操作的规定，并通过验收时的抽样检验而落实。主控项目和一般项目则表达了检查内容重要性的不同和验收时的严格程度。由相应的专业验收规范做出具体规定，照章执行就可以了。规定（2）则是检查验收的书面依据。由于验收只是抽查性质的，覆盖面有限。因此检查施工单位为保证质量而制定的操作规程和实际施工（生产）过程中形成的质量检查记录，对判定检验批的实际质量具有重要的参考价值。最新统一标准将其作为验收条件之一提出，不仅保证了验收的真实性和可靠性，也将对提高施工单位的质量管理水平，特别是技术资料的管理起到促进作用。

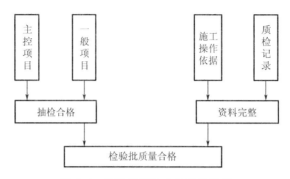

图 4.1   检验批质量合格标准示意

2. 主控项目与一般项目

1) 主控项目

主控项目是对检验批的基本质量起决定性影响的检验项目，对于工程安全、人体健康、环境保护、公众利益往往直接产生重要的影响，因此必须严格符合规定。

应强调指出的是，主控项目必须全部符合要求，即具有质量否决权。如果主控项目达不到规定的质量要求，就应该拒绝验收。随意降低要求会影响建筑工程的根本质量，因而是不允许的。如果提高要求，就等于提高性能指标，增加工程造价。所以强调主控项目必须全部达到规定要求，验收时既不降低也不提高其质量标准。根据专业性质的不同，各专业施工质量验收规范中主控项目的设置也不同。内容大体分为以下几类。

（1）主要材料、构件及配件、成品及半成品、设备性能及附件的材质、技术性能等。其依据是检查出厂证明和试验数据。如水泥钢材的质量，预制楼板、墙板的质量，门窗等构配件的质量，风机等设备的质量，通过检查出厂证明，其项目、技术数据必须符合相关技术标准规定；水泥、钢材等材料的进场除要有出厂合格证外，抽样检测也必须符合相关标准要求。

（2）结构的强度、刚度与稳定性等的检验，工程性能的检测。如混凝土砂浆的强度，钢结构的焊缝强度，管道的压力试验，风管系统的测定与调整，电气绝缘，接地测试，电梯的安全保护、试运转结果等。主要检查测试试验记录，其数据及项目要符合设计要求和验收规范规定。

（3）一些重要的允许偏差项目，必须控制在允许偏差限值之内。如砌体轴线位置、表面平整度和垂直度允许偏差必须符合相关规定。

对一些有龄期要求的检测项目，在其龄期未到，不能提供相关数据时，可先评价其他评价项目，并根据施工现场的质量保证和控制情况，暂时验收该项目，待检验数据出来后，再填入数据。如果有关数据达不到规定数值，以及对一些材料、构配件质量及工程性能的测试数据有疑问时，应进行复试、鉴定及实地检验。

根据上述规定，各分项工程都有相应的主控项目检验。如砖砌体工程中砖和砂浆的强度等级，砌体水平灰缝砂浆饱满度，砌体转角交接处砌筑与留槎要求，砌体位置及垂直度允许偏差等；混凝土结构的钢筋分项工程则在原材料质量、钢筋加工、钢筋连接、钢筋绑扎等方面均有相应的主控项目检验内容。

传统观念中，将允许偏差视为不太重要的检验项目。例如，悬臂构件负弯矩钢筋往往因施工时踩踏移位，屡屡造成倾覆而引发伤亡事故。如只以尺寸允许偏差的合格点率来要求，并与其他项目混合检验，显然是不合理的。这不符合"强化验收"的要求。不应仅以检查手段，而应以其对基本质量的影响程度来确定检验性质。故重要的偏差量测项目也应列为主控项目。这是新标准的重要改进之一。

2) 一般项目

一般项目是主控项目以外的检验项目。这些项目虽不像主控项目那样重要，但对工程安全、使用功能、重点部位美观等都有较大的影响。项目验收时，绝大多数的抽检处（件），其质量指标都必须达到要求，其比例按照各专业质量验收规范规定。如混凝土结构工程一般项目合格率应达到 80％及其以上，且不得有严重缺陷。

由于建筑工程对质量的要求是多方面的，除安全、健康、环保、公益等决定性的要求外，对一般使用功能、美观、舒适等也提出了要求。这些不具备决定性影响的检验，即可归于一般项目之列。建筑物都是有缺陷的，对与一般项目相关的缺陷，只要其数量和质量控制在一定范围内，就不会给建筑的结构安全和使用功能带来明显的影响，因此仍然可以验收合格。一般项目包括以下内容。

（1）定性判断的检查，如美观、舒适等。这类质量很难严格定量检查。一般采用观感检查、经验判定的方式。当然，如有可能还应尽量使其定量化，如折算成缺陷点来反映。

（2）量测类的检查，一般以允许偏差的形式出现。允许偏差以内的量测结果认为是符合规范要求的合格点；而超出允许偏差范围的检查点则为不合格点，最终以总检查点数的合格点率来判定合格与否。

（3）施工质量验收对合格点率的要求，旧版规范为 70％；最新修订版规范普遍提高为 80％；某些重要项目则为 90％。应强调的是：合格点率不是判定一般项目合格与否的唯一条件。若实际超出允许偏差过大（如构件或结构上的奇异偏差），已严重影响到了结构的安全和使用功能（如设备安装无法进行，结构抗力大幅度损失等），则即使是个别检查点不符合要求，也应直接判为不合格。此外，即使是超过允许偏差，超出数值也不希望过大。一般限制不大于允许偏差值的 50％（即 1.5 倍允许偏差）。当然也并不严格限定，应根据实际情况做出合理的判断。

（4）最新统一标准改变了原规范标准中死板地只以允许偏差合格点率判断的验收方式，考虑过大偏差对结构性能和使用功能的影响而采取更实际的判断，这是新标准修订"强化验收"的具体体现。

3. 检验批验收的抽样方案

无论是主控项目，还是一般项目，检验时一般采用随机抽样。即根据检验项目的特征首先确定抽样方案，然后按此方案随机地对进场材料、构配件或工程检验项目，按检验批抽取一定数量的样本进行量测、检查、试验等。抽样方案对检验批合格判定至关重要，选择项目的抽样方案，既要符合项目特征，又要切实可行。

检验批的质量检验，可根据检验项目的特点在下列抽样方案中选取：

（1）计量、计数或计量–计数抽样方案；

（2）一次、二次或多次抽样方案；

（3）对重要的检验项目，当有简易快速的检验方法时，选用全数检验方案；

（4）根据生产连续性和生产控制稳定性情况，采用调整型抽样方案；

（5）经实践证明有效的抽样方案。

检验批抽样样本应随机抽取，满足分布均匀、具有代表性的要求，抽样数量应符合有关专业验收规范的规定。当采用计数抽样时，最小抽样数量应符合表 4-1 的要求。明显不合格的个体可不纳入检验批，但应进行处理，使其满足有关专业验收规范的规定，对处理的情况应予以记录并重新验收。对于计数抽样的一般项目，正常检验一次抽样可按表 4-2 判定，正常检验二次抽样可按表 4-3 判定。抽样方案应在抽样前确定。样本容量在表 4-2 或表 4-3 给出的数值之间时，合格判定数可通过插值并四舍五入取整确定。

表 4-1　检验批最小抽样数量

检验批的容量	最小抽样数量	检验批的容量	最小抽样数量
2～15	2	151～280	13
16～25	3	281～500	20
26～90	5	501～1200	32
91～150	8	1201～3200	50

表 4-2　一般项目正常检验一次抽样判定

样本容量	合格判定数	不合格判定数	样本容量	合格判定数	不合格判定数
5	1	2	32	7	8
8	2	3	50	10	11
13	3	4	80	14	15
20	5	6	125	21	22

表 4-3　一般项目正常检验二次抽样判定

抽样次数	样本容量	合格判定数	不合格判定数	抽样次数	样本容量	合格判定数	不合格判定数
（1）	3	0	2	（1）	20	3	6
（2）	6	1	2	（2）	40	9	10
（1）	5	0	3	（1）	32	5	9
（2）	10	3	4	（2）	64	12	13
（1）	8	1	3	（1）	50	7	11
（2）	16	4	5	（2）	100	18	19
（1）	13	2	5	（1）	80	11	16
（2）	26	6	7	（2）	160	26	27

注：（1）和（2）表示抽样次数，（2）对应的样本容量为二次抽样的累计数量。

对于一般项目正常检验一次抽样，假设样本容量为 20，在 20 个试样中如果有 5 个或 5 个以下试样被判为不合格时，该检验批可判定为合格。当 20 个试样中有 6 个或 6 个以上试样被判为不合格时，则该检验批可判定为不合格。对于一般项目正常检验二次抽样，假设样本容量为 20，当 20 个试样中有 3 个或 3 个以下试样被判为不合格时，该检验批可判定为合格。当有 6 个或 6 个以上试样被判为不合格时，该检验批可判定为不合格。当有 4 个或 5 个试样被判为不合格时，应进行第二次抽样，样本容量也为 20 个，两次抽样的样本容量为 40，当两次不合格试样之和为 9 个或小于 9 个时，该检验批可判定为合格；当两次不合格试样之和为 10 个或大于 10 个时，该检验批可判定为不合格。

表 4-2 和表 4-3 给出的样本容量不连续，对合格判定数有时需要进行取整处理。例如样本容量为 15，按表 4-2 插值得出的合格判定数为 3.571，取整可得合格判定数为 4，不合格判定数为 5。

计量抽样要达到风险概率的参考数据，对主控项目的错判概率 α（合格批被判为不合格批的概率，即合格批被拒收的概率）和漏判概率 β（不合格批被判为合格批的概率，即不合格批被误收的概率）均控制在 5% 以内；对一般项目错判概率 α 控制在 5% 以内，漏判概率 β 控制在 10% 以内。

4. 施工操作依据与质量检查记录

1）施工操作依据

施工操作依据指检验批按其所在分部、分项工程相应的施工验收规范中有关施工工艺（即企业标准）的要求为依据，如各砖砌体的砌筑顺序，墙上留置施工洞口大小，脚手眼设置部位，补砌规定；砖墙、柱允许的砌筑自由高度，预制梁底坐浆，钢筋防腐措施，楼、屋面堆载，砌体施工质量控制等均要依据施工技术规范符合相关要求；又如，模板及其支架的拆除顺序及安全措施则应按施工技术方案执行。

2）质量检查记录

质量检查记录包括原材料、构配件和器具等的产品合格证及进场复验报告，施工过程中重要工序的自检和交接检记录，抽样检验报告，见证检测报告，隐蔽工程验收记录及现场检测记录等。质量检查记录应完整齐全。同一项目检验批部分检查记录如是重叠的，则可以共用。

检验批是工程质量验收的最小单元，是分项工程乃至整个建筑工程质量检验评定的基础，也是检验工作量最大的检验项目，必须予以高度重视，确保每一检验批检验到位、检测全面，符合规定的要求。

4.1.2　分项工程质量检评

1. 分项工程质量合格的规定

分项工程所含的检验批均应符合合格质量的规定，分项工程所含的检验批的质量验收记录应完整（图 4.2）。

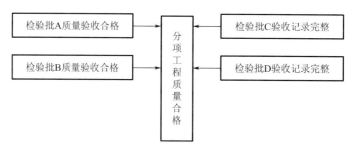

图 4.2　分项工程质量合格标准示意图

2. 分项工程质量验收的注意事项

（1）分项工程的质量验收是在检验批验收的基础上进行的，是检验批的分类统计汇总。当分项工程没分检验批时，即为直接的检查验收。

（2）核对检验批的部位、区段是否全部覆盖分项工程的范围，有没有未验收到的缺漏部位。

（3）一些在检验批中无法检验的项目，在分项工程中直接验收。如砖砌体工程中的全高垂直度、砂浆强度的评定等。

（4）检验批验收记录的内容及负责人签字是否正确、齐全。

4.1.3　分部（子分部）工程质量检评

1. 分部（子分部）工程质量合格的规定

（1）所含分项工程的质量均应验收合格。

（2）质量控制资料应完整。

（3）有关安全、节能、环境保护和主要使用功能的抽样检验结果应符合相应的规定。

（4）观感质量应符合要求，如图 4.3 所示。

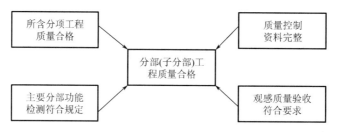

图 4.3　分部（子分部）工程质量合格标准示意图

2. 分部（子分部）工程的验收原则、验收内容与注意问题

分部工程一般含有多个子分部工程，但二者验收内容、程序都是一样的。当在一个分部工程中只有一个子分部工程时，子分部工程就是分部工程；当不止一个子分部工程时，可以一个子分部一个子分部地进行质量验收，然后将各子分部的质量资料进行检查汇总。

地基与基础、主体结构和设备安装工程等重要分部工程中的子分部工程需对有关安全及功能的检验和抽样检测结果的资料进行核查、对观感质量进行评价等。

（1）分部（子分部）工程所含分项工程质量均应验收合格。本项内容实际上是分项工程质量统计，应注意以下三点。

① 检查每个分项工程验收是否正确，包括验收的内容、检验的数量、检验方法等。

② 查对所含分项工程，有没有归档的缺漏分项工程，或是没有进行验收的分项工程。

③ 检查分项工程资料的完整性，每个验收资料的内容有无缺漏项以及分项验收人员签字是否齐全和符合规定。

（2）质量控制资料应完整地核查，主要包括如下三个方面的资料。

① 核查和归纳各检验批的验收记录资料，查对其是否完整。

② 核查和归纳各检验批的施工操作依据和质量检查记录，包括有关施工工艺（企业标准）、原材料、构配件出厂合格证及按规定进行的试验资料的完整配套程度。

③ 核对各种资料的内容、数据及验收人员签字是否规范等。

分部（子分部）工程验收，关键是看其是否具有数量和内容完整的质量控制资料，但在实际工程中，资料的类别、数量会有欠缺，完整度不够，其程度由验收人员掌握控制，重点看其资料反映的结构安全和使用功能是否达到设计要求。如某分部或子分部，质量控制资料虽有欠缺，但能反映结构安全与使用功能，可认为其资料完整。

（3）有关安全、节能、环境保护和主要使用功能相关的项目，应进行有关的见证检验或抽样检验，其检验检测由施工单位负责进行。检测过程中可请监理工程师或建设单位有关负责人参加监督，达到要求后，形成检测记录并签字认可。其检查要求如下。

① 检查各专业规范中规定的检验项目是否都进行了检验，不能进行检验的项目应说明原因。

② 检查各项检测记录（报告）的内容、数据是否符合要求，包括检测项目内容，所遵循的检测方法、标准，结果数据是否达到规定的标准。

③ 核查资料的检测程序，有关取样人、检测人、审核人、试验负责人是否符合要求，以及公章签字是否齐全等。

（4）观感质量验收绝不是单纯的外观检查，而是包括对质量控制资料核实，分部、分项工程验收正确性核查及对分项工程中不能检查项目的检查等。部分为分项、分部工程验收无法测定的项目，在分部（子分部）、单位（子单位）观感质量评价时应进行检查评价。观感质量验收分为分部（子分部）与单位（子单位）两个层次。分部（子分部）工程的观感质量验收，重在那些将被后续工序隐蔽的工程项目以及大工程项目中一些提早结束的分包工程项目。验收的方法是主要由检查人员对工程进行观察和必要的量测，并结合对相关资料和分项工程验收核查，然后做出确切评价。验收结果分为好、一般、差三个等级。分部（子分部）工程观感质量检查要注意的以下事项。

① 观感质量验收要求：观感质量检查时，一定要在现场观察、量测，要将工程的各部位全部看到，现场观察需考虑其方便性、灵活性和有效性，能打开观看的应打开观看，不能打开的只看"外观"，有条件的进行必要的量测操作，以全面检评分部（子分部）工程的实物质量。

② 新验收规范将观感质量作为检评工程质量的辅助项目，评价内容只列项目，无具

体标准。而检查项目基本上是各检验批的验收项目，多数属一般项目范畴。检查评价人员宏观掌握，如果没有明显达不到要求的，就可以评为"一般"，如某些部位质量较好、细部处理到位，就可评为"好"；如果有的部位达不到要求，或有明显缺陷，但不影响安全和使用功能的则评为"差"。评为"差"的项目能进行返修的应进行返修，不能返修的只要不影响结构安全和使用功能也可通过验收。但有影响安全或使用功能的项目，应修理后再评价。

③ 观感质量验收由总监理工程师组织，应有不少于三位监理工程师参加检查。检查后，在参评人员充分发表意见后，共同做出评价决定，但应以总监理工程师意见为主导意见。评价时，可分项目逐点评价，也可按项目做出综合评价，最后对分部（子分部）工程做出评价。

④ 一个分部工程中含有几个子分部工程时，应对子分部工程逐个验收，当每个子分部工程验收完，分部工程验收也就结束了。进行完分部（子分部）工程的观感质量检查验收后，再进行单位工程观感质量检查时，主要是宏观认可，一般不用进行分部（子分部）工程质量复检。

4.1.4　单位（子单位）工程质量检评

单位（子单位）工程验收就是单位（子单位）工程的竣工验收。它是对工程质量的一次总体综合评价，是工程质量管理的一道重要程序。参与建设的各方主体和有关人员，应该高度重视，认真做好单位（子单位）工程的质量验收工作，把好工程质量的最后一道关口。单位（子单位）工程质量验收，总体上讲还是一个统计性验收和综合性评价。它是以前面的分部（子分部）工程质量验收为基础，通过核查其工程验收和质量控制资料及有关安全、功能检测资料，并进行必要的主要功能项目的复核抽检，以及总体工程观感质量的现场实物验收，来全面综合评价工程质量情况。

1. 单位（子单位）工程质量合格的规定（图 4.4）

（1）单位（子单位）工程所含分部（子分部）工程的质量均应验收合格。
（2）质量控制资料应完整。
（3）单位（子单位）工程中有关安全和功能的检测资料应完整。
（4）主要功能项目的抽查结果应符合相关专业质量验收规范的要求。
（5）观感质量验收应符合要求。

2. 单位（子单位）工程的验收内容与注意事项

单位（子单位）工程的验收内容是建筑工程质量验收标准规定的（专业质量验收规范无相关内容），主要为上述五条，现将各条要求、详细内容及注意事项等分述如下。

1）所含分部（子分部）工程的质量均应验收合格

本项目验收前，总承包单位应进行认真的准备，将单位（子单位）工程所含分部（子分部）工程质量验收记录表进行收集、整理，并列出目次表，依序装订成册，以备验收。

竣工验收人员在核查本项目资料时需注意以下三点。

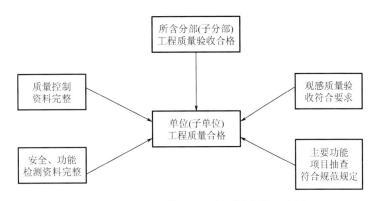

图 4.4 单位（子单位）工程质量合格示意图

（1）核查各分部工程中所含的子分部工程是否齐全。

（2）核查各分部（子分部）工程质量验收记录表的质量评价是否完善，包括各分部（子分部）工程质量的综合评价，质量控制资料的评价，地基基础、主体结构和设备安装分部（子分部）工程规定的有关安全及功能的检测和抽测项目的检测记录，以及分部（子分部）工程观感质量的评价等是否齐全。

（3）核查分部（子分部）工程质量验收记录表的验收人员是否为具备相应规定资质的技术人员，相关人员是否进行了评价和签认。

2）质量控制资料应完整

（1）工程质量控制资料是企业管理的重要组成部分，是整个技术资料的核心。要保证工程质量，就需要有企业标准、操作工艺、质量检查验收、施工技术管理等一系列质量保证措施，反映这些措施有效运行的就是各种质量控制资料。同时，在建筑工程施工过程中，各个环节工程质量状况的基本数据和原始记录，以及完工项目的测试结果和记录，是反映工程质量的原始凭证，是工程的"合格证"和"技术证明书"。因为工程质量的整体测试，只能建立在建造施工过程中的分别测试、检验和检测的基础上。在当前全面贯彻执行 ISO 9000 质量管理体系系列标准中，资料是其中的一项重要内容，是证明管理有效性的重要依据，是评价管理水平的重要见证材料。由于建筑产品结构和制造工艺复杂，必须在产品质量的形成过程中加强管理和实施监督，建立相应的质量控制与保证体系，以提供充分证明质量符合要求的客观凭证。

（2）单位（子单位）工程质量控制资料由建筑与结构、给排水与供暖、通风与空调、建筑电气、智能建筑、建筑节能和电梯七项工程控制资料组成。该七项工程项目控制资料构成基本类似，所以按控制资料性质不同又可分为施工技术管理资料、工程质量验收资料和工程质量记录资料。

① 施工技术管理类资料，如图纸会审、设计变更、洽谈记录、操作规程、手册等。

② 工程质量验收资料，如分部、分项工程验收资料，材料、设备、构配件、设备出厂合格证及进场检（试）验报告，隐蔽工程验收记录等。

③ 工程质量记录资料，如施工记录，人员培训记录，测量、定位、放线记录，各类试验、测试、调试、检查记录等。

单位（子单位）工程质量控制资料的详细资料名称见表 4-4。

表 4-4 单位（子单位）工程质量控制资料名称

序 号	项 目	资 料 名 称
1	建筑与结构	图纸会审记录、设计变更通知单、工程洽商记录
2		工程定位测量、放线记录
3		原材料出厂合格证书及进场检验、试验报告
4		施工试验报告及见证检测报告
5		隐蔽工程验收记录
6		施工记录
7		地基、基础、主体结构检验及抽样检测资料
8		分项、分部工程质量验收记录
9		工程质量事故调查处理资料
10		新技术论证、备案及施工记录
1	给水排水与供暖	图纸会审记录、设计变更通知单、工程洽商记录
2		原材料出厂合格证书及进场检验、试验报告
3		管道、设备强度试验和严密性试验记录
4		隐蔽工程验收记录
5		系统清洗、灌水、通水、通球试验记录
6		施工记录
7		分项、分部工程质量验收记录
8		新技术论证、备案及施工记录
1	通风与空调	图纸会审记录、设计变更通知单、工程洽商记录
2		原材料出厂合格证书及进场检验、试验报告
3		制冷、空调、水管道强度试验和严密性试验记录
4		隐蔽工程验收记录
5		制冷设备运行调试记录
6		通风、空调系统调试记录
7		施工记录
8		分项、分部工程质量验收记录
9		新技术论证、备案及施工记录
1	建筑电气	图纸会审记录、设计变更通知单、工程洽商记录
2		原材料出厂合格证书及进场检验、试验报告
3		设备调试记录
4		接地、绝缘电阻测试记录
5		隐蔽工程验收记录
6		施工记录
7		分项、分部工程质量验收记录
8		新技术论证、备案及施工记录

（续）

序 号	项 目	资 料 名 称
1	智能建筑	图纸会审记录、设计变更通知单、工程洽商记录
2		原材料出厂合格证书及进场检验、试验报告
3		隐蔽工程验收记录
4		施工记录
5		系统功能测定及设备调试记录
6		系统技术、操作和维护手册
7		系统管理、操作人员培训记录
8		系统检测报告
9		分项、分部工程质量验收记录
10		新技术论证、备案及施工记录
1	建筑节能	图纸会审记录、设计变更通知单、工程洽商记录
2		原材料出厂合格证书及进场检验、试验报告
3		隐蔽工程验收记录
4		施工记录
5		外墙、外窗节能检验报告
6		设备系统节能检验报告
7		分项、分部工程质量验收记录
8		新技术论证、备案及施工记录
1	电梯	图纸会审记录、设计变更通知单、工程洽商记录
2		设备出厂合格证书及开箱检验记录
3		隐蔽工程验收记录
4		施工记录
5		接地、绝缘电阻试验记录
6		负荷试验、安全装置检查记录
7		分项、分部工程质量验收记录
8		新技术论证、备案及施工记录

（3）工程质量控制资料的核查。

单位（子单位）工程质量控制资料核查，主要是验收、复核分部（子分部）工程已核查的质量控制资料，重点是看其是否反映工程的结构安全和使用功能，是否达到设计要求，从而从整体上评价分部（子分部）工程的结构安全和使用功能的控制情况和质量水平。

资料核查的程序是总承包单位首先对各分部（子分部）工程应有的质量控制资料进行筛选和自查。所谓筛选就是从众多的工程技术资料中，找出直接关系和说明工程质量状况的技术资料，并自查其完整性。然后由总监理工程师对各项资料进行核查确认，包括图纸会审及变更记录，定位测量、放线记录，施工操作依据，原材料、设备、构配件等的质量证书，按规定进行检验的检测报告，以及抽样检测项目的检测报告等。核查的方法可为按单位工程所包含的分部（子分部）工程分别核查，也可为综合抽查。

质量控制资料核查对一个单位（子单位）工程来说，主要是通过其资料判定结构安全使用功能是否达到设计要求。对工程质量控制资料的完整性需有一个客观合理的评价。客观上，目前材料设备供应渠道中的某些资料还不能完全保证，加上一些施工单位管理不够健全等原因，有些工程资料还达不到完整无缺的要求。

进行单位（子单位）工程质量资料核查时，其完整性可从以下三方面进行衡量判断。

① 在所核查资料项目中，已发生的项目都有资料。根据单位（子单位）工程质量控制资料核查记录表，有建筑与结构工程等七个大项，每个大项目中又有若干分项资料。核查时，则工程中已发生的大、小项目均有资料，没发生的可以没有，如某些低层房屋无电梯工程，则大项电梯工程资料可以没有。又如建筑与结构大项中共有10项资料，施工过程中没有出现质量事故，则第9项工程质量事故调查处理资料可以没有；如果也没有新材料、新工艺，则第10项新技术论证、备案及施工记录也可以没有。

② 在每个项目中该有的资料都有了，没有发生的应该没有资料。如建筑与结构工程大项中第3项的钢材，按规定既要有出厂合格证，也应有试验报告才算完整。但个别非重要部位使用的钢材，由于多方面原因没有合格证，但经过有资质的检测单位检验，该批钢材的物理、化学性能均符合设计和标准的要求，也可以认为该批钢材的资料是完整的。

③ 在每项资料中，该有的数据都齐全。核查资料时，有关数据是证明材料、设备、工程性能的关键，如果重要的数据没有或不完备，则这项资料是无效的，当然这项资料也不能算完整。如水泥测试报告，通常必须有安定性、强度、初凝时间、终凝时间等的确切数据及结论；再如钢筋的测试报告，通常应有抗拉强度、屈服强度、伸长率及冷弯等物理性能的数据及结论，在要求进行化学成分试验时，还应按要求做出相应的化学成分试验，并有符合标准规定的数据及结论，这样的资料才称得上该有的数据齐全。

由于各个工程情况不一，究竟什么算是资料完整，要视工程特点和已有资料情况而定。验收时要掌握的一条关键原则，就是看其资料反映的工程结构安全和使用功能是否达到设计要求，达到者才算完整，否则为不完整。

3）单位（子单位）工程有关安全和功能的检测资料应完整

单位（子单位）工程有关安全和功能的控制资料包括建筑工程的建筑与结构、给排水与供暖、通风与空调、建筑电气、智能建筑、建筑节能与电梯七个部分，各部分的检查的一般项目见表4-5。

各单位（子单位）工程结合工程实际情况与特点，可增添必要的安全和功能核查与抽查项目，但上述项目在工程中已存在的不应随意减少。

表 4-5 单位（子单位）工程安全和功能的检测项目

序 号	项 目	安全和功能检查项目
1	建筑与结构	地基承载力检验报告
2		桩基承载力检验报告
3		混凝土强度试验报告
4		砂浆强度试验报告
5		主体结构尺寸、位置抽查记录
6		建筑物垂直度、标高、全高测量记录
7		屋面淋水或蓄水试验记录
8		地下室渗漏水检测记录
9		有防水要求的地面蓄水试验记录
10		抽气（风）道检查记录
11		外窗气密性、水密性、耐风压检测报告
12		幕墙气密性、水密性、耐风压检测报告
13		建筑物沉降观测测量记录
14		节能、保温测试记录
15		室内环境检测报告
16		土壤氡气浓度检测报告
1	给水排水与供暖	给水管道通水试验记录
2		暖气管道、散热器压力试验记录
3		卫生器具满水试验记录
4		消防管道、燃气管压力试验记录
5		排水干管通球试验记录
6		锅炉试运行、安全阀及报警联动测试记录
1	通风与空调	通风、空调系统试运行记录
2		风量、温度测试记录
3		空气能量回收装置测试记录
4		洁净室洁净度测试记录
5		制冷机组试运行调试记录
1	建筑电气	建筑照明通电试运行记录
2		灯具固定装置及悬吊装置的载荷强度试验记录
3		绝缘电阻测试记录
4		剩余电流动作保护器测试记录
5		应急电源装置应急持续供电记录
6		接地电阻测试记录
7		接地故障回路阻抗测试记录

（续）

序　　号	项　　目	安全和功能检查项目
1	智能建筑	系统试运行记录
2		系统电源及接地检测报告
3		系统接地检测报告
1	建筑节能	外墙热工性能
2		设备系统节能性能
1	电梯	运行记录
2		安全装置检测报告

本项内容核查的目的是确保单位（子单位）工程的安全和使用性能。前面分部、子分部工程验收一般均有一些检测项目，特别是地基基础、主体结构与设备安装分部工程有关安全及功能的检测结果已进行专门检查。单位（子单位）工程验收，重点是对包括地基基础等分部工程在内的各分部（子分部）工程应检测的项目进行核对，对检测资料的数量、数据、使用的检测方法、标准、检测程序，以及核查人员签字的情况进行全面核查。其检查结果应填写单位（子单位）工程安全和功能检测资料核查和主要功能抽查记录，并做出通过或不通过的结论。

4）主要功能项目和抽查结果应符合相关专业质量验收规范规定

进行主要功能项目抽查，目的是综合检验工程质量是否能保证工程的功能要求，满足使用要求。这种检查多是复核性和验证性的。

有关各分部（子分部）工程的检测项目有的在其完成后进行，有的待单位工程完工后进行，但所有检测项目均要在施工单位向建设单位提交工程验收报告前全部进行完毕，并写好检测报告。建设单位组织工程验收时，抽测项目由工程项目验收委员会（或验收组）确定，项目在前面单位（子单位）工程安全和功能检验的七类工程 41 个项目中抽取，不得随便提出其他项目；如确需抽测 41 个项目以外的检测项目，则应进行专门研究确定。通常监理单位在施工过程中，提醒将抽测的项目在其分部（子分部）工程验收时进行。多数是施工单位抽测、监理建设单位参加，一般不重复检测，以避免不必要的浪费及对工程的损坏影响。

通常竣工验收时的主要功能抽测项目，应为有关项目最终的综合性使用功能，如室内环境检测、屋面淋水检测、照明全负荷检测、智能建筑系统运行等。当最终抽测项目效果不准时或因其他原因，必须进行中间过程的有关项目检测时，要与有关单位共同制定检测方案及成品保护措施。总之，主要功能检测项目的进行，尽量不要损坏建筑成品。

主要功能项目抽测，可对照上述 41 个项目逐项进行，可重做抽测记录表，也可在原检测记录上签认。

5）观感质量验收应符合要求

前面分部（子分部）工程已进行了观感质量检查，单位工程观感质量验收时，部分分部（子分部）项目已被后续工程隐蔽，所以单位工程观感质量验收注重宏观和重点。检查时，应将建筑工程的外檐全部看到，对建筑物的重要部位、项目有代表性的房间、部位、设备都应检查到。评价可先逐点、后综合，亦可逐项评价，或按分部（子分部）分别进行综合评价。评价同分部（子分部）工程观感质量验收，分好、一般、差三个档次。评价要由参加现场检查验收的监理工程师共同确定，注意听取被验收单位及参加验收人员的意见，最后由总监理工程师签认验收结果。单位（子单位）工程观感质量检查项目见表4-6。

表4-6 单位（子单位）工程观感质量检查项目

序 号	项 目	
1	建筑与结构	主体结构外观
2		室外墙面
3		变形缝、雨水管
4		屋面
5		室内墙面
6		室内顶棚
7		室内地面
8		楼梯、踏步、护栏
9		门窗
10		雨罩、台阶、坡道、散水
1	给水排水与供暖	管道接口、坡度、支架
2		卫生器具、支架、阀门
3		检查口、扫除口、地漏
4		散热器、支架
1	通风与空调	风管、支架
2		风口、风阀
3		风机、空调设备
4		管道、阀门、支架
5		水泵、冷却塔
6		绝热
1	建筑电气	配电箱、盘、板、接线盒
2		设备器具、开关、插座
3		防雷、接地、防火
1	智能建筑	机房设备安装及布局
2		现场设备安装
1	电梯	运行、平层、开关门
2		层门、信号系统
3		机房

单位（子单位）工程观感质量检查项目分为 6 个大项 28 个分项。其中建筑与结构工程大项包括主体结构外观，室外墙面，变形缝、雨水管，屋面，室内墙面，室内顶棚，室内地面，楼梯、踏步、护栏，门窗，雨罩、台阶、坡道、散水共 10 个分项；给水排水与供暖大项包括管道接口、坡度、支架，卫生器具、支架，阀门，检查口、扫除口、地漏，散热器、支架共 4 个分项。对具体工程不一定上述各项都有，一般按工程实际发生项目对照确定，可增减项目。

单位（子单位）工程的观感质量验收是对整个工程质量的系统检查，对工程质量实际情况的全面衡量，是对用户负责观点的突出体现，必须予以高度重视。前面分项、分部工程的验收，对其本身来说，是产品的检验，但对单位（子单位）工程来讲，仅是施工过程的产品控制，是中间过程验收。只有单位（子单位）工程验收才是最终建筑产品的验收和评价，也是使建筑工程质量得到有效保证的最后把关。

4.1.5 建筑工程质量达不到验收要求的处理

建筑工程施工因其操作技术、工程管理、材料设备质量等方面的问题，部分项目达不到质量标准规定，影响到结构的安全或使用。考虑到建筑工程特点，对这些项目允许施工单位进行处理，或返工重做，或重新检验鉴定，或进行返修与加固处理等，根据处理方式和处理后对验收标准的满足程度不同采用相应的验收方法。

1. 处理规定

（1）经返工或返修的检验批，应重新进行验收。

（2）经有资质的检测机构检测鉴定能够达到设计要求的检验批，应予以验收。

（3）经有资质的检测机构检测鉴定达不到设计要求，但经原设计单位核算认可能够满足安全和使用功能的检验批，可予以验收。

（4）经返修或加固处理的分项、分部工程，满足安全及使用功能要求时，可按技术处理方案和协商文件的要求予以验收。

（5）工程质量控制资料应齐全完整。当部分资料缺失时，应委托有资质的检测机构按有关标准进行相应的实体检验或抽样试验。

（6）经返修或加固处理仍不能满足安全或重要使用要求的分部工程及单位工程，严禁验收。

上述六种情况中，前三种是能通过正常验收的，尽管第三种情况比较勉强，但只要设计单位核算认可，也可以验收。第四种属于特殊情况处理，原工程达不到质量要求，但经加固补强等措施能满足结构安全使用要求。而加固补强会改变外形尺寸，造成了永久缺陷。考虑既成事实的现状，建设单位与施工单位可以协商，并依据协商文件进行验收。显然这是让步验收或条件验收。第六种情况不准验收，目的是不让有严重质量问题与隐患的工程进入市场，以免损害消费者权益。

2. 各项处理规定说明

建筑工程质量不符合要求，通常首先发生在检验批。因检验批最早验收，一旦发现问题，应及时组织有关人员，查找分析问题原因，并按有关技术管理规定，通过有关方面协商，制定补救方案，及时进行处理。同时应注意吸取教训，采取措施，防止类似问题再度发生。

（1）检验批验收时，对于主控项目不能满足验收规范规定或一般项目超过偏差限值的样本数量不符合验收规定时，应及时进行处理。其中，对于严重的缺陷应重新施工，一般的缺陷可通过返修、更换予以解决，允许施工单位在采取相应的措施后重新验收。如能够符合相应专业验收规范要求，应认为该检验批合格。

（2）经过有资质的检测单位检验鉴定能够达到设计要求的检验批，应予以验收。这种情况多是工程的某项指标达不到要求（如混凝土结构留置的试块失去代表性或因故缺少试块，以及试块试验报告缺少某项有关主要内容或对试块、试验报告有怀疑等情况），如经有资质的检测机构对工程实体进行检验测试，证明工程质量达到设计要求，不会对结构安全与使用功能造成影响，这样应按正常情况验收。

（3）经有资质的检测单位检测，鉴定达不到设计要求，但经原设计单位核算认可能够满足结构安全和使用功能的检验批，可予以验收。这种情况与第二种情况类似，多是指某项质量指标达不到规范要求，后经有资质的质量检测单位检测鉴定仍达不到设计要求，但相关数据差距有限，经原设计单位验算，认为仍可满足结构安全和使用功能要求，可以在不加固补强的情况下发挥使用功能。这种情况一般是利用了设计单位的设计富余量。结构验算如果能够满足结构安全和使用功能要求，则由设计单位出具正式的认可证明，由注册结构工程师签字，并加盖单位公章，由设计单位承担质量责任。虽然这也在设计部门责任范围之内，可以进行验收，但较前两种情况有点勉强。

以上三种情况都应视为符合质量规范的质量合格工程，只是管理上出现了一些不正常的情况，多是资料证明不了工程实体质量，但经一定的补办或检测手续，最终证明质量能达到设计要求，给予通过质量验收是符合规范规定的。

（4）经返修或加固处理的分项、分部工程，虽改变外形尺寸但仍满足安全使用要求，可按技术处理方案和协商文件进行验收。

经法定检测机构检测鉴定后认为达不到规范的相应要求，即不能满足最低限度的安全储备和使用功能时，则必须进行加固或处理，使之能满足安全使用的基本要求。这样可能会造成一些永久性的影响，如增大结构外形尺寸，影响一些次要的使用功能。但为了避免建筑物的整体或局部拆除，避免社会财富更大的损失，在不影响安全和主要使用功能的条件下，可按技术处理方案和协商文件进行验收，责任方应按法律法规承担相应的经济责任和接受处罚。需要特别注意的是，这种方法不能作为降低质量要求，变相通过验收的一种出路。作为商品，其价格应做相应调整。

（5）工程施工时应确保质量控制资料齐全完整，但实际工程中偶尔会遇到因遗漏检验项目或资料丢失而导致部分施工验收资料不全的情况，使工程无法正常验收。对此可有针对性地进行工程质量检验，采取实体检测或抽样试验的方法确定工程质量状况。上述工作应由有资质的检测机构完成，出具的检验报告可用于施工质量验收。

（6）经过返修或加固处理后仍不能满足安全和使用要求的分部工程、单位（子单位）工程严禁验收。

这种情况是非常少的，通常是在制定加固技术方案前，知道质量问题严重，加固补强不一定奏效，或加固费用太高，不值得处理；或虽已加固，仍达不到安全使用要求，这类建筑严禁验收，即不能投入使用或出租、出售，应该坚决拆除。本规定一方面反映了规范规定的强制性、严格性和可操作性，同时体现了对用户负责的观点。

上述经返工处理的建筑工程，其处理过程应有详尽的记录材料、处理方案、处理后验收或结构检测等原始材料，并力求齐全、准确，实事求是，能确切反映问题演变、处理的过程和结论。这些资料不仅应纳入质量验收资料中，还应纳入单位工程质量事故处理资料中。对协商验收的有关资料，要经监理单位的总监理工程师签字验收，并将资料归入竣工资料中，以便在工程使用管理、维修改造及扩建时作为参考依据。

4.2 公路工程质量检验评定标准

国家交通运输部发布的《公路工程质量检验评定标准》（JTG F80—2017）分土建工程和机电工程两大类，本节仅介绍土建工程质量等级评定办法。

4.2.1 基本要求

（1）公路工程质量检验评定应按分项工程、分部工程、单位工程逐级进行。

（2）单位工程、分部工程和分项工程应在施工准备阶段按表 3-4 进行划分。

（3）公路工程质量检验评定应符合下列规定。

① 分项工程完工后，应根据《公路工程质量检验评定标准》进行检验，对工程质量进行评定。隐蔽工程在隐蔽前应检查合格。

② 分部工程、单位工程完工后，应汇总评定所属分项工程、分部工程质量资料，检查外观质量，对工程质量进行评定。

4.2.2 工程质量检验

（1）分项工程应按基本要求、实测项目、外观质量和质量保证资料等检验项目分别检查。

（2）分项工程质量应在所使用的原材料、半成品、成品及施工控制要点等符合基本要求的规定，无外观质量限制缺陷且质量保证资料真实齐全时，方可进行检验评定。

（3）基本要求检查应符合下列规定。

① 分项工程应对所列基本要求逐项检查，经检查不符合规定时，不得进行工程质量的检验评定。

② 分项工程所用的各种原材料的品种、规格、质量及混合料配合比和半成品、成品应符合有关技术标准规定并满足设计要求。

（4）实测项目检验应符合下列规定。

① 对检查项目按规定的检查方法和频率进行随机抽样检验并计算合格率。

② 本标准规定的检查方法为标准方法，采用其他高效检测方法应经比对确定。

③ 本标准中以路段长度规定的检查频率为双车道路段的最低检查频率，对多车道应按车道数与双车道之比相应增加检查数量。

④ 应按式（4-1）计算检查项目合格率：

$$检查项目合格率（\%）= \frac{合格的点（组）数}{该检查项目的全部检查点（组）数} \times 100 \qquad (4-1)$$

（5）检查项目合格判定应符合下列规定。

① 关键项目的合格率应不低于 95%（机电工程为 100%），否则该检查项目为不合格。

② 一般项目的合格率应不低于 80%，否则该检查项目为不合格。

③ 有规定极值的检查项目，任一单个检测值不应突破规定极值，否则该检查项目为不合格。

④ 采用《公路工程质量检验评定标准》附录 B 至附录 S 所列方法进行检验评定的检查项目，不满足要求时，该检查项目为不合格。

（6）外观质量应进行全面检查，并满足规定要求，否则该检验项目为不合格。

（7）工程应有真实、准确、齐全、完整的施工原始记录、试验检测数据、质量检验结果等质量保证资料。质量保证资料应包括下列内容：

① 所用原材料、半成品和成品质量检验结果；

② 材料配合比、拌和加工控制检验和试验数据；

③ 地基处理、隐蔽工程施工记录和桥梁、隧道施工监控资料；

④ 质量控制指标的试验记录和质量检验汇总图表；

⑤ 施工过程中遇到的非正常情况记录及其对工程质量影响的分析评价资料；

⑥ 施工过程中如发生质量事故，经处理补救后达到设计要求的认可证明文件等。

（8）检验项目评为不合格的，应进行整修或返工处理直至合格。

4.2.3 工程质量评定

（1）工程质量等级应分为合格与不合格。

（2）分项工程质量评定合格应符合下列规定。

① 检验记录应完整。

② 实测项目应合格。

③ 外观质量应满足要求。

（3）分部工程质量评定合格应符合下列规定。

① 评定资料应完整。

② 所含分项工程及实测项目应合格。

③ 外观质量应满足要求。

（4）单位工程质量评定合格应符合下列规定。

① 评定资料应完整。

② 所含分部工程应合格。

③ 外观质量应满足要求。

（5）评定为不合格的分项工程、分部工程，经返工、加固、补强或调测，满足设计要求后，可重新进行检验评定。

（6）所含单位工程合格，该合同段评定为合格；所含合同段合格，该建设项目评定为合格。

4.3 优质建设工程评审标准

4.3.1 国家优质工程奖评审标准

为贯彻落实国家《质量发展纲要》和"百年大计，质量第一"的方针，增强参与工程建设各单位质量意识，提高工程管理水平，确保工程建设质量，规范国家优质工程奖评选活动，特制定国家优质工程奖评选办法。国家优质工程奖是经国务院确认设立的工程建设领域跨行业、跨专业的国家级质量奖，宗旨是弘扬"追求卓越，铸就经典"的国优精神，倡导和提升工程质量管理的系统性、科学性和经济性，宣传和表彰设计优、质量精、管理佳、效益好、技术先进、节能环保的工程项目。

国家优质工程奖以各行业、各领域工程项目质量为主要评定内容，涉及工程项目从立项到竣工验收各个环节。获奖工程应当符合国家在国民经济发展不同时期所倡导的发展方向和政策要求。国家优质工程的综合指标应当达到同时期国内领先水平。凡在中华人民共和国境内注册登记的企业建设的工程项目均可以参与国家优质工程奖评选活动。国家优质工程奖评审工作由国家工程建设质量奖审定委员会（以下简称审定委员会）负责专业技术审查并提出最终推荐名单，中国施工企业管理协会会长办公会议决定获奖项目，中国施工企业管理协会颁布。

1. 评选范围

参与国家优质工程评选的项目应当是符合法定建设程序，并具有独立生产能力和完整使用功能的新建、扩建和大型技改工程。

（1）工业建设项目。

冶金、有色金属、煤炭、石油、天然气、石油化工、化学工业、电力工业、核工业、建材等。参与评选的工程规模如下。

① 烧结机使用面积 180m² （含）以上，焦炉碳化室高度 6m（含）以上，高炉有效容积 1200m³ （含）以上，转炉公称容量 120t （含）以上，电炉公称容量 90t （含）以上的钢铁建设项目。

② 产量 100 万 t/年 （含）以上重金属矿山和露天铝土矿山项目，产量 60 万 t/年 （含）以上氧化铝项目，产量 20 万 t/年 （含）以上电解铝项目，产量 10 万 t/年 （含）以上多品种综合铝加工项目、单系列铜熔炼项目、单系列锌冶炼项目。

③ 原煤生产能力在 120 万 t/年 （含）以上的煤矿 （含相应建设规模的配套选煤厂），独立申报的洗选能力在 300 万 t/年 （含）以上的中心或集中式选煤厂，煤层气生产能力在 1 亿 m³/年 （含）以上的煤层气田建设项目。

④ 原油生产能力 30 万 t/年 （含）以上的油田开发地面建设工程，原油处理量 300 万 t/年 （含）以上的炼油厂工程配套的各生产装置工程。

⑤ 天然气生产能力 6 亿 m³/年 （含）以上的气田开发地面建设工程。

⑥ 设有首末站及中间加压泵站、长度 100km （含）以上、管径 273mm （含）以上的长输油气管道工程。

⑦ 年产 30 万 t （含）以上的乙烯厂工程配套的各生产装置工程，年产 18 万 t （含）以上的合成氨工程，年产 30 万 t （含）以上的尿素工程。

⑧ 电压等级 500kV （含）以上的送变电工程，装机容量 49MW （含）以上的风电场，发电容量 10MW （含）以上的光伏发电工程，装机容量 250MW （含）以上的水电站，单机容量 300MW （含）以上的火电厂，单机容量 180MW （含）以上的燃气发电厂，单机容量 15MW （含）以上的垃圾及生物质发电厂，单机容量 600MW （含）以上的核电厂。

⑨ 生产能力 5000t/d （含）以上的水泥熟料生产线，生产能力 500t 熔量/d （含）以上的浮法玻璃生产线。

（2） 建筑工程参与评选的工程规模如下。

① 5 万座 （含）以上的体育场。

② 5000 座 （含）以上的体育馆。

③ 3000 座 （含）以上的游泳馆。

④ 2000 座 （含）以上的影剧院。

⑤ 300 间 （含）以上客房的饭店、宾馆。

⑥ 350m （含）以上的广播电视发射塔。

⑦ 建筑面积 3000m² （含）以上的古建筑修缮、历史遗迹重建工程。

⑧ 建筑面积超过 4 万 m² 的其他单体公共建筑工程或者建筑面积超过 6 万 m² 的其他群体建筑工程，西部地区建筑面积超过 2 万 m² 的公共建筑工程。

⑨ 建筑面积超过 15 万 m²，西部地区超过 10 万 m² 的住宅小区工程，小区内公建、道路、生活设施配套齐全、合理，庭院绿化符合要求，物业管理优良。

（3） 以下工程不列入评选范围。

① 国内外使、领馆工程。

② 竣工后被隐蔽或保密的工程。

③ 由于设计、施工等原因而存在质量、安全隐患、功能性缺陷的工程。

④ 工程建设及运营过程中发生过一般及以上质量事故、一般及以上安全事故和重大环境污染事故的工程。

⑤ 虽已正式竣工验收，但还有甩项未完的工程。

2．评选条件

参与国家优质工程评选的项目，其施工质量、设计水平、科技含量、节能环保等级、综合效益应达到同期国内领先水平，并已同时获得省部级（含）以上的工程质量奖和优秀设计奖。

（1）未能参与省部级（含）以上优秀设计奖评选的工程项目，中国施工企业管理协会组织专家进行设计水平评审，对优秀设计项目以适当形式予以表彰，并可作为国家优质工程奖的评选依据。

（2）未能参与省部级（含）以上工程质量奖和优秀设计奖评选的境外工程，由中国施工企业管理协会认定的相应机构提供能说明工程质量和设计水平的证明材料。

国家优质工程奖获奖项目依本办法产生。其中，取得显著科技进步，对推动产业升级、行业或区域经济发展贡献巨大，在国际上属于领先水平的，可授予国家优质工程金质奖荣誉。

参与国家优质工程评选的项目，必须按照《中华人民共和国招标投标法》及相关法律、法规规定，选择勘察设计、施工、监理单位。严格执行国家相关行业管理规定和政策。

参与国家优质工程评选的项目应通过竣工验收并投入使用一年以上、四年以内。其中，住宅项目应竣工后投入使用满三年，入住率在90％以上。

参与国家优质工程评选的项目，应制定明确的创优目标和切实可行的创优计划，并本着绿色环保、生态文明，创建资源节约型、环境友好型社会的原则把节能、环保的要求落实到工程建设的每一个环节。

由中国施工企业管理协会组织的全过程质量控制项目，评选时按照"同等优先"原则办理。

3．申报程序

（1）参与国家优质工程评选的项目由下列单位推荐。

① 各行业工程建设协会。

② 各省、自治区、直辖市及计划单列市建筑业（工程建设）协会。

③ 经中国施工企业管理协会认定的国务院国资委监督管理的中央企业或者其他机构。

参与国家优质工程评选的项目，应由一个主申报单位（建设、工程总承包或施工单位）进行申报。由多个标段组成或者多家施工企业共同完成的工程，可指定其中一个单位作为主申报单位，其他参与工程建设的单位由主申报单位一并上报。鼓励建设（业主）单位作为主申报单位。

（2）国家优质工程的申报依照下列程序。

① 申报单位通过推荐单位参与国家优质工程评选。其中，专业工程按所属行业申报、房屋建筑工程按地域申报；跨行业或者跨地区申报的，应当征求所属行业或者工程所在地地区推荐单位的意见。中央企业所属申报单位可以通过集团总公司向中国施工企业管理协会推荐。

② 各推荐单位须根据本办法对参与评选的项目、申报的材料按要求进行认真检查、审核，并分别征求除主申报单位外参与该工程建设的各单位及工程项目主管部门的意见。

③ 各推荐单位在《国家优质工程申报表》中签署对申报单位的认定意见和对申报工程奖项类别的推荐意见，并出具正式的推荐函。

④ 各推荐单位审核及签署意见后，由主申报或者推荐单位将申报国家优质工程的申报材料报送到中国施工企业管理协会。

4. 评审机构和评审程序

国家工程建设质量奖审定委员会由协会、企业和行业的有关领导、工程质量专家组成，设主任委员1名，副主任委员1～3名。国家优质工程评审专家应具有丰富的工程建设实践经验和较高的理论水平，并在行业内具有较高的威望和影响力。审定委员会的主要职责是评审并推荐国家优质工程项目。

国家优质工程的评审工作，按下列程序进行。

（1）协会秘书处对符合《国家优质工程审定办法》申报条件的工程项目进行摸底调查，根据竣工投产项目数量拟定年度各推荐单位的推荐名额。

（2）协会秘书处对申报工程的申报资料进行审查，对符合申报、评选条件的工程，组织专家组进行现场复查。

（3）专家复查组按照国家优质工程复查要求、程序，对申报工程项目逐一进行现场复查，并向协会秘书处提交复查情况报告。

（4）审定委员会召开评审会议，听取专家组组长汇报复查情况，对申报国家优质工程奖的工程项目复查结果进行审查、质询、评议，评出国家优质工程奖候选工程项目。

（5）中国施工企业管理协会召开会长办公会议，审议，并以记名投票的方式决定国家优质工程奖项目。拟获国家优质工程奖的项目得票需超过 1/2，其中金质奖项目得票需超过 2/3。

会长办公会议审议确定的项目在中国施工企业管理协会网站上进行为期 15 天的公示。公示期间社会各界无异议的工程，正式确定为国家优质工程。对举报的问题使项目达不到获奖标准的，一经查实，取消其国家优质工程获奖资格。

5. 评审纪律

申报单位应当如实提供工程情况和相关资料，积极配合复查专家组的现场复查工作，并按照复查接待的标准和要求执行接待任务。

申报单位出具虚假材料的，向复查、评审及有关人员送礼（金）的，视其情节给予批评警告，情节严重的撤销其申报资格或者获奖资格。

复查专家、评委及秘书处工作人员，要秉公办事，严守秘密，廉洁自律，认真工作。对违反相关规定的专家、评委，取消其相应资格并将有关情况通报所在单位；秘书处工作人员予以除名。

复查专家、评委及秘书处工作人员，未经中国施工企业管理协会批准，不得以任何理由、任何身份进行与之有关的非组织活动。违者视情节按照前述规定处理。

6．奖励

获得国家优质工程奖的项目，其建设、勘察、设计、施工、监理、调试及符合条件的参建单位，由中国施工企业管理协会予以表彰、宣传，授予奖牌（杯）及奖状。

参与建设单位较多的大型、特大型工程项目，其表彰单位数量由中国施工企业管理协会根据参建合同额或者工程量会商推荐单位确定。

中国施工企业管理协会对在获奖工程项目建设中做出突出贡献的个人以适当方式予以表彰。所在单位可以根据本单位的实际情况，给予一次性的奖励。

本办法由中国施工企业管理协会负责解释。本办法自二〇一三年二月一日起执行，原《国家优质工程审定办法（2010 年修订稿）》同时废止。

（注：参见《国家优质工程审定办法（2013 年修订稿）》。）

4.3.2　中国建设工程鲁班奖评选办法

1．总　则

（1）为贯彻落实科学发展观，坚持"百年大计、质量第一"的方针，加快我国建筑业的技术进步，促进建筑业企业提高技术装备水平和经营管理水平，推动建设工程质量水平的提高，规范中国建设工程鲁班奖（国家优质工程）（以下简称鲁班奖）的评选活动，制定本办法。

（2）鲁班奖是我国建设工程质量的最高奖，工程质量应达到国内领先水平。

（3）鲁班奖的评选工作在住房和城乡建设部指导下由中国建筑业协会组织实施，评选结果报住房和城乡建设部。

（4）鲁班奖的评选工作要本着对人民负责、对历史负责的精神，坚持"优中选优"、宁缺勿滥和公开、公正、公平的原则。

（5）鲁班奖每两年评选一次，获奖工程数额不超过 240 项。获奖单位为获奖工程的主要承建单位、参建单位。

（6）鲁班奖由建筑业企业自愿申报，经省、自治区、直辖市建筑业协会、有关行业建设协会或有关单位择优推荐后进行评选。

有关单位是指没有成立建筑业（建设）协会，并与中国建筑业协会商妥的归口本系统申报工程的单位。

2．评选工程范围

（1）鲁班奖的评选工程范围为我国境内已经建成并投入使用的各类新（扩）建工程。

（2）鲁班奖的评选工程分为：

① 住宅工程；

② 公共建筑工程；

③ 工业交通水利工程；

④ 市政园林工程。

以上四类工程的评选范围和规模应符合本办法附件 1、2 的规定。各类工程的获奖比例视当年实际情况确定。

（3）已参加过鲁班奖评选而未获奖的工程，不再列入评选范围。

3. 申报条件

（1）中国建筑业协会按年度提出各省、自治区、直辖市、有关行业和有关单位当年申报鲁班奖工程的建议数量。

（2）申报工程应具备以下条件。

① 符合法定建设程序、国家工程建设强制性标准和有关省地、节能、环保的规定，工程设计先进合理，并已获得本地区或本行业最高质量奖。

② 工程项目已完成竣工验收备案，并经过一年使用没有发现质量缺陷和质量隐患。

③ 工业交通水利工程、市政园林工程除符合本条①、②项条件外，其技术指标、经济效益及社会效益应达到本专业工程国内领先水平。

④ 住宅工程除符合本条①、②项条件外，入住率应达到 40% 以上。

⑤ 申报单位应没有不符合诚信的行为。申报工程原则上应已列入省（部）级的建筑业新技术应用示范工程或绿色施工示范工程，并验收合格。

⑥ 积极采用新技术、新工艺、新材料、新设备，其中有一项国内领先水平的创新技术或采用住建部"建筑业 10 项新技术"不少于 6 项。

（3）对于已开展优质结构工程评选的地区和行业，申报工程须获得该地区或行业结构质量最高奖；尚未开展优质结构工程评选的地区、行业，对纳入创鲁班奖计划的工程应设专人负责，在施工过程中组织 3～5 名相关专业的专家，对其地基基础、主体结构施工进行不少于两次的中间质量检查，并有完备的检查记录和评价结论。

（4）申报工程的主要承建单位，是指与申报工程的建设单位签订施工承包合同的独立法人单位。

① 在工业建设项目中，应是承建主要生产设备和管线、仪器、仪表的安装单位或是承建主厂房和与生产相关的主要建筑物、构筑物的施工单位；

② 在交通水利、市政园林工程中，应是承建主体工程或是工程主要部位的施工单位；

③ 在公共建筑和住宅工程中，应是承建主体结构的施工单位。

（5）申报工程的主要参建单位，是指与承建单位签订分包合同的独立法人单位，其完成的建安工作量应占 10% 以上且造价超过 3000 万元。

（6）两家以上建筑业企业联合承包一项工程，并签订联合承包合同的，可以联合申报鲁班奖。

对于分标段发包的大型建设工程，两家以上建筑业企业分别与建设单位签订不同标段的施工承包合同，原则上每家建筑业企业完成的工作量均在 20% 以上，且造价不少于 2 亿元的，可作为承建单位共同申报。与建设单位签订分标段施工承包合同的建筑业企业，其完成的工作量不满足上述要求，但造价超过 1 亿元的，可申报为参建单位。

对于投资 20 亿元以上的超大型建设工程，可由建设单位牵头组织，由各施工总承包单位共同申报。

（7）在建设过程中，发生过质量事故、较大以上生产安全事故以及在社会上造成恶劣影响的其他事件的工程，不得申报鲁班奖。

4. 申报和初审

（1）申报工程由承建单位提出申请，主要参建单位的资料由承建单位统一汇总申报。

① 地方建筑业企业向所在省、自治区、直辖市建筑业协会申报；有关行业的建筑业企业向该行业建设协会申报；有关单位系统的建筑业企业向该单位申报。

② 有关行业的建筑业企业申报非本专业工程的，其公共建筑和住宅工程应征求工程所在地的省、自治区、直辖市建筑业协会的意见，其他专业工程应征求相关行业建设协会的意见；地方建筑业企业申报专业工程的，应征求有关行业建设协会或行业主管部门的意见。

③ 受理申报的省、自治区、直辖市建筑业协会、有关行业建设协会和有关单位，应依据本办法对申报资料进行审查，在鲁班奖申报表中签署意见，加盖公章，并征求省级建设行政主管部门或行业主管部门的意见后，正式行文向中国建筑业协会推荐。

（2）申报资料的主要内容如下：

① 申报工程、申报单位及相关单位的基本情况；

② 工程立项批复、承包合同及竣工验收备案等资料；

③ 工程彩色数码照片 20 张及 5min 工程影像资料。

（3）申请资料的要求如下：

① 申报资料由申报单位通过"中国建筑业协会网"传送电子版，并提供鲁班奖申报表原件 2 份和书面申报资料 1 套；

② 鲁班奖申报表中需由相关单位签署意见的栏目，应写明对工程质量的具体评价意见；

③ 申报资料中提供的文件、证明材料和印章应清晰，容易辨认；

④ 申报资料要准确、真实，如有变更应有相应的文字说明和变更文件；

⑤ 工程影像资料的内容主要是施工特点、施工关键技术、施工过程控制、新技术推广应用等情况，要充分反映工程质量过程控制和隐蔽工程的检验情况。

（4）中国建筑业协会秘书处依据本办法规定的申报条件和要求对当年申报的工程进行初审，并将初审结果告知推荐单位。

5. 工程复查

（1）中国建筑业协会组成若干复查组对通过初审的工程进行复查。

工程复查专家由建设行政主管部门、建筑业（建设）协会和中国建筑业协会直属会员企业按条件推荐，经中国建筑业协会遴选后组成鲁班奖工程复查专家库，每年根据需要从专家库中抽取。复查专家每年更换 1/3，原则上每位复查专家连续参加复查工作的时间不超过三年。

（2）工程复查的内容和要求。

① 听取申报单位对工程施工和质量的情况介绍。

② 听取建设、使用、设计、监理及质量监督单位对工程质量的评价意见。复查组与上述单位座谈时，受检单位的人员应当回避。

③ 查阅工程建设的前期文件、施工技术资料及竣工验收资料等。

④ 实地检查工程质量。复查组要求查看的工程内容和部位应予满足，不得以任何理由回避或拒绝。

⑤ 复查组对工程复查情况进行现场讲评。

⑥ 复查组向评审委员会提交复查报告。复查报告要对工程的整体质量状况做出"上好""好""较好"三类的评价，并提出"推荐"或"不推荐"的意见。

6. 工程评审

（1）鲁班奖评审设立评审委员会，由 21 人组成。其中主任委员 1 人，副主任委员 2～4 人。评审委员须是具有高级技术职称，有丰富实践经验，并在业内有一定知名度的专家。

（2）评审委员由建设行政主管部门、建筑业（建设）协会和中国建筑业协会直属会员企业按条件推荐，经中国建筑业协会遴选后组成鲁班奖工程评审专家库，中国建筑业协会每年根据需要从专家库中抽取。评审委员每年更换三分之一，原则上每位委员连任不超过三年。

（3）评审委员会通过听取复查组汇报、观看工程录像、审查申报资料、质询评议，最终以投票方式评出入选鲁班奖工程，报会长会议审定后，在"中国建筑业协会网"或有关媒体上公示。

7. 表彰

（1）中国建筑业协会每两年召开颁奖大会，向荣获鲁班奖的主要承建单位授予鲁班金像和获奖证书；向荣获鲁班奖的主要参建单位颁发奖牌和获奖证书。

地方建筑业协会、有关行业建设协会和获奖单位可根据本地区、本部门和本单位的实际情况，对获奖单位和有关人员给予奖励。

（2）获奖工程的建设单位可向中国建筑业协会申请颁发鲁班金像作为纪念。

（3）任何单位和个人都不得复制鲁班金像、奖牌和证书。如有违者，将依法追究其法律责任。

（4）为交流和推广创鲁班奖工程经验，促进工程质量水平的提高，中国建筑业协会组织编辑出版创鲁班奖工程经验汇编、专辑等。

8. 纪律

（1）鲁班奖复查工作与评选工作必须认真执行国家有关工程建设质量管理的法律、法规和国家、行业有关标准、规范、规程。凡参与鲁班奖工程复查与评选工作的人员，必须严格执行本办法及有关纪律规定，严禁收取任何单位或个人赠送的任何礼品、纪念品和现金、有价证券、支付凭证。

（2）工程复查和评审专家实行回避制度。复查专家不得参与复查本单位申报的工程。评审专家不得选自当年有工程申报的企业。

（3）申报鲁班奖工程的受检企业不得弄虚作假。申报企业和工程复查、评审专家以及参与相关工作的所有人员，均不得以任何方式为申报的工程拉选票。

（4）各有关方面接待复查组的安排从简，不得超标准接待，不得赠送任何礼品、纪念品和现金、有价证券、支付凭证，不得组织旅游和与工程复查工作无关的参观活动。

（5）凡违反本办法及有关纪律规定，情节严重的，对申报企业取消参评资格；对复查、评审专家取消复查或评审资格，并终身不得再进入中国建筑业协会专家库；对工作人员建议所在单位给予严肃处理，属中国建筑业协会的工作人员，视情节给予行政处分。

9. 附则

（1）中国建筑业协会对获奖工程实行回访制度，跟踪了解工程在使用运行过程中的情况，获奖工程如发现质量问题，中国建筑业协会要组织专家进行鉴定，经鉴定确实不符合鲁班奖评选条件的，有权做出取消该工程鲁班奖称号的决定。

（2）本办法由中国建筑业协会负责解释。

（3）本办法自 2017 年起施行，《中国建设工程鲁班奖（国家优质工程）评选办法（2013 年修订）》（建协〔2013〕24 号）同时废止。

［注：参见《中国建设工程鲁班奖（国家优秀工程）评选办法（2017 年修订）》。］

4.3.3 国优奖和鲁班奖的区别

国优奖和鲁班奖，都是建筑行业顶尖的大奖。国优奖全称国家优质工程奖，鲁班奖全称中国建筑工程鲁班奖。

两个奖项的差别，首要之处在于组织评选的单位不同。国优奖的组织评选单位是中国施工企业管理协会，上级主管单位是国家发展和改革委员会。鲁班奖的组织评选单位是中国建筑业协会，上级主管单位是住建部。既然是奖出二门，那究竟谁是建筑行业的头等大奖呢？总体而言，鲁班奖似乎占得些上风。这一方面要归功于"祖师爷"的名头响亮；另一方面要归功于 1991—1998 年，中国施工企业管理协会短暂地合并到中国建筑业协会，国优奖也短暂地被鲁班奖吞并。1991 年以后，所有的鲁班奖都会在后面加个括号，括号里写着国优二字。既然鲁班奖曾经一统天下，国优奖只好感慨命运多舛了。但国优奖也有国优奖的强处。鲁班奖的评选不再细分甲乙丙丁，但国优奖分为金奖和银奖。如 2017 年，共评出国优奖 540 项，但国优奖金奖只有 22 项。这 22 项工程，如中国文昌航天发射场工程、深圳市城市轨道交通 7 号线 BT 项目等，个个声名显赫，其意义已经超出了建筑层面，上升到政治和经济的高度。

国优奖和鲁班奖的其他差别，还体现在国优奖只授予国家投资立项的工程；两个奖项的申报，鲁班奖以施工企业为主，而国优奖以建设单位为主；国优奖更强调经济性和功能性的统一等。

复习思考题

1. 建筑工程质量施工验收标准对合格的要求是什么？
2. 建筑工程质量达不到验收要求时应如何处理？
3. 简述公路工程质量检验评定的基本要求。
4. 简述工程质量等级评定。
5. 简述国优奖和鲁班奖的区别。

第 **5** 章

建设工程质量检验与评定管理

教学目标

本章主要讲述建筑工程质量验收的基本规定；建筑工程质量验收的程序及组织；公路工程质量管理。通过本章学习，达到以下目标：

（1）熟悉建筑工程质量验收的基本规定；

（2）掌握建筑工程质量验收的程序及组织；

（3）熟悉公路工程质量管理。

教学要求

知识要点	能力要求	相关知识
建筑工程质量验收的基本规定	（1）掌握建筑工程质量验收依据； （2）熟悉参加工程质量验收的各方人员应具备的资格； （3）掌握施工单位自检规定和隐蔽工程验收要求； （4）熟悉见证取样检测范围和要求； （5）掌握涉及结构安全和使用功能项目的抽样检测； （6）掌握观感质量检查要求	（1）隐蔽工程验收； （2）见证取样检测； （3）观感质量检查
建筑工程质量验收的程序；建筑工程质量验收的组织	（1）掌握建筑工程质量验收的程序； （2）掌握建筑工程质量验收组织机构； （3）熟悉建筑工程质量验收备案流程	（1）工程项目管理人员资格； （2）建筑工程备案制度
公路工程质量管理模式	（1）熟悉公路工程质量管理责任主体； （2）掌握公路工程质量管理模式	（1）公路工程质量管理监控主体和自控主体； （2）公路工程质量管理组成机构

 基本概念

隐蔽工程，见证取样，观感质量，人员从业资格，备案制度，自控主体，监控主体，工作综合评价。

引言

建设工程质量检验评定中，涉及对工程材料、结构、构配件与工程实体等的检测与试验，需要建立质量检评的组织，落实单位与人员等的分工，明确工程质量验收的有关规定和要求，这既是工程质量检验评定工作的重要内容，也是做好工程质量检验评定工作的基本保证。同样，为了搞好建设工程质量验收，保证其验收的工作质量，执行统一标准和各专业质量验收规范，有必要对建设工程质量验收的全过程提出明确要求。如建筑工程中规定了对检验批、分项工程、分部（子分部）工程、单位（子单位）工程的质量验收，先由施工企业检查评定后，再由监理或建设单位执行验收组织程序。对交通工程，在工程完工后，需通过交工验收，将工程移交给建设单位；交通主管部门对交工验收合格的建设项目，在试运营 2～3 年后且正式交付使用前，要组织工程竣工验收。

5.1 建筑工程质量验收的基本规定

为了搞好建筑工程质量验收，保证其验收的工作质量，执行统一标准和各专业质量验收规范，有必要对建筑工程质量验收的全过程提出明确要求。建筑工程施工质量验收统一标准对建筑工程质量验收提出了十条要求，内容如下。

（1）建筑工程质量验收应符合建筑工程质量验收规范和相关专业规范的规定。本条明确了建筑工程质量验收是按统一标准和各专业质量验收规范共同完成的，统一标准规定了各专业的统一要求，同时规定了单位工程的验收内容，而检验批、分项、子分部、分部工程验收则有各专业规范做具体规定和要求。

（2）建筑工程施工应符合工程勘察、设计文件的要求。本要求是本系列质量验收规范的一条基本规定。设计文件是施工的基本依据，而工程勘察是对设计及施工需要的工程地质提供资料，是设计的主要基础资料，也是制定地下工程、基础工程施工方案的重要依据。显然，建筑工程施工符合工程勘察、设计文件的要求是必要的。

（3）参加工程质量验收的各方人员应具备规定的资格。质量验收规范的落实必须由掌握验收规范的人员去执行，没有一定技术理论和工程实践经验的人掌握应用验收规范，再好的验收规范也发挥不了作用。所以本条规定验收的各方人员应具备规定的资格。具体的如检验批、分项工程质量验收应为监理单位的监理工程师，施工单位的专业质量检查员、项目技术负责人；分部、子分部工程质量验收应为监理单位的总监理工程师，勘察、设计单位的项目负责人，分包单位、总包单位的项目经理；单位、子单位工程质量验收应为监理单位的总监理工程师，施工单位的单位项目负责人，设计单位的单位项目负责人，建设单位的单位项目负责人。单位、子单位工程质量控制资料核查与其工程安全和功能检验资料核查及主要功能抽查，应为监理单位的总监理工程师；单位、子单位工程观感质量检查应由总监理工程师组织三名以上监理工程师和施工单位（含分包单位）项目经理等参加。各有关人员应按规定资格持证上岗，至于质量验收人员的职称，由于各地情况、工程内容、复杂程度等不尽相同，目前还不便做全国统一规定，而由各地建设行政主管部门规定。

（4）工程质量的验收应在施工单位自行检查评定的基础上进行。本要求强调了施工单位自行检查评定的重要性和必要性。在工程质量验收前，施工单位必须对检验批、分项工程、分部、子分部工程、单位、子单位工程按其操作依据的企业标准进行自我检查评定，待其符合要求后，再交给监理工程师、总监理工程师进行验收，以突出施工单位对工程质量负责。

（5）隐蔽工程在隐蔽前应由施工单位通知有关单位进行验收，并形成验收文件。这是质量验收程序的规定。施工单位应对隐蔽工程先进行验收，符合要求后再通知建设单位、监理单位、勘察设计单位和质量监督机构参加验收。隐蔽工程验收文件在其工程被隐蔽后，是以后工程验收中质量复查与核查的依据，必须予以高度重视。

（6）涉及结构安全的试块、试件及有关材料，应按规定进行见证取样检测。本条是为了加强工程结构安全的监督管理，保证建筑工程质量检测工作的科学性、公正性和准确性而采取的措施。应进行见证取样和送检的试块、试件和材料如下：

① 用于承重结构的混凝土试块；
② 用于承重墙体的砌筑砂浆试块；
③ 用于承重结构的钢筋及连接接头试件；
④ 用于承重墙体的砖和混凝土小型砌块；
⑤ 用于拌制混凝土和砌筑砂浆的水泥；
⑥ 用于承重结构的混凝土中的外加剂；
⑦ 地下、屋面、厕浴间使用的防水材料；
⑧ 国家规定必须实行见证取样和送检的其他试块、试件和材料。

见证取样和送检的比例不得低于有关技术标准中规定的取样数量的30%。

（7）检验批的质量应按主控项目和一般项目验收。只要主控项目和一般项目达到规定以后，检验批就应通过验收，不能随意扩大验收范围和提高标准。

（8）涉及结构安全和使用功能的重要分部工程应进行抽样检测。工程的一个步骤完成以后，进行成品抽测，这种检测是非破损或微破损检测，是验证性的检测，当依据一种检测方法的检测结果对工程质量有怀疑时，可用另一种进行，不到万不得已，不宜进行破损检测。此外，抽测的范围、项目也应严格控制。

（9）承担见证取样检测及有关结构安全检测的单位应具有相应资质，以保证见证取样检测、结构安全检测工作正常进行，是数据准确的必要条件。结构安全检测的单位应具有相应资质，包括操作人员应持有上岗证，有必要的管理制度、审核制度、检测方法、程序、设备、仪器等。

（10）工程的观感质量应由验收人员通过现场检查，并应共同确认。工程的观感质量是工程外观和总体效果的综合评价，验收人员以监理单位为主，由总监理工程师组织，不少于三名监理工程师参加，并有施工单位的项目经理、技术、质量部门的负责人、分包单位的项目经理及有关技术质量人员参加，其观感质量属于好、一般还是差，应经过现场检查，在听取各方面的意见后，由总监理工程师为主导，与其他监理工程师共同确定。

5.2 建筑工程质量验收的程序及组织

5.2.1 验收程序

为了方便工程的质量管理，根据工程特点，把工程划分为检验批、分项、分部（子分部）和单位（子单位）工程。验收的顺序是：首先验收检验批或者分项工程（当不分检验批时）质量，再验收分部（子分部）工程质量，最后验收单位（子单位）工程质量。

对检验批、分项工程、分部（子分部）工程、单位（子单位）工程的质量验收，先由施工企业检查评定后，再由监理或建设单位进行验收。

5.2.2 验收组织

（1）检验批及分项工程应由监理工程师（建设单位项目技术负责人）组织施工单位项目质量（技术）负责人等进行验收。

检验批和分项工程是建筑工程质量的基础，因此，所有检验批和分项工程均应由监理工程师或建设单位项目技术负责人组织验收。验收前，施工单位先填好"检验批和分项工程的质量验收记录"（有关监理记录和结论不填），并由项目专业质量检验员和项目专业技术负责人分别在检验批和分项工程质量检验记录中相关栏目签字，然后由监理工程师组织，严格按规定程序进行验收。

（2）一般分部工程应由总监理工程师（建设单位项目负责人）组织施工单位项目负责人和技术、质量负责人等进行验收；地基与基础、主体结构分部工程的勘察、设计单位工程项目负责人，施工单位项目负责人和技术、质量部门负责人等都应参加相关分部工程验收。

工程监理实行总监理工程师负责制，因此分部工程应由总监理工程师（建设单位项目负责人）组织施工单位的项目负责人和项目技术、质量负责人及有关人员进行验收。因为地基基础、主体结构的主要技术资料和质量问题是由技术部门和质量部门掌握和管理的，所以规定施工单位的技术、质量部门负责人参加验收是符合实际的。

（3）单位工程完工后，施工单位应自行组织有关人员进行检查评定，并向建设单位提交工程验收报告。

施工单位首先要依据质量标准、设计图纸等组织有关人员进行自检，并对检查结果进行评定，符合要求后向建设单位提交工程验收报告和完整的质量资料，并请建设单位组织验收。

（4）建设单位收到工程验收报告后，应由建设单位（项目）负责人组织施工（含分包）、设计、监理单位（项目）负责人等进行单位（子单位）工程验收。

单位工程质量验收应由建设单位负责人或项目负责人组织，由于设计、施工、监理单位都是责任主体，因此设计单位负责人，施工单位负责人或项目负责人和施工单位的技术、质量负责人，以及监理单位的总监理工程师均应参加验收（勘察单位虽然也是责任主体，但已经参加了地基验收，故单位工程验收时，可以不参加）。

建筑工程质量验收组织一览表见表 5-1。

表 5-1　建筑工程质量验收组织一览表

工程名称		组织单位负责人	参加单位人员
检验批		监理工程师或建设单位项目技术负责人	施工单位项目质量或技术负责人等
分项工程		监理工程师或建设单位项目技术负责人	施工单位项目质量或技术负责人等
分部（子分部）工程	一般分部（子分部）工程	总监理工程师或建设单位项目负责人	施工单位项目负责人和技术、质量部门负责人等
	地基与基础、主体结构分部工程	总监理工程师或建设单位项目负责人	勘察、设计单位工程项目负责人，施工单位项目负责人和技术、质量部门负责人等
单位（子单位）工程		建设单位（项目）负责人	施工（含分包）、设计、监理单位负责人等

在一个单位工程中，对满足生产要求或具备使用条件，施工单位已预验收，监理工程师已初验通过的子单位工程，建设单位可组织进行验收。由几个施工单位负责施工的单位工程，当其中的施工单位所负责的子单位工程已按设计完成，并经自行检验，也可按规定的程序组织正式验收，办理交工手续。在整个单位工程进行全部验收时，已验收的子单位工程验收资料应作为单位工程验收的附件。

（5）单位工程有分包单位施工时，分包单位对所承包的工程项目应按本标准规定的程序检查评定，总包单位应派人参加。分包工程完成后，应将工程有关资料交总包单位。

总包单位和分包单位的质量责任和验收程序如下。

由于建设工程承包合同的双方主体是建设单位和总承包单位，总承包单位应按照承包合同的权利义务对建设单位负责。分包单位对总承包单位负责，也应对建设单位负责。因此，分包单位对承建的项目进行检验时，总包单位应参加，检验合格后，分包单位应将工程的有关资料移交总包单位，待建设单位组织单位工程质量验收时，分包单位负责人也应参加验收。

（6）当参加验收各方对工程质量验收意见不一致时，可请当地建设行政主管部门或工程质量监督机构协调处理。

建筑工程质量验收意见不一致时的组织协调部门可以是当地建设行政主管部门，或其委托的部门（单位），也可是各方认可的咨询单位。

（7）单位工程质量验收合格后，建设应在规定时间内，将工程竣工验收报告和有关文件报建设行政管理部门备案。

建设工程竣工验收备案制度是加强政府监督管理，防止不合格工程流向社会的一个重要手段。建设单位应依据《建设工程质量管理条例》和住建部有关规定，到县级以上人民政府建设行政主管部门或其他有关部门备案。否则，该工程项目不允许投入使用。

5.3 公路工程的质量管理

公路工程实行企业自检、社会监理、政府监督的质量管理方式。施工单位对所承担的公路建设工程任务按照工程质量检验与评定标准对施工的全过程进行有效的质量控制和管理，按标准中所列基本要求、实测项目、外观鉴定进行检查，并提供真实完整的质量保证资料。

监理机构应依法按照合同约定的职责和权限，代表建设单位对公路工程施工质量、安全、环保、费用和进度等实施监理。公路工程监理应实行总监负责制。监理机构在监理过程中发现施工存在质量问题或安全事故隐患的，应要求施工单位整改，未整改或整改不合格的不得进行下一道工序施工，不得进行计量支付。施工单位拒不整改的，监理机构应及时向建设单位或监管部门报告。

公路工程质量监督部门依据国家有关法规和交通运输部颁发的现行技术规范规程和质量检验与评定标准，对公路工程质量进行强制性的监督管理。公路工程的建设单位、设计单位、施工单位和监理单位在工程实施的过程中都应接受质量监督部门的监督。

施工单位完成所承担的工程任务一般指单位工程或工程项目通过交工验收，将工程移交给建设单位，交通主管部门对交工验收合格的建设项目，在投入使用前，组织竣工工程验收。

交工验收由项目法人负责组织，建设、设计、施工、监理、接管养护、运营等单位参加对达到交工验收条件的工程质量进行全面验收。

竣工工程验收由交通运输部或地方交通主管部门主持，对符合竣工验收条件的工程，由主持单位、公路经营管理单位、质量监督机构、造价管理部门及相关专家、代表组成竣工验收委员会，项目法人、设计、施工、监理、接管养护等单位参加，对工程进行综合验收，对验收合格以上工程建设项目由竣工验收委员会签发《公路工程验收鉴定书》并印发各有关单位。

复习思考题

1. 建筑工程质量验收有哪些基本规定？
2. 建筑工程与公路工程检评（验收）组织各是什么？二者有何差异？

第 **6** 章

建设工程质量评定表格

教学目标

本章主要讲述建筑工程质量评定表格和公路工程质量评定表格。通过本章学习，达到以下目标：

(1) 掌握建筑工程质量评定表格的填写要求；

(2) 掌握公路工程质量评定表格的填写要求。

教学要求

知识要点	能力要求	相关知识
建筑工程质量评定表格	(1) 掌握施工现场质量管理检查记录的填写要求和填写方法； (2) 掌握现场验收检查原始记录的填写要求； (3) 掌握检验批质量验收记录表的填写要求和填写方法； (4) 掌握分项工程质量验收记录表的填写要求和填写方法； (5) 掌握分部（子分部）工程验收记录表的填写要求和填写方法； (6) 掌握单位（子单位）工程质量竣工验收记录表的填写要求和填写方法	(1) 项目部质量管理体系； (2) 主要专业工种操作岗位证书； (3) 检验批编号； (4) 最小抽样数量
公路工程质量评定表格	(1) 掌握分项工程质量检验评定表的填写方法和填写要求； (2) 掌握分部工程质量检验评定表的填写方法和填写要求； (3) 掌握单位工程质量检验评定表的填写方法和填写要求	(1) 检查项目合格率； (2) 分项工程评定； (3) 分部工程评定； (4) 单位工程评定

 基本概念

项目部质量管理体系，主要专业工种操作岗位证书，检验批编号，最小抽样数量，检查项目合格率，分项工程评定，分部工程评定，单位工程评定。

引言

无论是《建筑工程施工质量验收统一标准》，还是《公路工程质量检验评定标准》，其内容都是以条文的形式出现的。为方便现场的工程质量检验评定，标准制定部门按标准的内容和要求制成了相应的各种表格，供检评人员填写检测结果与签字认可。其中建筑工程质量评定表格包括施工现场质量管理检查记录、现场验收检查原始记录、检验批质量验收记录表、分项工程质量验收记录表、分部（子分部）工程验收记录表、单位（子单位）工程质量竣工验收记录表共六类表格。公路工程质量评定表格包括分项工程质量检验评定表、分部工程质量检验评定表、单位工程质量检验评定表共三类表格。

6.1 建筑工程质量评定表格

建筑工程质量评定表格包括施工现场质量管理检查记录、现场验收检查原始记录、检验批质量验收记录表、分项工程质量验收记录表、分部（子分部）工程验收记录表、单位（子单位）工程质量竣工验收记录表共六类表格。

6.1.1 施工现场质量管理检查记录

该表在《建筑工程施工质量验收统一标准》（GB 50300—2013）附录 A 中有统一格式，见表 6-1。一般一个标段或一个单位（子单位）工程检查一次，在开工前检查，由施工单位现场负责人填写，由监理单位的总监理工程师（建设单位项目负责人）验收。

1. 表格填写

1）表头部分

该表中填写参与工程建设各方责任主体的概况，由施工单位现场负责人填写。"工程名称"栏应填写与合同或招标文件中的名称一致的工程名称的全称。"施工许可证号"栏填写建设行政主管部门批准发给的施工许可证的编号。"建设单位"栏填写合同文件中的甲方单位的全称。建设单位的"项目负责人"栏应填写合同书上的签字人或签字人以书面形式委托的代表——工程项目负责人，工程完工后竣工验收备案表中的单位项目负责人应与此一致。"设计单位"栏应填写设计合同中签章单位的名称，其全称应与印章上的名称一致。设计单位的"项目负责人"栏应是设计合同书签字人或签字人以书面形式委托的该项目负责人，工程完工后竣工验收备案表中的单位项目负责人应与此一致。"监理单位"栏应填写单位全称，应与合同协议书中的名称一致。"总监理工程师"栏应填写协议书中明确的项目监理负责人，必须有监理工程师注册证书，且专业要对口。"施工单位"栏填写施工合同中签章单位全称，应与签章上的名称一致。"项目负责人"栏、"项目技术负责人"栏应与合同中明确的项目负责人、项目技术负责人一致。以上内容可统一填写，无须具体人签名。

表 6-1 施工现场质量管理检查记录

开工日期：

工程名称			施工许可证号		
建设单位			项目负责人		
设计单位			项目负责人		
监理单位			总监理工程师		
施工单位		项目负责人		项目技术负责人	
序号	项 目		主 要 内 容		
1	项目部质量管理体系				
2	现场质量责任制				
3	主要专业工种操作岗位证书				
4	分包单位管理制度				
5	图纸会审记录				
6	地质勘察资料				
7	施工技术标准				
8	施工组织设计、施工方案编制及审批				
9	物资采购管理制度				
10	施工设施和机械设备管理制度				
11	计量设备配备				
12	检测试验管理制度				
13	工程质量检查验收制度				
14					
自检结果： 施工单位项目负责人：××× ××××年××月××日			检查结论： 总监理工程师：××× ××××年××月××日		

2）检查项目部分

填写各项检查项目文件的名称或编号，并将文件（复印件或原件）附在表的后面供检查，检查后应将文件归还。

（1）项目部现场质量管理体系。检查质量管理体系是否建立，是否持续有效；核查现场质量管理制度内容是否健全、有针对性和时效性等；各级专职质量检验人员的配备是否符合相关规定。

（2）现场质量责任制。检查质量责任制是否健全、有针对性和时效性等；检查质量责任制的落实到位情况。

（3）主要专业工种操作上岗证。核查主要专业工种（指测量工，起重、塔式起重机等垂直运输司机，钢筋工、混凝土工、机械工、焊接工、瓦工、防水工等）的岗位证书是否齐全、有效及符合相关规定。

（4）分包单位管理制度。专业承包单位的资质应在其业务的范围内承接工程，超出范围的应办理特许证书，否则不能承包工程。在有分包的情况下，总承包单位应有管理分包单位的制度，主要是质量、技术的管理制度等。总包单位应填写"分包单位资质报审表"

报项目监理部审查，审查分包单位的营业执照、企业等级证书、专业许可证、人员岗位证书，审查分包单位的业绩情况，审查合格后，施工单位签发"分包单位资质报审表"。

（5）图纸会审记录。审查设计交底和图纸会审工作是否已完成。

（6）地质勘察资料。有勘察资质单位出具的正式报告，相关资料齐全。

（7）施工技术标准。操作验收标准齐全，能满足施工要求。承包企业应编制不低于国家质量验收规范的操作规程等企业标准，这些标准应由企业的总工程师、技术委员会负责人审查批准，有批准日期、执行日期、企业标准编号及标准名称。

（8）施工组织设计、施工方案及审批。施工组织设计、施工方案的编制、审核、批准，必须符合有关规范的规定。主要分部（分项）工程施工前，施工单位应编写专项施工方案，填写工程技术文件报审表，报项目监理部审核。在施工过程中当施工单位对已批准的施工组织设计进行调整、补充或变动时，应经专业监理工程师审查，并应由总监理工程师签认。专业监理工程师应要求施工单位报送重点部位、关键工序的施工工艺和确保工程质量的措施，审核同意后予以签认。当施工单位采用新材料、新工艺、新设备时，专业监理工程师应要求施工单位报送相应的施工工艺措施和证明材料，组织专题认证，经审定后予以签认。上述方案经专业监理工程师审查，由总监理工程师签认。

（9）物资采购管理制度。物资采购管理制度应合理可行，物资供应方应能够满足工程对物资质量、供货能力的要求。

（10）施工设施和机械设备管理制度。应建立施工设施的设计、建造、验收、使用、拆除和机械设备的使用、运输、维修、保养的管理制度，项目经理部应落实过程控制与管理。

（11）计量设备配备。检查计量设备是否先进可靠，计量是否准确。

（12）检验试验管理制度。工程质量检验试验制度应符合相关标准规定，并应按工程实际编制检测试验计划，监理审核批准后按计划实施。

（13）工程质量检查验收制度。施工现场必须建立工程质量检查验收制度，制度必须符合法规、标准的规定，并应严格贯彻落实，以确保工程质量符合设计要求和标准规定。现场材料、设备存放与管理栏，这是为保持材料、设备质量必需的措施。要根据材料、设备性能而制定管理制度，建立相应的库房等。

2. 项目填写内容的检查

（1）该表由施工单位项目负责人填写，之后将有关文件的原件或复印件附在后面，请总监理工程师（建设单位项目负责人）验收核查。若经验收核查符合要求，总监理工程师（建设单位项目负责人）签字认可。如经总监理工程师或建设单位项目负责人检查验收不合格，施工单位必须在限期内整改，否则不许开工。

（2）填表时间是在开工之前，监理单位的总监理工程师（建设单位项目负责人）应对施工现场进行检查，这是保证开工后施工顺利和保证工程质量的基础，目的是做好施工前的准备。

（3）直接将有关资料的名称写上。资料较多时，也可将有关资料进行编号，将编号填写上，注明份数。

（4）通常情况下，一个工程的一个标段或一个单位工程只检查一次，如分段施工或遇人员更换或管理工作不到位时，可再次检查。

3. 表格填写举例

施工现场质量管理检查记录表的填写样式见表6-2。本工程为北京中华小区4号住宅楼。该工程的工程名称、建设单位、设计单位、承包单位、监理单位均填写的是全称；建设单位、设计单位、施工单位、监理单位在本项目的负责人（项目经理、总监理工程师）人员名单均与合同一致，且仅需填写有关姓名，由施工单位项目负责人统一填写，并由相应的本人签字。在所列的现场质量管理检查内容中，除本工程没有分包单位而无分包单位资质与对分包单位的管理制度之外，其余资料均有，但在这些内容中，尚有不完善之处（如现场设备存放管理制度等），所以，总监理工程师在检查结论栏签署了"现场质量管理制度基本完整"的结论。

表 6-2　施工现场质量管理检查记录

工程名称	北京中华小区 4 号住宅楼		施工许可证号		京施 0200318	
建设单位	北京建设开发公司		项目负责人		李晓东	
设计单位	大地设计事务所		项目负责人		田北	
监理单位	五环监理公司		总监理工程师		郝大海	
施工单位	北京市朝天建筑公司	项目负责人	王大友	项目技术负责人		刘玉和
序号	项　目		主　要　内　容			
1	项目部质量管理体系		现场有健全的过程控制和合格控制的质量管理体系、有三检及交接检制度、有月度质量评比奖励制度、有完善的质量事故责任制度			
2	现场质量责任制		质量岗位责任制度、设计交底制度、技术交底制度、成品挂牌制度、现场责任明确			
3	主要专业工种操作岗位证书		测量工、电工、钢筋工、木工、混凝土工、起重工、电焊工、架子工、塔式起重机司机、施工电梯司机等专业工程上岗证书齐全			
4	分包单位管理制度		分包单位管理制度细致明确			
5	图纸会审记录		已经进行了图纸会审，四方签字确认完毕			
6	地质勘察资料		勘察资料齐全，已使用，四方签字确认			
7	施工技术标准		操作和验收标准正确，满足工程实际需要			
8	施工组织设计、施工方案及审批		施工组织设计、专项施工方案均报监理审批完成			
9	物资采购管理制度		采购制度合理			
10	施工设施和机械设备管理制度		施工设施和机械设备管理落实到人，奖惩制度严密可行			
11	计量设备配备		设备准确，并由专人负责校准			
12	检验试验管理制度		检测试验制度完善，检测试验计划经过监理审批			
13	工程质量检查验收制度		验收制度合理、符合法规和规范的要求，各项验收环节已经落实到人			

自检结果：

符合要求

施工单位项目负责人：王大友
××××年××月××日

检查结论：

现场质量管理制度基本完整

总监理工程师：郝大海
××××年××月××日

表 6-2 由项目经理王大友检查后填写，并把有关文件的原件附在表后，送总监理工程师郝大海核查，核查结论如表中所示。

6.1.2 现场验收检查原始记录

现场验收检查原始记录表格无标准样表，可由使用单位自行设计并填写，所设计表格的内容信息要齐全，可参考检验批验收表设计。

（1）表头填写说明。

"单位（子单位）工程名称"栏、"检验批名称"栏、"检验批批号"栏按对应的检验批验收记录填写。

（2）验收项目填写说明。

①"编号"栏。填写验收项目对应的条文号。

②"验收项目"栏。按对应的检验批验收记录的项目顺序，填写现场实际检查的验收项目和实验要求及规范规定的内容，如对应多行检查记录，验收项目不用重复填写。

③"验收部位"栏。填写各个检测点的部位，每个部位占用一行，下一个部位另起一行。

（3）"验收情况记录"栏。采用文字描述、数据说明或打"√"。不合格和超标的必须明确指出。对于定量描述的抽样项目，直接填写检查数据。

（4）"备注"栏。发现明显不合格的个体，要标明是否整改、复查是否合格。

（5）监理单位现场签收人员签字。施工单位现场验收人员签字。填写本记录的人签字。填写现场验收当天的日期。

（6）表格填写举例。

该表的填写样式见表 6-3。本工程为北京龙强广场筑业大厦。检验批为主体分部砖砌体分项的一个检验批。具体填写见表中内容。

表 6-3 现场验收检查原始记录

共 页 第 页

单位（子单位）工程名称	北京龙强广场筑业大厦			
检验批名称	砖砌体	检验批批号	020201011004	
编号	验收项目	验收部位	验收情况记录	备注
5.2.2	水平灰缝砂浆饱满度≥80%	三层 A/1～4 轴墙	95%，90%，90%，平均 91.7%	
		二层 B/2～3 轴墙	96%，92%，94%，平均 94%	
		三层 C～E/7 轴墙	88%，85%，91%，平均 88%	
5.2.3	砖砌体的转角处和交接处应同时砌筑	三层 A/5 轴	同时砌筑	

（续）

编号	验收项目	验收部位	验收情况记录	备注
		三层 C/6 轴	同时砌筑	
		三层 D/4 轴	同时砌筑	
5.2.4				
5.3.1	组砌方法	三层 A/1、2、4 轴墙	满丁满条、内外搭砌、上下错缝、无直缝、无包心砌法	

监理校核：　　　　检查：　　　　记录：　　　　验收日期：　　年　　月　　日

6.1.3　检验批质量验收记录表

检验批质量验收记录表在《建筑工程施工质量验收统一标准》（GB 50300—2013）附录 E 中有统一格式，见表 6-4。国家有关部门已将建筑工程涉及的检验批质量验收表格都印成样表，每项工程在办理工程施工质量监督手续时，即购买该表。

1. 填写的基本要求

（1）检验批施工完成并由施工单位自检合格后，应由项目专业质量检查员填报"检验批质量验收记录"。

（2）按照《建筑工程施工质量验收统一标准》（GB 50300—2013）的规定，检验批质量验收由专业监理工程师组织施工单位项目专业质量检查员、专业工长等进行验收。

（3）"检验批质量验收记录"必须依据"现场验收检查原始记录"填写。

（4）检验批里非现场验收内容，"检验批质量验收记录"中应填写依据的资料名称及编号，并给出结论。

2. 检验批的编号

检验批的编号由《建筑工程施工质量验收统一标准》（GB 50300—2013）附录 B 规定的分部工程（表 6-5）、子分部工程、分项工程的代码、检验批代码（依据专业验收规范）和资料顺序号共多位的数字编号组成，写在表的右上角。其编号规则具体说明如下。

（1）第 1、2 位数是分部工程的代码。

（2）第 3、4 位数是子分部工程的代码。

（3）第 5、6 位数是分项工程的代码。

（4）第 7、8 位数是检验批的代码。

（5）第 9、10、11 位数是各检验批验收的自然顺序号。

同一检验批的表格适用于不同分部、子分部、分项工程时，表格分别编号，填表时按实际类别填写顺序号加以区别；编号按分部、子分部、分项工程、检验批的顺序排列。

表 6-4 ＿＿＿＿＿检验批质量验收记录 编号：＿＿＿＿

单位（子单位）工程名称		分部（子分部）工程名称		分项工程名称	
施工单位		项目负责人		检验批容量	
分包单位		分包单位项目负责人		检验批部位	
施工依据			验收依据		

	验收项目	设计要求及规范规定	最小/实际抽样数量	检查记录	检查结果
主控项目	1				
	2				
	3				
	4				
	5				
一般项目	1				
	2				
	3				
	4				

施工单位检查结果	专业工长：××× 项目专业质量检查员：××× ××××年××月××日
监理单位验收结论	专业监理工程师：××× ××××年××月××日

表 6-5　各分部工程代码表

代码	01	02	03	04	05	06	07	08	09	10
分部工程名称	地基与基础	主体结构	建筑装饰装修	建筑屋面	建筑给水排水及供暖	通风与空调	建筑电气	智能建筑	建筑节能	电梯

3. 表头填写说明

（1）"单位（子单位）工程名称"栏按合同文件上的单位工程名称填写，如为群体式工程，则按群体工程名称＋单位工程名称的形式填写，子单位工程标出该部分的位置。"分部（子分部）工程名称"栏按 GB 50300—2013 划定的分部（子分部）名称填写，"分项工程名称"栏按 GB 50300—2013 附录 B 的规定填写。

（2）"施工单位"栏，填写施工单位的全称，应与合同上公章名称相一致。"项目负责人"为合同中指定的项目负责人。有分包单位时，在"分包单位"栏应填写分包单位全称，分包单位的项目负责人也应是合同中指定的项目负责人。当不涉及分包单位时，此栏不需要填写，画"/"。

（3）"检验批容量"指本检验批的工程量，按工程实际填写，计量项目和单位应符合专业验收规范中对检验批容量的规定。"检验批部位"指一个分项工程中验收的那个检验批的抽样范围，按实际情况填写清楚。

（4）"施工依据"栏可填写企业标准、地方标准、行业标准或国家标准，要将标准名称及编号填写齐全。"验收依据"栏填写标准名称及编号。

4. 验收项目填写说明

验收项目制表时按 4 种情况印制。

（1）当规范条文文字较少或本身就是表格时，按规范条文写入。

（2）将质量要求换作简化描述主题词，作为检查提示。

（3）分主控项目和一般项目。

（4）按条文顺序排序。

5. 设计要求及规范规定填写说明

（1）当规范中质量要求的内容文字较少时，直接明确写入；当混凝土、砂浆强度符合设计要求时，直接写入设计要求值。

（2）当文字较多时，只写入条文号。

（3）对定量要求，将允许偏差直接写入。

6. 最小/实际抽样数量填写说明

（1）对于材料、设备及工程试验类规范条文，非抽样项目，直接写入"/"。

（2）对于抽样项目的样本为总体时，写入"最小/实际抽样数量"。例如"全/10"，其中"10"指本检验批实际包括的样本总量。

（3）对于抽样项目是按工程量抽样时，写入"最小/实际抽样数量"。例如"10/10"，即按工程量计算最小抽样数量为"10"，实际抽样数量为"10"。

（4）本次检验批验收不涉及此验收项目时，此栏写"/"。

7. 检查记录填写说明

（1）对于计量检验项目，采用文字描述的方式，说明实际质量验收内容及结论；此类多为对材料、设备及工程试验类结果的检查项目。

（2）对于计数检验项目，必须依据对应的《检验批验收现场检查原始记录》中验收情况的记录，按下列形式填写。

① 抽样检查的项目，填写描述语，如"抽查 10 处，合格 8 处"，或者"抽查 10 处，全部合格"。

② 全数检查的项目，填写描述语，如"共 10 处，检查 10 处，合格 8 处"，或者"共 10 处，检查 10 处，全部合格"。

（3）本次检验批验收不涉及此验收项目时，此栏填"/"。

（4）对于明显不合格的项目，填写要求如下。

① 对于计量和计数检验中全数检查的项目，发现明显不合格个体，此验收就不合格。

② 对于计数检验中抽样检验的项目，明显不合格的个体可不纳入检验批，但应进行处理，使其满足有关专业验收规范的规定，对处理的情况应予以记录并重新验收；"检查记录"栏填写要求：不存在明显不合格的个体，不做记录；存在明显不合格个体的，按"检验批验收现场检查原始记录"中验收情况记录填写，如"一处明显不合格，已整改，复查合格"，或"一处明显不合格，未整改，复查不合格"。

8. 检查结果填写说明

（1）采用文字方式验收的项目，合格的打"√"，不合格的打"×"。

（2）对于抽样项目且为主控项目，无论定性或定量描述，全数合格为合格，有 1 处不合格即为不合格。

（3）对于抽样项目且为一般项目，"检查结果"填写合格率，如"100％"，定性描述项目所有检查点全部合格（100％），此条方为合格；定量描述项目，每个项目都必须有80％以上（混凝土保护层为 90％）的检测点的实测数值达到规范规定，其余 20％按各专业施工质量验收规范规定，不能大于 1.5 倍，钢结构为 1.2 倍，即有数据的项目，除必须达到规定的数值外，其余可放宽的，最大放宽到 1.5 倍。

（4）本次检验批验收不涉及此验收项目时，此栏写"/"。

9. 施工单位检查结果填写说明

（1）此栏由专业监理工程师填写。

（2）此栏通常签注"合格"或"同意验收"。

（3）如果检验批含有混凝土、砂浆试件强度验收内容，应待试验报告出来后再做判定。

10. 表格填写举例

表 6-6 是北京龙旗广场筑业大厦基础分部的地下防水子分部的防水混凝土分项的 1~7/A~C 地下室外墙（第一验收批）的验收表格。

表 6-6　　防水混凝土　检验批质量验收记录　　　01070101　　001

单位（子单位）工程名称	北京龙旗广场筑业大厦	分部（子分部）工程名称	地基与基础/地下防水	分项工程名称	防水混凝土
施工单位	北京工建标建筑有限公司	项目负责人	赵斌	检验批容量	600m³
分包单位	/	分包单位项目负责人	/	检验批部位	1～7/A～C 地下室外墙
施工依据	地下防水工程方案		验收依据	《地下防水工程质量验收规范》（GB 50208—2011）	

		验收项目	设计要求及规范规定	最小/实际抽样数量	检查记录	检查结果
主控项目	1	防水混凝土的原材料、配合比及坍落度	第 4.1.14 条	/	质量证明文件齐全，检验合格，报告编号×××××	√
	2	防水混凝土的抗压强度和抗渗性能	第 4.1.15 条	/	检验合格，报告编号×××××	√
	3	防水混凝土结构的变形缝、施工缝、后浇带、穿墙管、埋设件等设计与构造	第 4.1.16 条	6/6	抽查 6 处，合格 6 处	100%
一般项目	1	防水混凝土结构表面应坚实、平整，不得有露筋、蜂窝缺陷，埋设件位置应准确	第 4.1.17 条	6/6	抽查 6 处，合格 6 处	√
	2	防水混凝土结构表面的裂缝宽度	≤0.2mm	6/	无明显裂缝	
	3	防水混凝土结构厚度不应小于 250mm	+8mm −5mm	6/6	抽查 6 处，合格 6 处	100%
	4	主体结构迎水面钢筋保护层厚度不应小于 50mm	±5mm	6/6	抽查 6 处，合格 6 处	100%

施工单位检查结果	符合要求 专业工长：××× 项目专业质量检查员：××× ××××年××月××日
监理单位验收结论	合格 专业监理工程师：××× ××××年××月××日

6.1.4　分项工程质量验收记录表

分项工程质量验收记录表是《建筑工程施工质量验收统一标准》（GB 50200—2013）的附表 F。表的样式见表 6 - 7。

表 6 - 7　　　　　　　　　分项工程质量验收记录　　　　编号：_____

单位（子单位）工程名称			分部（子分部）工程名称		
分项工程数量			检验批数量		
施工单位			项目负责人		项目技术负责人
分包单位			分包单位项目负责人		分包内容
序号	检验批名称	检验批容量	部位/区段	施工单位检查结果	监理单位验收结论
1					
2					
3					
4					
5					
6					
7					
8					
9					
10					

说明：

施工单位检查结果	项目专业技术负责人：××× ××××年××月××日
监理单位验收结论	专业监理工程师：××× ××××年××月××日

1. 填写基本要求

（1）分项工程所包含的检验批均已完成，施工单位自检合格后，应填报"分项工程质量验收记录表"。该表由施工单位项目专业质量检查员填写，施工单位项目专业技术负责人检查、给出评价并签字后，交专业监理工程师验收并签认。

（2）核对检验批的部位、区段是否覆盖分项工程的范围，确保没有遗漏的部位。

（3）检查各检验批的资料是否完整，做好整理、登记及保管，为下一步验收打基础。

2. 分项工程质量验收记录编号

由《建筑工程施工质量验收统一标准》（GB 50300—2013）附录 B 规定的分部工程（表 6-5）、子分部工程、分项工程的代码编写，不编写顺序号，填在表的右上角。其编号规则具体说明如下。

（1）第 1、2 位数是分部工程的代码。

（2）第 3、4 位数是子分部工程的代码。

（3）第 5、6 位数是分项工程的代码。

3. 相关内容填写说明

表头填写同检验批。"分项工程数量"为本分项工程的实际工程量，计量项目和单位应符合专业验收规范中对应分项工程工程量的规定。"序号"栏按检验批的排列顺序依次填写，检验批项目多于一页时，可增加表格顺序排号。"监理单位验收结论"栏按检验批记录填写"合格"。"说明"栏应说明检验批的质量验收记录是否完整。"施工单位检查结果"栏由施工单位项目技术负责人填写"符合要求"或"验收合格"等，并填写日期及签字。在有分包单位施工的分项工程验收时，分包单位不签字，但应将分包单位名称、分包单位项目负责人和分包内容填到对应单元格内；当不涉及分包单位时，不需要填写，划"/"即可。由专业监理工程师填写监理单位验收结论，在确认各项验收合格后，填上"验收合格"并填写日期及签字。表格填写示例见表 6-8。

表 6-8 　卫生器具　分项工程质量验收记录　　　　编号：　050401

单位（子单位）工程名称	北京龙旗广场筑业大厦	分部（子分部）工程名称	建筑给水排水及供暖/卫生器具		
分项工程数量	624 件	检验批数量	10		
施工单位	北京工建标建筑有限公司	项目负责人	赵斌	项目技术负责人	曾小墨
分包单位	/	分包单位项目负责人	/	分包内容	/

（续）

序号	检验批名称	检验批容量	部位/区段	施工单位检查结果	监理单位验收结论
1	卫生器具安装	22	1～2 层	符合要求	合格
2	卫生器具安装	30	3～4 层	符合要求	合格
3	卫生器具安装	30	5～6 层	符合要求	合格
4	卫生器具安装	30	7～8 层	符合要求	合格
5	卫生器具安装	30	9～10 层	符合要求	合格
6	卫生器具安装	30	11～12 层	符合要求	合格
7	卫生器具安装	30	13～14 层	符合要求	合格
8	卫生器具安装	30	15～16 层	符合要求	合格
9	卫生器具安装	30	17～18 层	符合要求	合格
10	卫生器具安装	22	19～20 层	符合要求	合格

说明：检验批质量验收资料齐全完整。

施工单位 检查结果	符合要求 项目专业技术负责人：××× ××××年××月××日
监理单位 验收结论	验收合格 专业监理工程师：××× ××××年××月××日

6.1.5 分部（子分部）工程验收记录表

分部（子分部）工程验收记录表在《建筑工程施工质量验收统一标准》（GB 50300—2013）附录 G 中规定了表格样式（表 6-9）。

1. 填写基本要求

（1）施工单位在分部或子分部工程完成后，进行自检，并核查各分部工程所含分项工程是否齐全，有无漏项，全部合格后，填报"分部工程质量验收记录"。

（2）一般分部工程验收应由监理工程师组织，施工单位项目负责人和项目技术、质量负责人参加。勘察、设计单位项目负责人和施工单位技术、质量负责人应参加地基与基础分部工程的验收。设计单位项目负责人和施工单位技术、质量部门负责人应参加主体结构、节能分部工程的验收。

表 6-9 _____ 分部工程质量验收记录 编号：

单位（子单位）工程名称			子分部工程数量		分项工程数量	
施工单位			项目负责人		技术（质量）负责人	
分包单位			分包单位负责人		分包内容	
序号	子分部工程名称	分项工程名称	检验批数量	施工单位检查结果	监理单位验收结论	
1						
2						
3						
4						
5						
6						
7						
8						
质量控制资料						
安全和功能检验结果						
观感质量检验结果						
综合验收结论						

施工单位	勘察单位	设计单位	监理单位
项目负责人：	项目负责人：	项目负责人：	总监理工程师：
××××年××月××日	××××年××月××日	××××年××月××日	××××年××月××日

注：1. 地基与基础分部工程的验收应由施工、勘察、设计单位项目负责人和总监理工程师参加并签字。

2. 主体结构、节能分部工程的验收应由施工、设计单位项目负责人和总监理工程师参加并签字。

2. 分部工程质量验收记录填写

（1）根据《建筑工程施工质量验收统一标准》（GB 50300—2013）附录B规定的分部工程代码填写验收记录编号，其编号为两位，写在表的右上角。

（2）表头填写说明与"分项工程质量验收记录表"一致，"子分部工程数量"栏填写实际发生的子分部工程数量。"施工单位检查结果"栏由填表人依据分项工程验收记录填写"符合要求"，"监理单位验收结论"栏由填表人依据分项工程验收记录填写"合格"。

（3）填写"质量控制资料"栏前，对照资料逐项检查下列几项。

① 资料是否齐全。

② 资料的内容有无不合格项。

③ 资料横向是否协调一致。

④ 资料的分类整理是否符合要求，案卷目录、份数页数及装订等有无缺漏。

⑤ 各项资料签字是否齐全。

若全部核查项目都通过验收，即可在"施工单位检查结果"栏内填写检查结果"检查合格"，并说明资料份数。

（4）安全和功能检验是指按规定和约定需要在竣工时进行抽样检测的项目，这些项目凡能在分部（子分部）工程验收时进行检测的，应在分部（子分部）工程验收时进行检测。若每个检测项目都通过了审查，施工单位即可在"施工单位检查结果"栏内填写检查结果"检查合格"。

（5）观感质量等级分为"好""一般""差"共3档。"好""一般"均为合格；"差"为不合格，需要修理或返工。

（6）由总监理工程师与各方协商，确认符合规定后，在"综合验收结论"栏内填入"××分项工程验收合格"。

（7）勘察、设计单位需参加地基与基础分部工程质量验收，由其项目负责人亲自签认；设计单位需参加主体结构和建筑节能分部工程质量验收，由设计单位的项目负责人亲自签认；施工方总承包单位由项目负责人亲自签认，分包单位不用签字，但必须参与其负责的分部工程的验收。监理方作为验收方，由总监理工程师签认验收，未委托监理公司的，可由建设单位项目技术负责人签认验收。表格填写示例见表6-10。

表6-10　　　　地基与基础　　分部工程质量验收记录　　　编号：　001

单位（子单位）工程名称	北京龙旗广场筑业大厦	子分部工程数量	4	分项工程数量	8
施工单位	北京工建标建筑有限公司	项目负责人	赵斌	技术（质量）负责人	曾小墨
分包单位	/	分包单位负责人	/	分包内容	/

（续）

序号	子分部工程名称	分项工程名称	检验批数量	施工单位检查结果	监理单位验收结论
1	地基	水泥土搅拌桩地基	3	符合要求	合格
2	基础	模板工程	26	符合要求	合格
3		混凝土浇筑	13	符合要求	合格
4		钢筋工程	24	符合要求	合格
5	土方	场地平整	1	符合要求	合格
6		土方开挖	1	符合要求	合格
7	地下防水	主体结构防水	2	符合要求	合格
8		细部构造防水	1	符合要求	合格
质量控制资料			共计 42 份，齐全有效		合格
安全和功能检验结果			抽查 5 项，符合要求		合格
观感质量检验结果			一般		
综合验收结论			地基基础分部工程验收合格		

北京工建标建筑有限公司	北京筑业工程勘查中心	北京筑业建筑工程设计研究院	北京筑业建筑工程监理有限责任公司
施工单位	勘察单位	设计单位	监理单位
项目负责人：××× ××××年××月××日	项目负责人：××× ××××年××月××日	项目负责人：××× ××××年××月××日	总监理工程师：××× ××××年××月××日

6.1.6　单位（子单位）工程质量竣工验收记录表

单位（子单位）工程质量验收由五部分内容组成，其中质量控制资料核查、安全和功能检验资料核查及主要功能抽查，以及观感质量检查都有专门的验收记录表，而"单位（子单位）工程质量竣工验收记录表"是一个综合性的表，是在各项目验收合格后填写的。单位（子单位）工程由建设单位（项目）负责人组织施工单位（含分包单位）、设计单位、监理单位等（项目）负责人进行验收。单位（子单位）工程验收表由参加验收的单位盖章，并由负责人签字。《建筑工程施工质量验收统一标准》（GB 50300—2013）的附录 H 中规定了单位（子单位）工程验收表的格式，共四种，见表 6-11～表 6-14。

表 6-11 单位工程质量竣工验收记录

工程名称		结构类型		层数/ 建筑面积	
施工单位		技术负责人		开工日期	
项目负责人		项目技术负责人		完工日期	

序号	项　目	验 收 记 录	验 收 结 论
1	分部工程验收	共　　分部,经查符合设计及标准规定　　分部	
2	质量控制资料核查	共　　项,经核查符合规定　　项	
3	安全和使用功能核查及抽查结果	共核查　　项,符合规定　　项,共抽查　　项,符合规定　　项,经返工处理符合规定　　项	
4	观感质量验收	共抽查　项,达到"好"和"一般"的　项,经返修处理符合要求的　项	
综合验收结论			

参加验收单位	建设单位	监理单位	施工单位	设计单位	勘察单位
	(公章) 项目负责人: 　　××××年 　　××月××日	(公章) 总监理工程师: 　　××××年 　　××月××日	(公章) 项目负责人: 　　××××年 　　××月××日	(公章) 项目负责人: 　　××××年 　　××月××日	(公章) 项目负责人: 　　××××年 　　××月××日

注:单位工程验收时,验收签字人员应由相应单位的法人代表书面授权。

表 6-12　单位工程质量控制资料核查记录

工程名称				施工单位			
序号	项目	资　料　名　称	份数	施工单位		监理单位	
				核查意见	核查人	核查意见	核查人
1	建筑与结构	图纸会审记录、设计变更通知单、工程洽商记录					
2		工程定位测量、放线记录					
3		原材料出厂合格证书及进场检验、试验报告					
4		施工试验报告及见证检测报告					
5		隐蔽工程验收记录					
6		施工记录					
7		地基、基础、主体结构检验及抽样检测资料					
8		分项、分部工程质量验收记录					
9		工程质量事故调查处理资料					
10		新技术论证、备案及施工记录					
1	给水排水与供暖	图纸会审记录、设计变更通知单、工程洽商记录					
2		原材料出厂合格证书及进场检验、试验报告					
3		管道、设备强度试验、严密性试验记录					
4		隐蔽工程验收记录					
5		系统清洗、灌水、通水、通球试验记录					
6		施工记录					
7		分项、分部工程质量验收记录					
8		新技术论证、备案及施工记录					
1	通风与空调	图纸会审记录、设计变更通知单、工程洽商记录					
2		原材料出厂合格证书及进场检验、试验报告					
3		制冷、空调、水管道强度试验、严密性试验记录					
4		隐蔽工程验收记录					
5		制冷设备运行调试记录					
6		通风、空调系统调试记录					
7		施工记录					
8		分项、分部工程质量验收记录					
9		新技术论证、备案及施工记录					

（续）

工程名称			施工单位				
序号	项目	资 料 名 称	份数	施工单位		监理单位	
				核查意见	核查人	核查意见	核查人
1	建筑电气	图纸会审记录、设计变更通知单、工程洽商记录					
2		原材料出厂合格证书及进场检验、试验报告					
3		设备调试记录					
4		接地、绝缘电阻测试记录					
5		隐蔽工程验收记录					
6		施工记录					
7		分项、分部工程质量验收记录					
8		新技术论证、备案及施工记录					
1	智能建筑	图纸会审记录、设计变更通知单、工程洽商记录					
2		原材料出厂合格证书及进场检验、试验报告					
3		隐蔽工程验收记录					
4		施工记录					
5		系统功能测定及设备调试记录					
6		系统技术、操作和维护手册					
7		系统管理、操作人员培训记录					
8		系统检测报告					
9		分项、分部工程质量验收记录					
10		新技术论证、备案及施工记录					
1	建筑节能	图纸会审记录、设计变更通知单、工程洽商记录					
2		原材料出厂合格证书及进场检验、试验报告					
3		隐蔽工程验收记录					
4		施工记录					
5		外墙、外窗节能检验报告					
6		设备系统节能检验报告					
7		分项、分部工程质量验收记录					
8		新技术论证、备案及施工记录					

（续）

工程名称				施工单位				
序号	项目	资 料 名 称	份数	施工单位		监理单位		
				核查意见	核查人	核查意见	核查人	
1	电	图纸会审记录、设计变更通知单、工程洽商记录						
2		设备出厂合格证书及开箱检验记录						
3		隐蔽工程验收记录						
4		施工记录						
5		接地、绝缘电阻试验记录						
6	梯	负荷试验、安全装置检查记录						
7		分项、分部工程质量验收记录						
8		新技术论证、备案及施工记录						

结论：

施工单位项目负责人：　　　　　　　　　　　　　　　　总监理工程师：

　　　　　　　××××年××月××日　　　　　　　　　　　　××××年××月××日

表 6-13　单位工程安全和功能检验资料核查及主要功能抽查记录

工程名称				施工单位		
序号	项目	安全和功能检查项目	份数	核查意见	抽查结果	核查（抽查）人
1		地基承载力检验报告				
2		桩基承载力检验报告				
3		混凝土强度试验报告				
4		砂浆强度试验报告				
5		主体结构尺寸、位置抽查记录				
6		建筑物垂直度、标高、全高测量记录				
7	建筑与结构	屋面淋水或蓄水试验记录				
8		地下室渗漏水检测记录				
9		有防水要求的地面蓄水试验记录				
10		抽气（风）道检查记录				
11		外窗气密性、水密性、耐风压检测报告				
12		幕墙气密性、水密性、耐风压检测报告				
13		建筑物沉降观测测量记录				
14		节能、保温测试记录				
15		室内环境检测报告				
16		土壤氡气浓度检测报告				

（续）

工程名称			施工单位				
序号	项目	安全和功能检查项目	份数	核查意见	抽查结果	核查(抽查)人	
1	给水排水与供暖	给水管道通水试验记录					
2		暖气管道、散热器压力试验记录					
3		卫生器具满水试验记录					
4		消防管道、燃气管压力试验记录					
5		排水干管通球试验记录					
6		锅炉试运行、安全阀及报警联动测试记录					
1	通风与空调	通风、空调系统试运行记录					
2		风量、温度测试记录					
3		空气能量回收装置测试记录					
4		洁净室洁净度测试记录					
5		制冷机组试运行调试记录					
1	建筑电气	建筑照明通电试运行记录					
2		灯具固定装置及悬吊装置的载荷强度试验记录					
3		绝缘电阻测试记录					
4		剩余电流动作保护器测试记录					
5		应急电源装置应急持续供电记录					
6		接地电阻测试记录					
7		接地故障回路阻抗测试记录					
1	智能建筑	系统试运行记录					
2		系统电源及接地检测报告					
3		系统接地检测报告					
1	建筑节能	外墙热工性能					
2		设备系统节能性能					
1	电梯	运行记录					
2		安全装置检测报告					

结论：

施工单位项目负责人：×××
　　　×××年××月××日

总监理工程师：×××
　　　×××年××月××日

注：抽查项目由验收组协商确定。

表 6-14 单位（子单位）工程观感质量检查记录

工程名称			施工单位	
序号	项 目		抽查质量状况	质量评价
1	建筑与结构	主体结构外观	共检查 点，好 点，一般 点，差 点	
2		室外墙面	共检查 点，好 点，一般 点，差 点	
3		变形缝、雨水管	共检查 点，好 点，一般 点，差 点	
4		屋面	共检查 点，好 点，一般 点，差 点	
5		室内墙面	共检查 点，好 点，一般 点，差 点	
6		室内顶棚	共检查 点，好 点，一般 点，差 点	
7		室内地面	共检查 点，好 点，一般 点，差 点	
8		楼梯、踏步、护栏	共检查 点，好 点，一般 点，差 点	
9		门窗	共检查 点，好 点，一般 点，差 点	
10		雨罩、台阶、坡道、散水	共检查 点，好 点，一般 点，差 点	
1	给水排水与供暖	管道接口、坡度、支架	共检查 点，好 点，一般 点，差 点	
2		卫生器具、支架、阀门	共检查 点，好 点，一般 点，差 点	
3		检查口、扫除口、地漏	共检查 点，好 点，一般 点，差 点	
4		散热器、支架	共检查 点，好 点，一般 点，差 点	
1	通风与空调	风管、支架	共检查 点，好 点，一般 点，差 点	
2		风口、风阀	共检查 点，好 点，一般 点，差 点	
3		风机、空调设备	共检查 点，好 点，一般 点，差 点	
4		管道、阀门、支架	共检查 点，好 点，一般 点，差 点	
5		水泵、冷却塔	共检查 点，好 点，一般 点，差 点	
6		绝热	共检查 点，好 点，一般 点，差 点	
1	建筑电气	配电箱、盘、板、接线盒	共检查 点，好 点，一般 点，差 点	
2		设备器具、开关、插座	共检查 点，好 点，一般 点，差 点	
3		防雷、接地、防火	共检查 点，好 点，一般 点，差 点	
1	智能建筑	机房设备安装及布局	共检查 点，好 点，一般 点，差 点	
2		现场设备安装	共检查 点，好 点，一般 点，差 点	

（续）

工程名称			施工单位	
序号	项　　目		抽查质量状况	质量评价
1	电梯	运行、平层、开关门	共检查　点，好　点，一般　点，差　点	
2		层门、信号系统	共检查　点，好　点，一般　点，差　点	
3		机房	共检查　点，好　点，一般　点，差　点	
	观感质量综合评价			

结论：

施工单位项目负责人：×××　　　　　　　　　　　　　　　总监理工程师：×××
　　　　　　　　××××年××月××日　　　　　　　　　　　　　　　××××年××月××日

注：1. 对质量评价为差的项目应进行返修。
　　2. 观感质量检查的原始记录应作为本表附件。

1. 质量控制资料核查记录表的填写

按照 GB 50300—2013 的规定，质量控制资料核查按专业分共计 61 项内容，施工单位按所列质量控制资料的种类、名称进行检查，并填写份数，然后提交给监理单位验收。监理单位核查合格后，在"核查意见"栏填写对资料核查后的具体意见，如"齐全""符合要求"，施工、监理单位具体核查人员在"核查人"栏签字。总监理工程师确认符合要求后，在"结论"栏内填写综合性结论。施工单位项目负责人应在"结论"栏内签字、确认。具体填写示例见表 6-15。

表 6-15　单位工程质量控制资料核查记录

工程名称		北京龙旗广场筑业大厦		施工单位		北京工建标建筑有限公司	
序号	项目	资料名称	份数	施工单位		监理单位	
				核查意见	核查人	核查意见	核查人
1	建筑与结构	图纸会审记录、设计变更通知单、工程洽商记录	29	齐全有效	赵普	合格	韩云飞
2		工程定位测量、放线记录	10	齐全有效		合格	
3		原材料出厂合格证书及进场检验、试验报告	30	齐全有效		合格	
4		施工试验报告及见证检测报告	31	齐全有效		合格	
5		隐蔽工程验收记录	29	齐全有效		合格	
6		施工记录	20	齐全有效		合格	
7		地基、基础、主体结构检验及抽样检测资料	15	齐全有效		合格	
8		分项、分部工程质量验收记录	2	齐全有效		合格	
9		工程质量事故调查处理资料	6	齐全有效		合格	
10		新技术论证、备案及施工记录	1	齐全有效		合格	

2. 安全和功能检验资料核查及主要功能抽查记录表的填写

安全和功能检验资料核查及主要功能抽查记录表格包括两方面的内容：一是在分部（子分部）工程验收中进行的安全和功能检测的项目，要核查其检测报告结论是否符合设计要求；二是在单位工程验收进行的安全和功能抽测项目，要核查其项目是否与设计内容一致，抽测的程序、方法是否符合有关规定，抽测报告的结论是否达到设计要求及规范规定。施工单位按所列内容检查，并在"份数"栏填写实际数量后，提交给监理公司。其他栏目由监理单位总监理工程师或建设单位项目负责人组织核查、抽查并由监理单位填写抽查意见。建筑工程投入使用，最为重要的是确保安全和满足功能性要求，涉及安全和使用功能的分部工程应有检验资料，施工验收应对能否满足安全和使用功能的项目进行强化验收，对主要项目进行抽查记录，并填写此表。抽查项目是在核查资料文件的基础上，由参加验收的各方人员确定，然后按有关专业工程施工质量验收标准进行检查。本表中已列明安全和功能的各项主要检测项目，如果设计或合同有其他要求，经监理认可后可以补充。安全和功能的检测，如条件具备，应在分部工程验收时进行。分部工程验收时，凡已做过的安全和功能检测项目，单位工程验收时可不再重复检测，只核查该检测报告是否符合有关规定。具体填写示例见表 6-16。

表 6-16 单位工程安全和功能检验资料核查及主要功能抽查记录

工程名称		北京龙旗广场筑业大厦	施工单位		北京工建标建筑有限公司	
序号	项目	安全和功能检查项目	份数	核查意见	抽查结果	核查（抽查）人
1	建筑与结构	地基承载力检验报告	2	完整有效		刘东
2		桩基承载力检验报告	4	完整有效	抽查 4 项合格	
3		混凝土强度试验报告	11	完整有效		
4		砂浆强度试验报告	3	完整有效	抽查 3 项合格	
5		主体结构尺寸、位置抽查记录	6	完整有效		
6		建筑物垂直度、标高、全高测量记录	2	完整有效	抽查 2 项合格	
7		屋面淋水或蓄水试验记录	12	完整有效		
8		地下室渗漏水检测记录	12	完整有效		
9		有防水要求的地面蓄水试验记录	14	完整有效	抽查 14 项合格	
10		抽气（风）道检查记录	16	完整有效		
11		外窗气密性、水密性、耐风压检测报告	3	完整有效		
12		幕墙气密性、水密性、耐风压检测报告	2	完整有效		
13		建筑物沉降观测测量记录	12	完整有效		
14		节能、保温测试记录	6	完整有效		
15		室内环境检测报告	10	完整有效		
16		土壤氡气浓度检测报告	2	完整有效		

（续）

工程名称		北京龙旗广场筑业大厦	施工单位		北京工建标建筑有限公司	
序号	项目	安全和功能检查项目	份数	核查意见	抽查结果	核查（抽查）人
1	智能建筑	系统试运行记录	14	完整有效	抽查14项合格	韩云飞
2		系统电源及接地检测报告	6	完整有效		
3		系统接地检测报告	6	完整有效		
1	建筑节能	外墙热工性能	16	完整有效	抽查16项合格	刘东
2		设备系统节能性能	6	完整有效		
1	电梯	运行记录	4	完整有效	抽查4项合格	王江川
2		安全装置检测报告	4	完整有效		

结论：资料齐全有效，抽查结果全部合格

施工单位项目负责人：×××
　　　　　×××年××月××日

总监理工程师：×××
　　　　　×××年××月××日

3. 观感质量检查记录表的填写

（1）观感质量检查，是在工程全部竣工后进行的一项重要验收工作，用来全面评价一个单位工程的外观及使用功能质量。

（2）根据 GB 50300—2013 的规定，单位工程的观感质量验收分为"好""一般""差"三个等级。观感质量检查的方法、程序、标准等，均与分部工程相同，不同的是检查项目较多，属于综合性验收。其主要内容包括：核实质量控制资料；检查检验批、分项、分部工程验收的正确性；对在分项工程中不能检查的项目进行检查；核查各分部工程验收后到单位工程竣工时期间，工程的观感质量有无变化、损坏；等等。

（3）本表由总监理工程师组织验收成员，按表中所列内容，共同实际检查，协商得出质量评价、综合评价和验收结论意见。参加验收的各方代表，经共同实际检查，如果确认没有影响结构安全和使用功能等问题，可共同商定评价意见。在"结论"栏内填写"工程观感质量综合评价为好（或一般）"，验收合格。

（4）如有评价为"差"的项目，则属于不合格项目，应予以返工修理。这样的观感质量检查项目修理修补后需重新检查验收。

（5）"抽查质量状况"栏可填写具体检查数据。当数据较少时，可直接将检查数据填在表格内；当数据较多时，可简要描述抽查的质量情况，但应将检查原始记录附在本表后面。

（6）评价规则。评价规则有两种：一是参加验收各方现场协商、确定评价规则；二是可以参考下列评价规则。

① 观感质量检查项目有差评，则项目评为"差"；无差评，好评百分率≥60%，评价为"好"；其他评价为"一般"。

② 分部、单位工程观感综合评价检查项目有差评，则项目评为"差"；无差评，好评百分率≥60%，评价为"好"；其他评价为"一般"。

观感质量检查记录表填写示例见表 6-17。

表 6-17　单位（子单位）工程观感质量检查记录

工程名称		北京龙旗广场筑业大厦	施工单位	北京工建标建筑有限公司
序号		项　目	抽查质量状况	质量评价
1	建筑与结构	主体结构外观	共检查 10 点，好 9 点，一般 1 点，差 0 点	好
2		室外墙面	共检查 10 点，好 7 点，一般 3 点，差 0 点	好
3		变形缝、雨水管	共检查 10 点，好 8 点，一般 2 点，差 0 点	好
4		屋面	共检查 10 点，好 7 点，一般 3 点，差 0 点	好
5		室内墙面	共检查 10 点，好 8 点，一般 2 点，差 0 点	好
6		室内顶棚	共检查 10 点，好 7 点，一般 3 点，差 0 点	好
7		室内地面	共检查 10 点，好 7 点，一般 3 点，差 0 点	好
8		楼梯、踏步、护栏	共检查 10 点，好 8 点，一般 2 点，差 0 点	好
9		门窗	共检查 10 点，好 9 点，一般 1 点，差 0 点	好
10		雨罩、台阶、坡道、散水	共检查 10 点，好 10 点，一般 0 点，差 0 点	好
观感质量综合评价			好	

结论：评价好，观感质量合格

施工单位项目负责人：×××　　　　　　　　　　总监理工程师：×××

　　　　　×××年××月××日　　　　　　　　　×××年××月××日

4. 单位（子单位）工程质量竣工验收记录表的填写

1）填写基本要求

（1）单位工程完工和施工单位自检合格后，报请监理单位。监理单位组织进行工程竣工验收，合格后填写"单位工程质量竣工验收记录"，向建设单位提交工程竣工报告。

（2）工程竣工正式验收应由建设单位组织，参加单位包括设计单位、监理单位、施工单位、勘察单位等。验收合格后，验收记录上各单位必须签字并加盖公章，验收签字人应由相应单位法人代表书面授权。

（3）进行单位工程质量验收时，施工单位应同时填报"单位工程质量控制资料检查记录""单位工程安全和功能检查资料核查及主要功能抽查记录""单位工程观感质量检查记录"，作为"单位工程质量竣工验收记录"的附表。

2）表格填写说明

表头的填写按分部（子分部）表的表头要求填写。验收记录由监理单位填写，验收结论由监理单位填入具体的验收结论。具体填写方式如下。

（1）"分部工程验收"栏根据"分部工程质量验收记录"填写。所含各分部工程，由竣工验收组成员共同逐项核查。

（2）"质量控制资料核查"栏根据"单位工程质量控制资料核查记录"的核查结论填写。建设单位组织由各方代表组成的验收组成员或委托监理工程师，按照"单位工程质量控制资料核查记录"的内容，对资料进行逐项核查。

（3）"安全和使用功能核查及抽查结果"栏，根据"单位工程安全和功能检验资料核查及主要功能抽查记录"的核查结论填写。对于分部工程验收时已经进行了安全和功能检测的项目，单位工程验收时不再重复检测。但要核查单位工程验收时按规定、约定或设计要求需要进行的安全及功能检测的项目是否都进行了检测，具体检测项目有无遗漏。抽测的程序、方法是否符合规定，抽测结论是否达到设计要求及规范规定。

（4）"观感质量验收"栏根据"单位工程观感质量检查记录"的检查结论填写。建设单位组织验收组成员，对观感质量进行抽查，共同做出评价。观感质量评价分为"好""一般""差"三个等级。

（5）"综合验收结论"栏应由参加验收各方共同商定，并由建设单位填写，主要对工程质量是否符合设计和规范要求及总体质量水平做出评价。

3）单位（子单位）工程质量竣工验收记录表填写举例（表6-18）

表6-18　单位工程质量竣工验收记录

工程名称	北京龙旗广场筑业大厦	结构类型	框架-剪力墙结构	层数/建筑面积	20/12038m²
施工单位	北京工建标建筑有限公司	技术负责人	任东海	开工日期	2014 年 6 月 2 日
项目负责人		项目技术负责人	曾小墨	完工日期	2014 年　　月　　日

（续）

序号	项 目	验 收 记 录	验 收 结 论
1	分部工程验收	共10分部，经查符合设计及标准规定10分部	所有分部工程质量验收合格
2	质量控制资料核查	共52项，经核查符合规定52项	质量控制资料全部符合相关规定
3	安全和使用功能核查及抽查结果	共核查65项，符合规定65项，共抽查23项，符合规定23项，经返工处理符合规定0项	检查及抽查项目全部符合规定
4	观感质量验收	共抽查31项，达到"好"和"一般"的31项，经返修处理符合要求的0项	好
	综合验收结论	工程质量合格	

参加验收单位	建设单位	监理单位	施工单位	设计单位	勘察单位
	（公章）项目负责人：×××××××年××月××日	（公章）总监理工程师：×××××××年××月××日	（公章）项目负责人：×××××××年××月××日	（公章）项目负责人：×××××××年××月××日	（公章）项目负责人：×××××××年××月××日

6.2 公路工程质量评定表格

公路工程质量评定表格为公路工程质量检验评定标准规定用表，包括分项工程质量检验评定表、分部工程质量检验评定表、单位工程质量检验评定表。

6.2.1 分项工程质量检验评定表

1. 基本要求

该表格（表6-19）由施工单位按其所列基本要求、实测项目、外观鉴定、质量保证资料进行自查，并提交真实、完整的自查材料。

表 6-19　分项工程质量检验评定表

分项工程名称：　　　　　　　　工程部位：（桩号、墩台号、孔号）　　　　所属建设项目（合同段）：

所属分部工程名称：　　　　　所属单位工程：　　　施工单位：　　　　分项工程编号：

基本要求														
实测项目	项次	检查项目	规定值或允许偏差	实测值或实测偏差值										质量评定		
				1	2	3	4	5	6	7	8	9	10	平均值、代表值	合格率/%	合格判定
	外观质量									质量保证资料						
	工程质量等级评定															

检验负责人：　　　　检测：　　　记录：　　　复核：　　　　　年　月　日

2. 表格填写说明

（1）表头部分分项工程名称、所属分部工程名称、所属单位工程名称和所属建设项目分别填写该工程项目开工时所划分的分项工程、该分项工程所属的分部工程、该分项工程所属分部工程所属的单位工程、该分项工程所属分部工程所属单位工程所属的建设项目的名称。工程部位填写该分项工程所在的桩号、墩台号、孔号等。施工单位填写该工程的施工单位的全称。

（2）《公路工程质量检验评定标准　第一册　土建工程》（JTG F80/1—2017）（以下简称《公路标准》）对各分项工程验收基本要求的主要点均有具体规定，在进行分项工程验收时，应将相应分项工程基本要求填入基本要求栏即可。

（3）"实测项目"栏的"检查项次""检查项目""规定值或允许偏差"，在《公路标准》中的各个分项的实测项目条款中都有明确规定，填表时直接将这些内容填于相应栏目即可。"实测值或实测偏差值"栏填写按《公路标准》中的各分项工程的各个检查项次项目的检查方法和频率所测得的数据。

（4）"质量评定"栏中的"平均值、代表值"根据"实测值或实测偏差值"栏的数值和相应规范规定所计算得到平均值或取定的代表值填写。检查项目"合格率/%"的计算式见式(6-1)。根据合格率来判断是否合格。

$$检查项目合格率(\%)=\frac{合格的点（组）数}{该检查项目的全部检查点（组）数}\times100 \qquad (6-1)$$

（5）对工程外观质量状况应进行全面检查，对于明显的外观缺陷，施工单位应采取措施进行整修或返工处理后再进行评定。

（6）在分项工程验收时，施工单位应提交齐全、真实和系统的施工资料和图表。质量保证资料应包括所用材料、半成品和成品的质量检验结果，材料配合比、拌和加工控制检验和试验数据，地基处理和隐蔽工程施工记录，各项质量控制指标的试验记录和质量检验汇总图表，施工过程中遇到的非正常情况记录及其对工程质量影响分析，施工中如发生质量事故，经处理补救后，达到设计要求的认可证明文件等六方面内容。

（7）检验负责人、检测、记录、复核处，分别由检验负责人、检测人、记录人、复核人签字。最后填写该分项工程检验评定的日期。

3.分项工程质量检验评定表填写举例（表6-20）

表 6-20 水泥混凝土面层分项工程质量检验评定表

分项工程名称：水泥混凝土面层　　　　工程部位：K11+000～K12+000　　　所属建设项目（合同段）：

所属分部工程名称：路面工程　　　　　所属单位工程：

施工单位：×××××工程公路建设有限公司　　　　　　　　　　　　　　　分项工程编号：

基本要求	1. 基层质量应符合规范规定并满足设计要求，表面清洁、无浮土。 2. 接缝填缝料应符合规范规定并满足设计要求。 3. 接缝的位置、规格、尺寸及传力杆、拉力杆的设置应满足设计要求。 4. 混凝土路面铺筑后按施工规范要求养护。 5. 应对干缩、温缩产生的裂缝进行处理。

项次	检查项目	规定值或允许偏差	实测值或实测偏差值										质量评定		
			1	2	3	4	5	6	7	8	9	10	平均值、代表值	合格率/%	合格判定
1△	弯拉强度/MPa	在合格标准内												100	合格
2△	板厚度/mm	代表值-5，合格值-10，极值-5												100	合格
3	平整度/mm	5												100	合格
4	抗滑构造深度/mm	0.7～1.1												100	合格
5	横向力系数SFC	50												100	合格
6	相邻板高差/mm	2												100	合格
7	纵、横缝顺直度/mm	10												100	合格
8	中线平面偏位/mm	20												100	合格
9	路面宽度/mm	±20												100	合格
10	纵断高程/mm	±10												100	合格
11	横坡/%	±0.15												100	合格
12	断板率	0.2												100	合格
外观质量		路面侧石不够直顺，曲线不够圆滑					质量保证资料							资料整齐、完整、真实		
工程质量等级评定											合格					

检验负责人：×××　　　　　　　　检测：×××　　　　　　　　记录：×××

复核：×××　　　　　　　　　　　　　　　　　　　　　　　××年×月×日

6.2.2 分部工程质量检验评定表

1. 表格填写说明

（1）该表格（表6-21）表头部分分部工程名称、所属单位工程名称、所属建设项目分别填写该工程项目开工时所划分的分部工程、该分部工程所属的单位工程、该分部工程所属单位工程所属的建设项目的名称。工程部位填写该分部工程所在的桩号、墩台号、孔号等。施工单位填写该工程的施工单位的全称。

表6-21　分部工程质量检验评定表

分部工程名称：　　　　　　　　　　　　　　工程部位：（桩号、墩台号、孔号）

所属单位工程：

所属建设项目（合同段）：

施工单位：　　　　　　　　　　　　　　　　分部工程编号：

分 项 工 程			备注
分项工程编号	分项工程名称	质量等级	

外观质量	
评定资料	
质量等级	
评定意见	

检验负责人：　　　　记录：　　　　复核：　　　　　年　月　日

（2）表中"分项工程"栏中"分项工程名称"栏分别填写本分部工程所含的各分项工程名称。"质量等级"栏填写该分项工程经评定的质量等级。其质量标准为：所属各分项工程全部合格，则该分部工程为合格；反之，所属任一分项工程不合格，则该分部工程为不合格。

（3）检验负责人、记录、复核处，分别由检验负责人、记录人、复核人签字。最后填写该分部工程检验评定的日期。

2．分部工程质量检验评定表填写举例（表6-22）

表 6-22　路面分部工程质量检验评定表

分部工程名称：路面工程　　　　　　　　　　　　　工程部位：K11＋000～K12＋000
所属单位工程：路面工程
所属建设项目（合同段）：
施工单位：××××××工程公路建设有限公司　　　　分部工程编号：

分 项 工 程			备注
分项工程编号	分项工程名称	质量等级	
1	水泥砂砾底基层	合格	
2	水泥砂砾基层	合格	
3	水泥混凝土面层	合格	
4	路肩	合格	
外观质量	满足要求		
评定资料	完整		
质量等级	合格		
评定意见	所属各分项工程全部合格，该分部工程评定为合格		

检验负责人：×××　　　记录：×××　　　复核：×××　　　××年×月×日

6.2.3　单位工程质量检验评定表

1．表格填写说明

（1）该表格（表6-23）表头部分单位工程名称、所属建设项目分别填写本单位工程、本单位工程所属建设项目名称；工程地点、桩号填写本单位工程所在的地点、桩号；施工单位填写该工程的施工单位的全称。

表6-23 单位工程质量检验评定表

单位工程名称：　　　　　　　　　　　　　　　　工程地点、桩号：

所属建设项目（合同段）：

施工单位：　　　　　　　　　　　　　　　　　　单位工程编号：

分 项 工 程			备注
分项工程编号	分项工程名称	质量等级	
外观质量			
评定资料			
质量等级			
评定意见			

检验负责人：　　　　记录：　　　　复核：　　　　　　年　月　日

（2）在"分部工程"栏中，"分部工程名称"栏分别填写本单位工程所包含的各分部工程的名称。"质量等级"栏填写该分部工程经评定的质量等级。其质量标准为：所属各分部工程全部合格，则该单位工程为合格；反之，所属任一分部工程不合格，则该单位工程为不合格。

（3）检验负责人、记录、复核处，分别由检验负责人、记录人、复核人签字。最后填写该分部工程检验评定的日期。

2. 单位工程质量检验评定表填写举例（表6-24）

表6-24 路面单位工程质量检验评定表

单位工程名称：路面工程　　　　　　　　　　工程地点、桩号：YK7＋000～K12＋000

所属建设项目（合同段）：

施工单位：××××××工程公路建设有限公司　　　单位工程编号：

分 项 工 程			备注
分项工程编号	分项工程名称	质量等级	
1	ZK6＋800～ZK8＋000 路面工程	合格	
2	ZK8＋000～ZK9＋000 路面工程	合格	
3	YK7＋000～YK8＋000 路面工程	合格	

（续）

分 项 工 程			备注
分项工程编号	分项工程名称	质量等级	
4	YK8＋000～YK9＋000 路面工程	合格	
5	K9＋000～K10＋000 路面工程	合格	
6	K10＋000～K11＋000 路面工程	合格	
7	K11＋000～K12＋000 路面工程	合格	

外观质量	满足要求
评定资料	完整
质量等级	合格
评定意见	单位工程评定为合格

检验负责人：×××　　　　记录：×××　　　　复核：×××　　　　××年×月×日

复习思考题

1. 建筑工程的检验批、分项工程、分部（子分部）工程、单位（子单位）工程质量验收记录表的编号是如何进行的？

2. 建设监理如何进行建筑工程检验批的主控项目和一般项目栏的质量验收？

3. 主体分部（子分部）工程质量验收应由哪些单位参加？参加验收的人员如何评价主体分部（子分部）工程质量？

4. 单位（子单位）验收记录表由哪几种表格组成？各种表格如何填写？

5. 公路工程中分项工程质量检验的内容有哪些？如何填写分项工程检验评定表？

6. 简述公路工程的分部工程、单位工程质量检验评定表的填写方法。

第7章

建设工程质量检测与试验

教学目标

本章主要讲述建设工程施工质量检测的依据、内容和方法，主要有结构构件表面缺陷和裂缝检测，结构构件强度和应力检测，钢筋检测，路面工程检测。通过本章学习，达到以下目标：

(1) 熟悉建设工程施工质量检测的依据、内容和方法；

(2) 掌握结构构件表面缺陷和裂缝检测；

(3) 掌握结构构件强度和应力检测；

(4) 熟悉钢筋检测；

(5) 掌握路面工程检测。

教学要求

知识要点	能力要求	相关知识
建设工程施工质量检测的依据、内容和方法	(1) 熟悉建设工程施工质量检测的依据； (2) 熟悉建设工程质量检测内容分类； (3) 熟悉建设工程质量检测程度； (4) 熟悉建设工程质量检测方法	(1) 建设工程合同文件； (2) 建设工程技术文件； (3) 工程整体性能检测； (4) 免检； (5) 无损检测
结构构件表面缺陷和裂缝检测	(1) 了解混凝土与砌体裂缝分类； (2) 熟悉混凝土与砌体裂缝检测项目； (3) 熟悉常用检测方法； (4) 掌握混凝土裂缝深度检测方法； (5) 掌握混凝土结构构件内部缺陷检测方法	(1) 裂缝的概念； (2) 超声波原理
结构构件强度、应力检测	(1) 掌握回弹法检测混凝土强度； (2) 掌握超声回弹综合法检测混凝土强度； (3) 掌握钻芯法检测混凝土强度； (4) 掌握筒压法检测砌筑砂浆抗压强度； (5) 熟悉原位轴压法和扁顶法测试砌体抗压强度的方法	(1) 回弹法测强原理； (2) 超声回弹综合测试原理； (3) 筒压法原理
钢筋检测	(1) 掌握钢筋位置和锈蚀程度检测方法； (2) 熟悉混凝土内钢筋锈蚀程度检测	(1) 钢筋锈蚀原理； (2) 电磁感应原理； (3) 自然电位
路面工程检测	(1) 熟悉路面几何尺寸及厚度的检测； (2) 熟悉路基路面回弹弯沉检测； (3) 掌握路面压实度检测； (4) 掌握路面平整度检测； (5) 熟悉路面抗滑性能检测	(1) 回弹弯沉值； (2) 压实系数； (3) 路面表面构造深度

基本概念

建设工程合同文件，建设工程技术文件，工程整体性能检测，免检，无损检测，裂缝的概念，超声波原理，回弹法测强原理，超声回弹综合测强原理，筒压法原理，钢筋锈蚀原理，电磁感应原理，自然电位，回弹弯沉值，压实系数，路面表面构造深度。

引言

"百年大计，质量第一。"建设工程质量检测为建设工程质量管理提供了科学保障。按照建设程序，依靠技术手段，深入了解和定量分析建筑材料、结构等的技术性能，结构构件的几何尺寸、表面特征等，适时对工程质量情况做出正确判断，实现工程质量监控，并达到防范工程质量缺陷与隐患的目的。例如，通过超声法测试混凝土构件的裂缝深度和内部缺陷，可检查预制混凝土构件的质量；通过回弹法或超声回弹综合法测试硬化混凝土的强度，可控制混凝土的质量；通过路基压实度检测，可检查路基质量；通过路面平整度和抗滑性能检测，可检查路面质量。

7.1 建设工程质量检测概述

7.1.1 建设工程施工质量检测的依据

（1）建设工程合同文件。参建各方必须按照建设工程合同的要求履行各自的权利和义务，实现合同中的承诺，如必须满足合同文件所要求的工期、质量和费用要求等。其中有关工程质量的条款是施工质量检测的依据之一。

（2）建设工程设计文件。按图施工是施工质量控制的重要原则，但前提条件是设计单位提供的施工图要进行必要的审查和审核。图纸审查机构审查不合格的图纸不能用于指导工程施工，也即不能作为工程施工的依据。通过审查机构审查的图纸，开工前应经有关部门组织图纸会审和设计交底，以便施工单位了解设计意图和质量要求，及时发现图纸差错和减少质量隐患。在施工过程中，施工单位如发现设计中存在矛盾或安全隐患，应按程序及时向有关部门反映。

（3）国家及政府有关部门颁布的有关质量管理方面的法律、法规性文件。如《中华人民共和国建筑法》《建设工程质量管理条例》等，是建设行业质量管理方面必须遵循的基本法规文件。

（4）有关质量检验与控制的专门技术法规性文件。这类文件包括有关的国家标准、行业标准、地方标准等，用以规定工程质量检验及验收标准，以及材料、半成品或构配件的技术检验和验收标准。如原材料质量检验中水泥的检验依据有《通用硅酸盐水泥》（GB 175—2007）、《水泥化学分析方法》（GB/T 176—2008）、《水泥胶砂强度检验方法（ISO 法）》（GB/T 17671—1999）、《水泥细度检验方法（筛析法）》（GB/T 1345—2005）、《水泥标准稠度用水量、凝结时间、安定性检验方法》（GB/T 1346—2011）等；又如建筑施工工序质量检验中桩基础的检验依据有《建筑桩基技术规范》（JGJ 94—2014）、《建筑基桩检测技术规范》（JGJ 106—2014）、《建筑地基基础工程施工质量验收规范》（GB 50202—2013）等；工程项目施工质量验收标准有《建筑工程施工质量验收统一标准》（GB 50300—2013）、《混凝土结构工程施工质量验收规范》（GB 50204—2015）、《建筑装饰装修工程质量验收规范》（GB 50210—2016）等。

7.1.2　建设工程质量检测内容分类

建设工程质量检测的内容很丰富，综合起来，可分为如下几类。

1．工程材料质量检测

主要是工程中用量较大且影响建设工程结构与使用性能的材料，如水泥、钢筋、沥青、砂、石材料等，主要检测其性能是否符合有关规定。

2．成品、半成品质量检测

工程中使用的各种砖、砌块、砂浆、混凝土、预制构件、门窗、管道和建设工程中的各种设备，主要检测其强度等性能是否满足结构安全与使用要求，如给水排水、采暖制冷、通风照明等方面的设备。

3．工程几何特征检测

主要是建设工程中建筑物、构筑物、预制构件等的几何尺寸，表面特征（如墙面垂直度），楼地面、路基与路面的平整度、压实度、结构层厚度等。

4．工程整体性能检测

如房屋的荷载试验，桥梁的静荷载、动荷载试验等。

7.1.3　建设工程质量检测程度

建设工程质量检测的程度，按检测对象被检测的数量大小可划分为以下几种。

1．全数检测

全数检测也叫普遍检测。全数检测是对总体中的全部个体逐一观察、测量、记数、登记，从而获得对总体质量水平评价结论的方法。该方法主要用于便于以数计量且数量不大而重要性突出的材料、构配件、设备等。全数检测一般比较可靠，能提供全面的质量信息，但要消耗大量的人力、物力、财力和时间，特别是不能用于具有破坏性的检测，应用上具有局限性。

2．抽样检测

抽样检测的目的是通过检测部分样品或测点，统计出质量数据的特征，再根据质量数据分布特征的规律性，运用概率数理统计的方法来推断质量状况，找出影响质量稳定的偶然性原因和系统性原因，为进一步的质量控制提供科学依据。

抽样检测通常是指随机抽样检测，即按照随机抽样的原则，从总体中抽取部分个体组成样本，根据对样品进行检测的结果，推断总体质量水平的方法。对于主要的建筑材料、半成品或工程产品等，由于数量大，大多采取抽样检测，即从一批材料或产品中，随机抽取少量样品进行检测，并根据对其数据统计分析的结果，判断该批产品的质量状况。抽样检测抽取样品应不受检验人员主观意愿的支配，每个个体被抽中的概率都相同，从而保证了样本在总体中的分布比较均匀，有充分的代表性。随机抽样检测具有检验数量少、比较经济、检验所需的时间较少等优点，适合于需要进行破坏性试验的检测项目。

随机抽样检验的具体方法有简单随机抽样、分层抽样、等距抽样、整群抽样、多阶段抽样等。

3. 免检

免检就是在某种情况下，可以免去质量检验过程。对于已有足够证据证明质量有保证的一般材料或产品，或实践证明其产品质量长期稳定、质量保证资料齐全，或是某些施工质量只有通过在施工过程中的严格质量监控，而质量检验人员很难对产品内在质量再做检验的，均可考虑采取免检。免检一般代表对某生产企业的某种产品质量的高度信任，需由政府主管部门或权威专业质量管理机构确定并对外公布。

7.1.4 建设工程质量检测方法

对于现场所用的原材料、成品、半成品质量进行检测的方法，一般可分为三类：目测法、量测法及试验法。

1. 目测法

目测法也叫观感检验，即凭感官进行检查。这类方法主要是根据质量要求，采用看、摸、敲、照等手法对检测对象进行检查。

1）看

"看"是检查采用的主要手段之一，包括现场施工质量和内业资料，均需以各种规范、规程、标准、规定的要求为准，进行对照检查。

在竣工验收时，观感评定的主要手段就是"看"，如大角、横竖线角是否顺直；上下各层窗口、阳台栏板和排水管等是否上下对正；外墙饰面的面层色泽是否一致；电气避雷线是否顺直、支点间距是否一致等。

"看"作为检查的首要手段，看似容易，但要掌握规范、标准并据以确定质量等级却不是简单的事。一要牢记对各项目的有关规定；二要有较丰富的检测经验，能肯定优点、看出问题；三要出以公心，具有良好的职业道德才能进行准确的定级和评定。

以"看"为主，同时要辅以其他手段，多种方法并举，才能取得良好效果。如楼梯踏步高差，由于放线错误或标高计算有误等，产生的即使是肉眼能看出的较大误差，但要判断高差是否在验收规范容许的范围之内，还要辅以"量"的方法。

2）摸

"摸"是通过手或身体其他部位的感觉，如与产品表面的接触、摩擦、摇晃等，来判别其做法是否适宜、表面是否光滑、连接是否牢固等。

如在外檐检查中，对水刷石、干粘石等饰面层，可用手掌轻拍后立即向外水平移开，检查其掉粒情况和掉粒程度，以确定其黏结效果。对大角、勒脚上口、门窗口等棱角，可用手"摸"其是否圆滑；对涂料面层可用手"摸"其是否掉粉，"摸"抹灰的光滑程度等。对安装于外墙的设施如雨水管，可用力扳动或外拉雨水管卡子，检查其埋设是否牢固。摇动楼梯栏杆扶手，根据其晃动情况来检查其刚度。用手晃一晃模板的支柱及拉杆，来检查其受力效果；用脚蹬一蹬平台及梁帮，来检查其稳定性。钢筋骨架的绑扎刚度，可通过晃动来检查等。

3）敲

"敲"是通过工具，如结构检查锤、装修检查锤、焊接检查锤等进行检查。检查不同对象和项目，应采用不同类型的锤。

手持小锤，沿墙面、地面轻轻敲击，可根据其响声不同来判别有无空鼓；对地板革地面和卷材屋面采用敲击检查一般难以确认，可改用小锤水平划拉来判断黏结不牢之处。对混凝土工程，应采用一头为平面、一头为锥尖形的检查锤（图7.1），检查混凝土表面强度及蜂窝、孔洞、夹渣、露筋及烂根等缺陷，包括混凝土结构的墙、梁、柱、门窗洞口等的表面及顶部和根部，还有施工接槎部位、砖混结构的构造柱等。对混凝土的外观缺陷，应敲击至混凝土密实层才能确认其缺陷类型，如有的工程表面看有极小的缺浆处，用小锤尖端敲击，即可发现混凝土内部严重漏振、出现大孔洞等。装修检查小锤有金属锤、木质锤或塑料锤，一般应小于结构检查锤，形状有球形、圆柱形或多边柱体。在施工过程中应随时认真检查控制，以划拉、滑移方式检查，听声响判断有无空鼓。

4）照

"照"是借助于光感的目测检查手段。它分为四种情况：一是利用检查镜（图7.2）的反射作用观察用眼难以看到的部位；二是利用光源的直线"照"射作用，观察平面的平整情况；三是作为光源"照"射较黑暗部位；四是利用光学器械摄影备查。

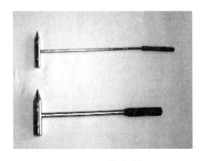

图 7.1　检查锤

图 7.2　检查镜

在施工过程中，从开工放线到基础、上部结构、装修直至竣工交付使用的全部施工阶段的重要过程、关键部位都要做记录。发现违章事件、质量事故、粗糙节点和错误做法等均应留影备查。结构施工中，模板支设后要求在柱子根部及构造柱底部留扫出口，对柱内杂物用冲洗、风吹等方法进行清理，对其处理效果可以采用手电筒"照"来进行检查。对高层建筑的电梯井、烟囱、水塔和筒仓等高大构筑物，可以利用激光控制垂直度；对大面积的楼板、抹灰地面、道路铺设、广场铺砖等作业中，也可利用激光找平控制平整度。

对油漆工程，如发生在门窗扇、壁柜、吊柜的上面和小面，厕所、厨房、浴室、盥洗室等用水房间门窗扇的下面和小面，窗帘盒的上部，暖卫工程散热片及管子背后，电气工程的支架、箱盘背面等容易漏刷的肉眼又看不到的部位，可采用镜子"照"的方法来检查。作为操作者应随身自带小镜子，以便自查；作为检查人员应随时抽查，发现问题及时处理。

对抹灰、刮腻子、刷浆或涂料的顶棚，从地面看不出多大差异，但打开灯具"照"射，其问题便会暴露无遗。检查墙面平整度，可从一端横向或斜向用手电筒"照"射，或一人照射一人观察；地面平整度也可通过"照"的方法来检查。

2. 量测法

量测法是利用量测工具或计量仪表，通过实际量测结果与规定的质量标准或规范要求相对照，从而判断质量是否符合要求。量测法的手段可归纳为：靠、吊、量、套。

1）靠

"靠"是利用工具检查是否平整的手段，如利用直尺检查诸如地面、墙面的平整度等，是实测实量中确认偏差值的主要手段。"靠"主要用来检查凹凸、高差、坡度三种情况。"靠"的主要工具是 2m 或 1m 的长靠尺、直尺、水平尺、坡度尺及配套使用的楔形塞尺等（图 7.3 和图 7.4）。

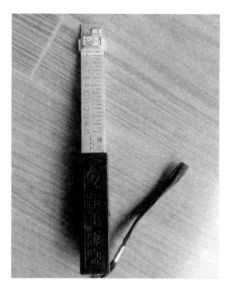

图 7.3 塞尺

图 7.4 靠尺、塞尺使用示意

"靠"平整度，可横"靠"、竖"靠"，也可斜"靠"。一般采用长尺来控制高差，用专用的坡度尺来检查坡度。

检查既要注意全面，又要突出重点。在平整方面，阴角、接槎、过口、地漏、下水口等处和不同材质交接处等易出现较大偏差。在高差方面，大面一般较好，边角通常较差；墙面偏差易发生在门窗膀口及洞上部分。在坡度方面，厕所、浴室、盥洗室、窗台等应作为检测重点。

2）吊

"吊"是利用托线板和线锤等工具检查和控制垂直度的手段。托线板一般长 2m，木工"吊"门框窗口用的多为 1.5m 长，瓦工砌砖操作用的以 1m 长的为主。

钢筋混凝土墙柱立筋绑扎必须"吊"垂直。独立柱钢筋立主筋、绑定位筋后，应吊垂直、加绑斜向加强筋后再用箍筋逐个固定，固定过程中还应随时观察"吊"直；柱与墙、墙与墙交接处，从立筋到绑横筋，要随时观察、调整垂直度；清水墙面应控制上下层窗膀垂直对正，阳台位置应"吊"正，尤其是墙面立缝，要认真控制游丁走缝。门窗安装必须"吊"垂直。

3）量

"量"是指用量测工具或计量仪表等检查断面尺寸、轴线、标高、温度、湿度等数值并确定其偏差。"量"包括尺寸、质量、容积三个方面。"量"的工具有：尺寸范畴的有直尺、盒尺、折尺、钢尺、卡尺、量规、角度尺等；质量范畴的有磅秤、台秤、杆秤和天平等；容积范畴的有量杯、量筒、灰土斗和车子等。

尺量的范围十分广泛，除"靠""吊"使用较多外，楔形塞尺使用也较多，平整、垂直、高差、坡度都要使用，如量门窗口底边与地面之间的留缝尺寸，量板块之间相交的缝隙等。在"看"的方法中，若发现偏差时，通常要以尺"量"来确认。隐蔽工程验收中，如钢筋的规格尺寸、锚固及搭接长度、排列间距、管道的坡度和焊缝长度、电气避雷引上线焊缝长度等都要采用"量"的方法。

结构施工中，计"量"特别重要。如施工中对原材料（砂、石、水泥、水、外加剂等）的严格计量，是保证混凝土、砂浆配合比准确的重要手段。原材料的取样检验要采用"量"的方法。

从对质量的重要性和本质而言，计"量"的很多方面应更重于尺"量"。各种检查验收和评定活动，都要严格贯彻内外业并重、前后台并重、检验与实测并重的原则。就内业资料而言，它是施工过程中"量"的成果的集中反映；隐蔽工程预检和施工记录中虽无数据概念，但其部位、项目有无漏缺项，也是"数""量"的统计；后台计"量"、检验计"量"、操作计"量"和资料计"量"都应及时做好。

4）套

"套"，是指以方尺（图 7.5）套方辅以塞尺，检查诸如踏角线的垂直度、预制构件的方正、门窗口及构件的对角线等。方尺是"套"方的工具，检查方正应将方尺与塞尺配套使用，以测定方正偏差值；经纬仪是控制角度的主要仪器，用于建筑工程中的放线和打角；三角板、量角仪、圆规等用来确定和控制角度。

图 7.5　方尺

151

"套"方主要用于下述部位：内外装饰工程、散水的阴阳角和门窗洞口等所有垂直相交的两个面；墙裙、踢脚线与地面相交的两个面；突出墙面的窗台、窗楣及窗台两侧伸出的部分等所有垂直相交的两个面或两条线。

定位、基础和结构放线时，要用经纬仪认真测定并做到闭合，线要直、角要方，柱子应采用四边放线来控制柱位，以保证钢筋位置和有效的保护层厚度；门窗洞口位置放线，应准确方正，并弹斜线示明；由下层向上引垂直线时，应以经纬仪为主、线坠为辅；电梯井要作为控制方正的重点。

"套"方、找方，贯穿在施工过程中，从施工准备、放线开始，直到检查验收的全过程必须严肃认真对待。

上述"看""摸""敲""照""靠""吊""量""套"八种方法是质量检测的基本方法，既彼此独立，又互为补充、相辅相成，作为施工过程中的操作者、检查者、指挥者、验收者都应熟练掌握。

3. 试验法

目测法与量测法一般仅能检测建筑物、构筑物、材料、成品、半成品及设备等的表面特征，而有关的物理、化学、力学等性能则要通过相关试验进行检测。

所谓试验法就是指通过现场试验或实验室试验等理化试验手段，取得数据，分析判断材料、构配件及工程结构等的质量情况。建设工程施工过程中涉及的试验项目很多，表7-1仅列出了一些常用试验的检验项目与主要仪器设备，其具体试验与检验方法请查阅相关书籍资料。

表7-1 常用试验检验项目仪器设备汇总表

试（检）验名称	试（检）验项目	主要仪器设备
水泥试验	细度测定	负压筛析仪、天平等
	标准稠度用水量测定	水泥净浆搅拌机、标准稠度测定仪
	水泥凝结时间测定	凝结时间测定仪
	水泥安定性测定	沸煮箱、雷氏夹、膨胀值测定仪
	水泥胶砂强度检验	水泥胶砂搅拌机，试体成型振实台、试模、抗折、抗压试验机
混凝土骨料试验	砂的筛分析试验	试验筛、天平、摇筛、烘箱等
	砂的表观密度试验	天平、容量瓶、烘箱、干燥器等
	砂的堆积密度试验	台秤、容量筒、烘箱、漏斗等
	碎卵石筛分析试验	各孔径试验筛、天平、台秤、烘箱等
	碎卵石表观密度试验	天平、广口瓶、试验筛、烘箱等
	碎卵石堆积密度试验	磅秤、容量筒、铁铲、烘箱
普通混凝土试验与检测	拌合物和易性测定	坍落度筒、维勃稠度仪、捣棒
	拌合物表观密度试验	容量筒、台秤、振动台、捣棒等
	立方体抗压强度试验	压力试验机、振动台、试模
	混凝土结构强度检测	回弹仪、超声波检测仪、钻芯机等

（续）

试（检）验名称	试（检）验项目	主要仪器设备
砂浆试验	砂浆稠度试验	稠度仪、台秤、捣棒、拌锅等
	砂浆分层度试验	分层度测定仪等
	砂浆抗压强度试验	压力试验机、试模等
烧结普通砖试验	外观质量检查	砖用卡尺、钢直尺
	抗压强度试验	压力机、锯砖机等
钢筋试验	拉伸试验	万能材料试验机、量爪游标卡尺
	冷弯试验	万能材料试验机、不同直径弯心
石油沥青试验	针入度测定	针入度仪、标准针、试样皿、水浴、温度计等
	延度测定	延度仪、试件模具、金属皿、温度计、水浴等
	软化点测定	软化点测定仪、水银温度计、电炉等
土工试验	剪切试验	剪切仪、百分表等
	压缩试验	固结仪、百分表、烘箱等
	液塑限试验	光电式液塑限仪、烘箱等
	膨胀试验	膨胀仪等
	温缩试验	温度控制仪、压缩仪、百分表
	密实度试验	密实度测试仪
	强度试验	三轴仪、无侧限抗压仪等
桩基检测试验	静载试验	千斤顶、百分表、支架、承压表、堆载等
	大应变检测	PDA 打桩分析仪
	小应变检测	PIT 桩结构完整性分析仪
路基路面检测	路基压实度检测（环刀法）	电动取土器、人工取土器、天平、铁锤、凿子、铝盒、修土刀等
	沥青路面压实度检测（钻芯法）	路面取芯机、路面切割机、天平、取样袋等
	路基路面平整度检测	3m 直尺与连续式平整度仪
	路面抗滑性能检测	人工铺砂仪、量砂、量尺等（测定路面构造深度）、摆式仪、橡胶片、标准量尺等（测定路面摩擦系数）
桥梁结构试验	静荷试验	加载设备（车辆、重物、专用加力架）、测试仪器（精密水准仪、百分表）
	动荷试验	激振器、传感器、数据采集分析系统

除上述常用试验外，对已完成的工程、构配件、设备等多采用无破损检测，其检测方法、特点、用途、条件等参见表 7-2。

表 7-2　无破损检测汇总表

序号	检测方法	特　　点	用　　途	限　制　条　件
1	轴压法	① 直接在墙体上测试，能综合反映材料的质量和施工质量； ② 直观、可比性强； ③ 设备较重； ④ 检测部位局部破损	检测普通砖砌体的抗压强度	① 槽间砌体每侧的墙体不应小于 1.5m； ② 同一墙体上的测点数量不宜多于 1 个；测点数量不宜太多； ③ 限用于 240mm
2	扁顶法	① 直接在墙体上测试，能综合反映材料的质量和施工质量； ② 直观、可比性强； ③ 扁顶重复使用率较低； ④ 砌体强度较高或轴向变形较大时，难以测出抗压强度； ⑤ 设备较轻便； ⑥ 检测部位局部破损	① 检测普通砖砌体的强度； ② 测试古建筑和重要建筑； ③ 测试具体工程的砌体弹性模量	① 槽间砌体每侧的墙体不应小于 1.5m； ② 同一墙体上的测点数量不宜多于 1 个；测点数量不宜太多
3	原位单剪法	① 直接在墙体上测试，能综合反映材料的质量和施工质量； ② 直观性强； ③ 检测部位局部破损	检测各种砌体的抗剪强度	① 测点宜选在窗下墙部位，且承受反作用力的墙体应有足够长度； ② 测点数量不宜太多
4	原位单砖双剪法	① 直接在墙体上测试，能综合反映材料的质量和施工质量； ② 直观性强； ③ 检测部位局部破损	检测烧结普通砖砌体的抗剪强度；其他墙体应经试验确定有关换算系数	当砂浆强度低于 5MPa 时，误差较大
5	推出法	① 直接在墙体上测试，能综合反映材料的质量和施工质量； ② 设备较轻便； ③ 检测部位局部破损	检测普通砖墙体的砂浆强度	当水平灰缝的砂浆饱满度低于 65% 时，不宜选用
6	筒压法	① 属取样检验； ② 仅需利用一般混凝土试验室的常用设备； ③ 取样部位局部破损	检测烧结普通砖墙体中的砂浆强度	测点数量不宜太多

（续）

序号	检测方法	特　点	用　　途	限　制　条　件
7	砂浆片剪切法	① 属取样检验； ② 专用砂浆强度仪和其标定仪，较为轻便； ③ 取样部位局部破损	检测烧结普通砖墙体中的砂浆强度	
8	回弹法	① 属原位无损检验，测区选择不受限制； ② 回弹仪有定型产品，性能稳定，操作简便； ③ 检测部位的装修面层局部受损	① 检测烧结普通砖墙体中的砂浆强度； ② 适宜于砂浆强度均质性普查	砂浆强度不应小于 2MPa
9	点荷法	① 属取样检验； ② 较为简便； ③ 取样部位局部受损	检测烧结普通砖墙体中的砂浆强度	砂浆强度不应小于 2MPa
10	射钉法	① 属原位无损检验，测区选择不受限制； ② 射钉枪、子弹、射钉有配套定型产品，设备轻便； ③ 墙体装修面层局部受损	烧结普通砖、多孔砖砌体中，砂浆强度均质性普查	① 定量推定砂浆强度； ② 砂浆强度不应小于 2MPa； ③ 检测前，要用标准靶检校

7.2　建筑工程质量检测

7.2.1　混凝土与砌体裂缝检测概述

混凝土是一种非匀质脆性材料，由骨料、水泥石及存留其中的气体和水组成。在温度和湿度变化的情况下，混凝土硬化并产生体积变形。由于各种材料变形不一致，互相约束而产生初始应力（拉应力或剪应力），造成在骨料与水泥石黏结面或水泥石本身之间出现肉眼看不见的微细裂缝，一般称为微裂。这种微细裂缝的分布是不均匀的，且不连贯，但在荷载作用下或进一步产生温差、干缩的情况下，裂缝开始扩展，并逐渐互相串通，从而出现较大的肉眼可以看得见的裂缝（一般肉眼可以看得见的裂缝宽度为 0.03～0.05mm），称为宏观裂缝，即通常所说的裂缝。

1. 裂缝的分类

（1）按裂缝产生的原因可分为：外荷载（包括施工和使用阶段的静荷载、动荷载）引起的裂缝；物理因素（包括温度、湿度变化、不均匀沉降冻胀等）引起的裂缝；化学因素（包括钢筋锈蚀、化学反应膨胀等）引起的裂缝；施工操作（如制作、脱模、养护、预应力张拉、堆放、吊装等）引起的裂缝。

（2）按裂缝的方向、形状可分为：水平裂缝、垂直裂缝、纵向裂缝、横向裂缝、斜向裂缝、龟裂以及放射状裂缝等［图 7.6(a)、(b)、(c)］。

（3）按裂缝深浅可分为：表面裂缝、深进裂缝和贯穿裂缝等［图 7.6(d)］。

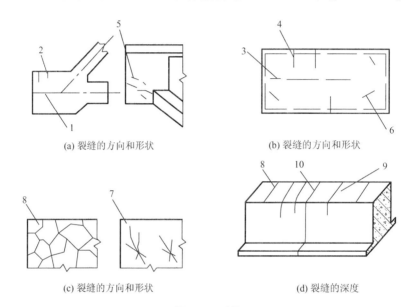

(a) 裂缝的方向和形状　　　　　　　　(b) 裂缝的方向和形状

(c) 裂缝的方向和形状　　　　　　　　(d) 裂缝的深度

图 7.6　裂缝

1—水平裂缝；2—垂直裂缝；3—纵向裂缝；4—横向裂缝；5—斜向裂缝；6—龟裂；
7—放射状裂缝；8—表面裂缝；9—深进裂缝；10—贯穿裂缝

2. 裂缝检测的主要项目

（1）裂缝的部位、数量和分布状态。

（2）裂缝的宽度、长度和深度。

（3）裂缝的形状，如上宽下窄、下宽上窄、中间宽两端窄、八字形、网状形等。

（4）裂缝的走向，如斜向、纵向、沿钢筋方向，是否还在发展等。

（5）裂缝是否贯通，是否有析出物、是否引起混凝土剥落等。

3. 常用的检测方法

裂缝长度可用钢尺或直尺测量，宽度可用检验卡［图 7.7（a）］，或二十倍的刻度放大镜［图 7.7（b）］测定。检验卡实际上为一种标尺，上面印有不同宽度的线条，与裂缝对比即可确定裂缝宽度。刻度放大镜中有宽度标注，可直接读取。裂缝深度可用细钢丝或塞尺探测，也可用注射器注入有色液体，待干燥后凿开混凝土观测。

裂缝检测后应绘制构件表面裂缝展开图，记录裂缝的位置、形式、数量、走向、宽度，以及裂缝的发现时间和发展情况。

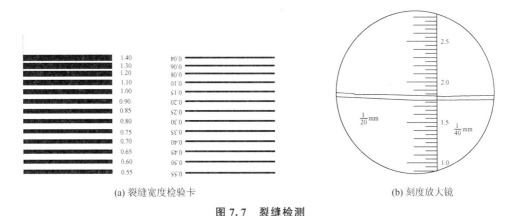

(a) 裂缝宽度检验卡   (b) 刻度放大镜

图 7.7　裂缝检测

4. 砌体裂缝检测

砌体中的裂缝是常见的质量问题，裂缝的形态、数量及发展程度对承载力、使用性能及耐久性有很大的影响。砌体裂缝检测内容也包括裂缝的长度、宽度、裂缝走向及其数量、形态等。

检测方法与混凝土结构类似，裂缝的长度可用钢尺或一般的米尺进行测量，宽度可用塞尺、卡尺或专用裂缝宽度测量仪进行测量。裂缝的走向、数量及形态应详细地标在墙体的立面图或砖柱展开图上，进而分析产生裂缝的原因并评价其对强度的影响程度。

7.2.2　混凝土裂缝深度检测

混凝土裂缝深度主要是用超声波平测法检测。采用超声波平测法进行检测，要求被测构件至少有一个可测表面，其具体要求如下。

（1）需要检测的裂缝中不得充水或泥浆。

（2）若有主筋穿过裂缝且与两换能器连线大致平行时，探头应避开钢筋，避开钢筋的距离应大于预估裂缝深度的 1.5 倍（图 7.8）。

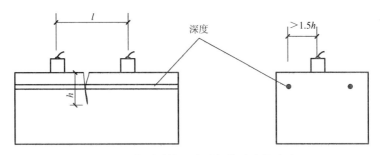

图 7.8　检测裂缝深度时钢筋影响的消除

1. 不跨缝的声时测量

将两换能器置于裂缝同一侧，以换能器内边缘间距 l_i' 为准，取 $l_i' = 100\text{mm}$，150mm，200mm，250mm，…，分别测读声时值 t_i，绘制时-距坐标图（图 7.9），计算测点的实际传播距离：

$$l_i = l_i' + a \tag{7-1}$$

式中　l_i——第 i 点的超声波实际传播距离；

l_i'——第 i 点的两换能器内边缘间距（mm）；

a——常数（mm），从"时-距"坐标中求得。

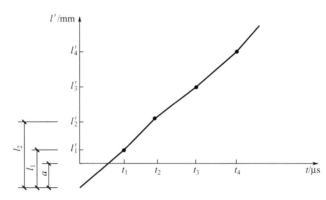

图 7.9　平测"时-距"图

2. 跨缝的声时测量

如图 7.10 所示，将两换能器置于裂缝两侧，取 $l_i' = 100\text{mm}$，150mm，200mm，250mm，…，分别测读声时值 t_i'。

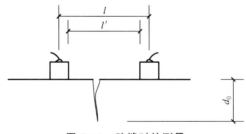

图 7.10　跨缝时的测量

3. 裂缝深度计算

其计算公式为：

$$d_{ci} = \frac{l_i}{2} \sqrt{\left(\frac{t_i'}{t_i}\right)^2 - 1} \tag{7-2}$$

式中　d_{ci}——裂缝深度（mm）；

t_i，t_i'——分别代表测距为 l_i 时，不跨缝、跨缝平测的声时值（μs）；

l_i——不跨缝平测时第 i 次的超声传播距离（mm）。

以不同测距取得的 l_i 的平均值作为该裂缝的深度值（d_c），若取得的 d_c 值大于某一个 l_i，则把与该 l_i 对应的 d_{ci} 舍去，重新计算 d_c。

本方法适用于深度在 500mm 以内的混凝土裂缝的检测。

7.2.3　混凝土结构构件内部缺陷检测

混凝土内部缺陷外部无显露痕迹，相对于外部缺陷和损伤，发现及检测比较困难。用于探测内部缺陷的方法有脉冲法和射线法两大类。射线法是用 X 射线、γ 射线透射混凝土，然后照相分析。这种方法穿透能力有限，在使用中需要解决人体防护的问题，在我国很少使用。混凝土内部均匀性及缺陷检测主要采用脉冲法。

采用脉冲法探测混凝土内部缺陷，主要是根据声时、声速、声波衰减量和声频变化等参数的测量结果进行评判的。对于内部缺陷部位的判断，由于无外露痕迹，如一一普遍搜索，效率不高；一般应首先判断对质量有怀疑的部位。做法是以较大的间距（如 300mm）画出网格，称为第一级网格，测定网格交叉点处的声时值。然后在声速变化较大的区域以较小的间距（如 100mm）画出第二级网格，再测定网格点处的声速。将具有数值较大声速的异常点连接起来，则该区域即可初步定为缺陷区。

因声速值在均匀的混凝土中是比较一致的，遇到有孔洞等缺陷时，因经孔隙而变小。但考虑到混凝土原材料的不均匀性，宜采用统计方法判定异常点。试测几个声速点，若混凝土构件的厚度相同，其平均值为 v_m，其标准差为 σ_v，则下列声速点可判断为有缺陷，其判定公式为：

$$v_i < v_m - 2\sigma_v \tag{7-3}$$

式中　v_i——第 i 个测点的声速值；

v_m——平均声速值；

σ_v——声速值的标准差。

根据声速值的变化可以判断缺陷的存在，在其缺陷附近测得声时最长的点，然后将探头放在构件两边，其连线应与构件垂直并通过声时。最后由下式估算缺陷尺寸的直径：

$$d = D + L\sqrt{\left(\frac{t_2}{t_1}\right)^2 - 1} \tag{7-4}$$

式中　d——缺陷横向尺寸；

L——两探头间距离；

t_2——超声脉冲探头在缺陷中心时的声时值；

t_1——按相同方式在无缺陷区测得的声时值；

D——探头直径。

7.2.4　结构构件强度、应力检测

工程事故处理过程中，结构混凝土强度的检测方法可以分为非破损法和半破损法。非破损法是以某些物理量与混凝土强度之间的相关关系为基本依据，在不损坏结构的前提下测试混凝土的这些物理特性，并按其相关关系推算出混凝土的抗压强度（强度等级）。属

于这一类的方法有回弹法、超声法、超声回弹综合法、表面刻痕法、振动法、射线法等。目前我国已编制并颁布了《回弹法检测混凝土抗压强度技术规程》（JGJ/T 23－2011）和《超声回弹综合法检测混凝土强度技术规程》（CECS 02—2005）。

半破损法是在不影响结构承载力的前提下从结构物上直接取样做试验或进行局部破坏试验，再根据试验结果确定混凝土抗压强度（强度等级）的一类方法。属于这一类方法的有钻芯法、拔出法、拔脱法和扳折法等。中国工程建设标准化协会颁布的《钻芯法检测混凝土强度技术规程》（CECS 03—2007）及《后装拔出法检测混凝土强度技术规程》（CECS 69—2011）为半破损试验的最新执行标准。

7.2.5 混凝土强度的回弹法检测

回弹法是根据混凝土的回弹值、碳化深度与抗压强度之间的相互关系来推定抗压强度的一种非破损检测方法。目前住建部颁布的《回弹法检测混凝土抗压强度技术规程》（JGJ/T 23—2011）是最新标准，也是我们目前检测的依据。如图 7.11 所示为回弹仪构造。

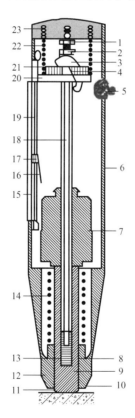

图 7.11 回弹仪构造

1—紧固螺母；2—调零螺钉；3—挂钩；4—挂钩销子；5—按钮；6—机壳；7—弹击锤；
8—拉簧座；9—卡环；10—密封毡圈；11—弹击杆；12—盖帽；13—缓冲弹簧；
14—弹击拉簧；15—刻度尺；16—指针片；17—指针块；18—中心导杆；
19—指针轴；20—导向法兰；21—挂钩压簧；22—压簧；23—尾盖

1. 测强原理

混凝土表面硬度与抗压强度之间存在一定的相关性。

测试时用具有规定动能的重锤弹击混凝土表面，弹击后初始动能发生再分配，一部分能量被混凝土吸收，剩余的能量则回传给重锤。被混凝土吸收的能量取决于混凝土表面的硬度。混凝土表面硬度低，受弹击后表面塑性变形和残余变形大，被混凝土吸收的能量就多，回传给重锤的能量就少；相反，混凝土表面硬度高，受弹击后表面塑性变形和残余变形小，被混凝土吸收的能量就少，回传给重锤的能量就多，因而回弹值就高，从而间接地反映了混凝土的抗压强度。

2. 检测仪器

回弹仪可为数字式的，也可为指针直读式的。回弹仪应具有产品合格证及计量检定证书，并应在回弹仪的明显位置上标注名称、型号、制造厂名（或商标）、出厂编号等。回弹仪除应符合现行国家标准《回弹仪》（GB/T 9138—2015）的规定外，尚应符合下列规定。

（1）水平弹击时，在弹击锤脱钩瞬间，回弹仪的标称能量应为 2.207J。

（2）在弹击锤与弹击杆碰撞的瞬间，弹击拉簧应处于自由状态，且弹击锤起跳点应位于指针指示刻度尺上的"0"处。

（3）在洛氏硬度（HRC）为 60±2 的钢砧上，回弹仪的率定值应为 80±2。

（4）数字式回弹仪应带有指针直读示值系统。数字显示的回弹值与指针直读示值相差不应超过 1。

回弹仪使用时的环境温度应为 −4～40℃。回弹仪检定周期为半年，当回弹仪具有下列情况之一时，应由法定计量检定机构按现行行业标准《回弹仪》（GB/T 9138—2015）进行检定：①新回弹仪启用前；②超过检定有效期限；③数字式回弹仪数字显示的回弹值与指针直读示值相差大于 1；④经保养后，在钢砧上的率定值不合格；⑤遭受严重撞击或其他损害。

回弹仪的率定试验应在室温为 5～35℃ 的条件下进行；钢砧表面应干燥、清洁，并应稳固地平放在刚度大的物体上；回弹值应取连续向下弹击三次的稳定回弹结果的平均值；率定试验应分四个方向进行，且每个方向弹击前，弹击杆应旋转 90°，每个方向的回弹值应为 80±2。回弹仪率定试验所用的钢砧应每两年送授权计量检定机构检定或校准。

当回弹仪弹击超过 2000 次、在钢砧上的率定值不合格或对检测值有怀疑时应进行保养，回弹仪的保养应按下列步骤进行。

（1）先将弹击锤脱钩，取出机芯，然后卸下弹击杆，取出里面的缓冲压簧，并取出弹击锤、弹击拉簧和拉簧座。

（2）清洁机芯各零部件，并应重点清理中心导杆、弹击锤和弹击杆的内孔及冲击面。清理后，应在中心导杆上薄薄涂抹钟表油，其他零部件不得抹油。

（3）清理机壳内壁，卸下刻度尺，检查指针，其摩擦力应为 0.5～0.8N。

（4）按《回弹法检测混凝土强度技术规程》（JGJ/T 23—2011）第 3.2.3 条的规定进行率定。

（5）保养时，不得旋转尾盖上已定位紧固的调零螺钉，不得自制或更换零部件。

（6）对于数字式回弹仪，还应按产品要求的维护程序进行维护。

回弹仪使用完毕，应使弹击杆伸出机壳，并应清除弹击杆、杆前端球面以及刻度尺表面和外壳上的污垢、尘土。回弹仪不用时，应将弹击杆压入机壳内，经弹击后应按下按钮、锁住机芯，然后装入仪器箱。仪器箱应平放在干燥阴凉处。数字式回弹仪长期不用时，应取出电池。

3. 适用范围

由于回弹法是根据表面硬度来推测混凝土的强度，因此，其检测范围应限于内外均质的混凝土。回弹检测推定的是构件测区在相应龄期时的抗压强度，以边长为 15cm 的立方体试件抗压强度表示。当有下列情况之一时，可采用回弹法检测混凝土强度，且检测结果可作为处理混凝土质量问题的依据。

（1）未按规定制作试件或制作试件数量不足。

（2）制作的标准养护试件或同条件试件与所成型的构件在材料用料、配合比、水灰比等方面有较大差异，已不能代表构件的混凝土质量。

（3）标准养护试块或同条件试块抗压强度不合格。

（4）工程出现质量事故。

（5）对混凝土实体强度有检测要求。

由于回弹法是通过回弹仪检测混凝土表面硬度从而推算出混凝土强度的方法，因此不适用于表层与内部质量有明显差异或内部存在缺陷的混凝土构件的检测。当混凝土表面遭受了火灾、冻伤，受化学物质侵蚀或内部有缺陷时，就不能直接采用回弹法检测。使用回弹法进行检测的人员，应通过专门的技术培训。

4. 回弹值测量

1）回弹法检测宜具备的资料

采用回弹法检测混凝土强度时，宜具备下列资料。

（1）工程名称、设计单位、施工单位。

（2）构件名称、数量及混凝土类型、强度等级。

（3）水泥安定性，外加剂、掺合料品种，混凝土配合比等。

（4）施工模板，混凝土浇筑、养护情况及浇筑日期等。

（5）必要的设计图纸和施工记录。

（6）检测原因。

2）混凝土构件的检测

回弹仪在检测前后，均应在钢砧上做率定试验，率定值应为 80 ± 2。混凝土强度可按单个构件或按批量进行检测，单个构件的检测应符合如下规定。

（1）对于一般构件，测区数不宜少于 10 个。当受检构件数量大于 30 个且无须提供单个构件推定强度或受检构件一个方向尺寸小于或等于 4.5m 且另一个方向尺寸小于或等于 0.3m 时，每个构件的测区数量可适当减少，但不应少于 5 个。

（2）相邻两测区的间距不应大于 2m，测区离构件端部或施工缝边缘的距离不宜大于 0.5m，且不宜小于 0.2m。

（3）测区宜选在能使回弹仪处于水平方向的混凝土浇筑侧面。当不能满足这一要求时，也可选在使回弹仪处于非水平方向的混凝土浇筑表面或底面。

（4）测区宜布置在构件的两个对称的可测面上，当不能布置在对称的可测面上时，也可布置在同一可测面上，且应均匀分布。在构件的重要部位及薄弱部位应布置测区，并应避开预埋件。

（5）测区的面积不宜大于 0.04m²。

（6）测区表面应为混凝土原浆面，并应清洁、平整，不应有疏松层、浮浆、油垢、涂层以及蜂窝、麻面。

（7）对于弹击时产生颤动的薄壁、小型构件，应进行固定。

对于混凝土生产工艺、强度等级相同，原材料、配合比、养护条件基本一致且龄期相近的一批同类构件的检测应采用批量检测。按批量进行检测时，应随机抽取构件，抽检数量不宜少于同批构件总数的 30% 且不宜少于 10 件。当检验批构件数量大于 30 个时，抽样构件数量可适当调整，并不得少于国家现行有关标准规定的最少抽样数量。

3）测区混凝土强度及强度换算值的修正

当检测条件与规定的适用条件有较大差异时，可采用在构件上钻取的混凝土芯样或同条件试块对测区混凝土强度换算值进行修正。对同一强度等级混凝土修正时，芯样数量不应少于 6 个，公称直径宜为 100mm，高径比应为 1。芯样应在测区内钻取，每个芯样应只加工一个试件。同条件试块修正时，试块数量不应少于 6 个，试块边长应为 150mm。计算时，测区混凝土强度及强度换算值的修正应符合下列规定。

（1）测区混凝土强度的修正计算。

修正量应按下列公式计算：

$$\Delta_{\text{tot}} = f_{\text{cor,m}} - f_{\text{cu,m0}}^{\text{c}} \tag{7-5}$$

$$\Delta_{\text{tot}} = f_{\text{cu,m}} - f_{\text{cu,m0}}^{\text{c}} \tag{7-6}$$

$$f_{\text{cor,m}} = \frac{1}{n} \sum_{i=1}^{n} f_{\text{cor},i} \tag{7-7}$$

$$f_{\text{cu,m}} = \frac{1}{n} \sum_{i=1}^{n} f_{\text{cu},i} \tag{7-8}$$

$$f_{\text{cu,m0}}^{\text{c}} = \frac{1}{n} \sum_{i=1}^{n} f_{\text{cu},i}^{\text{c}} \tag{7-9}$$

式中 Δ_{tot}——测区混凝土强度修正量（MPa），精确到 0.1MPa；

$f_{\text{cor,m}}$——芯样试件混凝土强度平均值（MPa），精确到 0.1MPa；

$f_{\text{cu,m}}$——150mm 同条件立方体试块混凝土强度平均值（MPa），精确到 0.1MPa；

$f_{\text{cu,m0}}^{\text{c}}$——对应于钻芯部位或同条件立方体试块回弹测区混凝土强度换算值的平均值（MPa），精确到 0.1MPa；

$f_{\text{cor},i}$——第 i 个混凝土芯样试件的抗压强度；

$f_{\text{cu},i}$——第 i 个混凝土立方体试块的抗压强度；

$f_{\text{cu},i}^{\text{c}}$——对应于第 i 个芯样部位或同条件立方体试块测区回弹值和碳化深度值的混凝土强度换算值，可按《回弹法检测混凝土强度技术规程》（JGJ/T 23—2011）附录 A 或附录 B 取值；

n——芯样或试块数量。

（2）测区混凝土强度换算值的修正计算。

测区混凝土强度换算值的修正应按下式计算：

$$f^c_{cu,i1} = f^c_{cu,i0} + \Delta_{tot} \qquad (7-10)$$

式中 $f^c_{cu,i0}$——第 i 个测区修正前的混凝土强度换算值（MPa），精确到 0.1MPa；

$f^c_{cu,i1}$——第 i 个测区修正后的混凝土强度换算值（MPa），精确到 0.1MPa。

4）回弹值测量注意事项

测量回弹值时，回弹仪的轴线应始终垂直于混凝土检测面，并应缓慢施压、准确读数、快速复位。每一测区应读取 16 个回弹值，每一测点的回弹值读数应精确至 1。测点宜在测区范围内均匀分布，相邻两测点的净距离不宜小于 20mm；测点距外露钢筋、预埋件的距离不宜小于 30mm；测点不应在气孔或外露石子上，同一测点应只弹击一次。

回弹值测量完毕后，应在有代表性的测区上测量碳化深度值，测点数不应少于构件测区数的 30%，并应取其平均值作为该构件每个测区的碳化深度值。当碳化深度值极差大于 2.0mm 时，应在每一测区分别测量碳化深度值。碳化深度值的测量应符合下列规定。

（1）可采用工具在测区表面形成直径约 15mm 的孔洞，其深度应大于混凝土的碳化深度。

（2）应清除孔洞中的粉末和碎屑，且不得用水擦洗。

（3）应采用浓度为 1%～2% 的酚酞酒精溶液滴在孔洞内壁的边缘处，当已碳化与未碳化界线清晰时，应采用碳化深度测量仪测量已碳化与未碳化混凝土交界面到混凝土表面的垂直距离，并应测量 3 次，每次读数应精确至 0.25mm。

（4）应取三次测量的平均值作为检测结果，并应精确至 0.5mm。

检测泵送混凝土强度时，测区应选在混凝土浇筑侧面。

5. 回弹值计算

计算测区平均回弹值时，应从该测区的 16 个回弹值中剔除 3 个最大值和 3 个最小值，选用其余的 10 个回弹值按下式计算平均回弹值：

$$R_m = \frac{\sum\limits_{i=1}^{10} R_i}{10} \qquad (7-11)$$

式中 R_m——测区平均回弹值，精确至 0.1；

R_i——第 i 个测点的回弹值。

非水平方向检测混凝土浇筑侧面时，测区的平均回弹值应按下式修正：

$$R_m = R_{m\alpha} + R_{a\alpha} \qquad (7-12)$$

式中 $R_{m\alpha}$——非水平方向检测时测区的平均回弹值，精确至 0.1；

$R_{a\alpha}$——非水平方向检测时回弹值修正值，应按表 7-3 取值。

水平方向检测混凝土浇筑表面或浇筑底面时，测区的平均回弹值按下列公式修正：

$$R_m = R^t_m + R^t_a \qquad (7-13)$$

$$R_m = R^b_m + R^b_a \qquad (7-14)$$

式中 R^t_m、R^b_m——水平方向检测混凝土浇筑表面、底面时，测区的平均回弹值，精确至 0.1；

R_a^t、R_a^b——混凝土浇筑表面、底面回弹值的修正值，应按表 7 - 4 取值。

表 7 - 3 非水平方向检测时的回弹值修正值 $R_{a\alpha}$

$R_{m\alpha}$	检 测 角 度							
	向 上				向 下			
	90°	**60°**	**45°**	**30°**	**−30°**	**−45°**	**−60°**	**−90°**
20	−6.0	−5.0	−4.0	−3.0	+2.5	+3.0	+3.5	+4.0
21	−5.9	−4.9	−4.0	−3.0	+2.5	+3.0	+3.5	+4.0
22	−5.8	−4.8	−3.9	−2.9	+2.4	+2.9	+3.4	+3.9
23	−5.7	−4.7	−3.9	−2.9	+2.4	+2.9	+3.4	+3.9
24	−5.6	−4.6	−3.8	−2.8	+2.3	+2.8	+3.3	+3.8
25	−5.5	−4.5	−3.8	−2.8	+2.3	+2.8	+3.3	+3.8
26	−5.4	−4.4	−3.7	−2.7	+2.2	+2.7	+3.2	+3.7
27	−5.3	−4.3	−3.7	−2.7	+2.2	+2.7	+3.2	+3.7
28	−5.2	−4.2	−3.6	−2.6	+2.1	+2.6	+3.1	+3.6
29	−5.1	−4.1	−3.6	−2.6	+2.1	+2.6	+3.1	+3.6
30	−5.0	−4.0	−3.5	−2.5	+2.0	+2.5	+3.0	+3.5
31	−4.9	−4.0	−3.5	−2.5	+2.0	+2.5	+3.0	+3.5
32	−4.8	−3.9	−3.4	−2.4	+1.9	+2.4	+2.9	+3.4
33	−4.7	−3.9	−3.4	−2.4	+1.9	+2.4	+2.9	+3.4
34	−4.6	−3.8	−3.3	−2.3	+1.8	+2.3	+2.8	+3.3
35	−4.5	−3.8	−3.3	−2.3	+1.8	+2.3	+2.8	+3.3
36	−4.4	−3.7	−3.2	−2.2	+1.7	+2.2	+2.7	+3.2
37	−4.3	−3.7	−3.2	−2.2	+1.7	+2.2	+2.7	+3.2
38	−4.2	−3.6	−3.1	−2.1	+1.6	+2.1	+2.6	+3.1
39	−4.1	−3.6	−3.1	−2.1	+1.6	+2.1	+2.6	+3.1
40	−4.0	−3.5	−3.0	−2.0	+1.5	+2.0	+2.5	+3.0
41	−4.0	−3.5	−3.0	−2.0	+1.5	+2.0	+2.5	+3.0
42	−3.9	−3.4	−2.9	−1.9	+1.4	+1.9	+2.4	+2.9
43	−3.9	−3.4	−2.9	−1.9	+1.4	+1.9	+2.4	+2.9
44	−3.8	−3.3	−2.8	−1.8	+1.3	+1.8	+2.3	+2.8
45	−3.8	−3.3	−2.8	−1.8	+1.3	+1.8	+2.3	+2.8
46	−3.7	−3.2	−2.7	−1.7	+1.2	+1.7	+2.2	+2.7
47	−3.7	−3.2	−2.7	−1.7	+1.2	+1.7	+2.2	+2.7
48	−3.6	−3.1	−2.6	−1.6	+1.1	+1.6	+2.1	+2.6
49	−3.6	−3.1	−2.6	−1.6	+1.1	+1.6	+2.1	+2.6
50	−3.5	−3.0	−2.5	−1.5	+1.0	+1.5	+2.0	+2.5

注：1. $R_{m\alpha}$ 小于 20 或大于 50 时，分别按 20 或 50 查表。

2. 表中未列入的相应于 $R_{m\alpha}$ 的修正值 $R_{a\alpha}$，可用内插法求得，精确至 0.1。

表 7-4　不同浇筑面的回弹值修正值

R_m^t 或 R_m^b	表面修正值 (R_a^t)	底面修正值 (R_a^b)	R_m^t 或 R_m^b	表面修正值 (R_a^t)	底面修正值 (R_a^b)
20	+2.5	−3.0	36	+0.9	−1.4
21	+2.4	−2.9	37	+0.8	−1.3
22	+2.3	−2.8	38	+0.7	−1.2
23	+2.2	−2.7	39	+0.6	−1.1
24	+2.1	−2.6	40	+0.5	−1.0
25	+2.0	−2.5	41	+0.4	−0.9
26	+1.9	−2.4	42	+0.3	−0.8
27	+1.8	−2.3	43	+0.2	−0.7
28	+1.7	−2.2	44	+0.1	−0.6
29	+1.6	−2.1	45	0	−0.5
30	+1.5	−2.0	46	0	−0.4
31	+1.4	−1.9	47	0	−0.3
32	+1.3	−1.8	48	0	−0.2
33	+1.2	−1.7	49	0	−0.1
34	+1.1	−1.6	50	0	0
35	+1.0	−1.5			

注：1. R_m^t 或 R_m^b 小于 20 或大于 50 时，分别按 20 或 50 查表。

　　2. 表中有关混凝土浇筑表面的修正系数，是指一般原浆抹面的修正值。

　　3. 表中有关混凝土浇筑底面的修正系数，是指构件底面与侧面采用同一类模板在正常浇筑情况下的修正值。

　　4. 表中未列入相应于 R_m^t 或 R_m^b 的 R_a^t 或 R_a^b，可用内插法求得，精确至 0.1。

当回弹仪为非水平方向且测试面为混凝土的非浇筑侧面时，应先对回弹值进行角度修正，并应对修正后的回弹值进行浇筑面修正。

6. 测强曲线

(1) 混凝土强度换算值可采用下列测强曲线计算。

① 统一测强曲线。由全国有代表性的材料、成型工艺制作的混凝土试件，通过试验所建立的测强曲线。其平均相对误差 (δ) 不应大于 ±15.0%，相对标准差 (e_r) 不应大于 18.0%。

② 地区测强曲线。由本地区常用的材料、成型工艺制作的混凝土试件，通过试验所建立的测强曲线。其相对误差 (δ) 不应大于 ±14.0%，相对标准差 (e_r) 不应大于 17.0%。

③ 专用测强曲线。由与构件混凝土相同的材料、成型养护工艺制作的混凝土试件，

通过试验所建立的测强曲线。其平均相对误差（δ）不应大于$\pm 12.0\%$，相对标准差（e_r）不应大于14.0%。

有条件的地区和部门，应制定本地区的测强曲线或专用测强曲线。检测单位宜按专用测强曲线、地区测强曲线、统一测强曲线的顺序选用测强曲线。

（2）符合下列条件的非泵送混凝土，测区强度应按统一测强曲线（表7-5）进行强度换算：

① 混凝土采用的水泥、砂石、外加剂、掺合料、拌和用水符合国家现行有关标准；

② 采用普通成型工艺；

③ 采用符合国家标准规定的模板；

④ 蒸汽养护出池经自然养护7d以上，且混凝土表层为干燥状态；

⑤ 自然养护且龄期为14~1000d；

⑥ 抗压强度为10.0~60.0MPa。

表7-5 测区混凝土强度换算表

平均回弹值 R_m	测区混凝土强度换算值 $f^c_{cu,i}$/MPa												
	平均碳化深度值 d_m/mm												
	0.0	0.5	1.0	1.5	2.0	2.5	3.0	3.5	4.0	4.5	5.0	5.5	$\geqslant 6$
20.0	10.3	10.1	—	—	—	—	—	—	—	—	—	—	—
20.2	10.5	10.3	10.0	—	—	—	—	—	—	—	—	—	—
20.4	10.7	10.5	10.2	—	—	—	—	—	—	—	—	—	—
20.6	11.0	10.8	10.4	10.1	—	—	—	—	—	—	—	—	—
20.8	11.2	11.0	10.6	10.3	—	—	—	—	—	—	—	—	—
21.0	11.4	11.2	10.8	10.5	10.0	—	—	—	—	—	—	—	—
21.2	11.6	11.4	11.0	10.7	10.2	—	—	—	—	—	—	—	—
21.4	11.8	11.6	11.2	10.9	10.4	10.0	—	—	—	—	—	—	—
21.6	12.0	11.8	11.4	11.0	10.6	10.2	—	—	—	—	—	—	—
21.8	12.3	12.1	11.7	11.3	10.8	10.5	10.1	—	—	—	—	—	—
22.0	12.5	12.2	11.9	11.5	11.0	10.6	10.2	—	—	—	—	—	—
22.2	12.7	12.4	12.1	11.7	11.2	10.8	10.4	10.0	—	—	—	—	—
22.4	13.0	12.7	12.4	12.0	11.4	11.0	10.7	10.3	10.0	—	—	—	—
22.6	13.2	12.9	12.5	12.1	11.6	11.2	10.8	10.4	10.2	—	—	—	—
22.8	13.4	13.1	12.7	12.3	11.8	11.4	11.0	10.6	10.3	—	—	—	—
23.0	13.7	13.4	13.0	12.6	12.1	11.6	11.2	10.8	10.5	10.1	—	—	—
23.2	13.9	13.6	13.2	12.8	12.2	11.8	11.4	11.0	10.7	10.3	10.0	—	—
23.4	14.1	13.8	13.4	13.0	12.4	12.0	11.6	11.2	10.9	10.4	10.2	—	—
23.6	14.4	14.1	13.7	13.2	12.7	12.2	11.8	11.4	11.1	10.7	10.4	10.1	—

（续）

平均回弹值 R_m	测区混凝土强度换算值 $f^c_{cu,i}$/MPa												
	平均碳化深度值 d_m/mm												
	0.0	0.5	1.0	1.5	2.0	2.5	3.0	3.5	4.0	4.5	5.0	5.5	≥6
23.8	14.6	14.3	13.9	13.4	12.8	12.4	12.0	11.5	11.2	10.8	10.5	10.2	—
24.0	14.9	14.6	14.2	13.7	13.1	12.7	12.2	11.8	11.5	11.0	10.7	10.4	10.1
24.2	15.1	14.8	14.3	13.9	13.3	12.8	12.4	11.9	11.6	11.2	10.9	10.6	10.3
24.4	15.4	15.1	14.6	14.2	13.6	13.1	12.6	12.2	11.9	11.4	11.1	10.8	10.4
24.6	15.6	15.3	14.8	14.4	13.7	13.3	12.8	12.3	12.0	11.5	11.2	10.9	10.6
24.8	15.9	15.6	15.1	14.6	14.0	13.5	13.0	12.6	12.2	11.8	11.4	11.1	10.7
25.0	16.2	15.9	15.4	14.9	14.3	13.8	13.3	12.8	12.5	12.0	11.7	11.3	10.9
25.2	16.4	16.1	15.6	15.1	14.4	13.9	13.4	13.0	12.6	12.1	11.8	11.5	11.0
25.4	16.7	16.4	15.9	15.4	14.7	14.2	13.7	13.2	12.9	12.4	12.0	11.7	11.2
25.6	16.9	16.6	16.1	15.7	14.9	14.4	13.9	13.4	13.0	12.5	12.2	11.8	11.3
25.8	17.2	16.9	16.3	15.8	15.1	14.6	14.1	13.6	13.2	12.7	12.4	12.0	11.5
26.0	17.5	17.2	16.6	16.1	15.4	14.9	14.4	13.8	13.5	13.0	12.6	12.2	11.6
26.2	17.8	17.4	16.9	16.4	15.7	15.1	14.6	14.0	13.7	13.2	12.8	12.4	11.8
26.4	18.0	17.6	17.1	16.6	15.8	15.3	14.8	14.2	13.9	13.3	13.0	12.6	12.0
26.6	18.3	17.9	17.4	16.8	16.1	15.6	15.0	14.4	14.1	13.5	13.2	12.8	12.1
26.8	18.6	18.2	17.7	17.1	16.4	15.8	15.3	14.6	14.3	13.8	13.4	12.9	12.3
27.0	18.9	18.5	18.0	17.4	16.6	16.1	15.5	14.8	14.6	14.0	13.6	13.1	12.4
27.2	19.1	18.7	18.1	17.6	16.8	16.2	15.7	15.0	14.7	14.1	13.8	13.3	12.6
27.4	19.4	19.0	18.4	17.8	17.0	16.4	15.9	15.2	14.9	14.3	14.0	13.4	12.7
27.6	19.7	19.3	18.7	18.0	17.2	16.6	16.1	15.4	15.1	14.5	14.1	13.6	12.9
27.8	20.0	19.6	19.0	18.2	17.4	16.8	16.3	15.6	15.3	14.7	14.2	13.7	13.0
28.0	20.3	19.7	19.2	18.4	17.6	17.0	16.5	15.8	15.4	14.8	14.4	13.9	13.2
28.2	20.6	20.0	19.5	18.6	17.8	17.2	16.7	16.0	15.6	15.0	14.6	14.0	13.3
28.4	20.9	20.3	19.7	18.8	18.0	17.4	16.9	16.2	15.8	15.2	14.8	14.2	13.5
28.6	21.2	20.6	20.0	19.1	18.2	17.6	17.1	16.4	16.0	15.4	15.0	14.3	13.6
28.8	21.5	20.9	20.3	19.4	18.5	17.8	17.3	16.6	16.2	15.6	15.2	14.5	13.8
29.0	21.8	21.1	20.5	19.6	18.7	18.1	17.5	16.8	16.4	15.8	15.4	14.6	13.9
29.2	22.1	21.4	20.8	19.9	19.0	18.3	17.7	17.0	16.6	16.0	15.6	14.8	14.1
29.4	22.4	21.7	21.1	20.2	19.3	18.6	17.9	17.2	16.8	16.2	15.8	15.0	14.2
29.6	22.7	22.0	21.3	20.4	19.5	18.8	18.2	17.5	17.0	16.4	16.0	15.1	14.4

（续）

平均回弹值 R_m	测区混凝土强度换算值 $f^c_{cu,i}/\text{MPa}$												
	平均碳化深度值 d_m/mm												
	0.0	0.5	1.0	1.5	2.0	2.5	3.0	3.5	4.0	4.5	5.0	5.5	≥6
29.8	23.0	22.3	21.6	20.7	19.8	19.1	18.4	17.7	17.2	16.6	16.2	15.3	14.5
30.0	23.3	22.6	21.9	21.0	20.0	19.3	18.6	17.9	17.4	16.8	16.4	15.4	14.7
30.2	23.6	22.9	22.2	21.2	20.3	19.6	18.9	18.2	17.6	17.0	16.6	15.6	14.9
30.4	23.9	23.2	22.5	21.5	20.6	19.8	19.1	18.4	17.8	17.2	16.8	15.8	15.1
30.6	24.3	23.6	22.8	21.9	20.9	20.2	19.4	18.7	18.0	17.5	17.0	16.0	15.2
30.8	24.6	23.9	23.1	22.1	21.2	20.4	19.7	18.9	18.2	17.7	17.2	16.2	15.4
31.0	24.9	24.2	23.4	22.4	21.4	20.7	19.9	19.2	18.4	17.9	17.4	16.4	15.5
31.2	25.2	24.4	23.7	22.7	21.7	20.9	20.2	19.4	18.6	16.1	17.6	16.6	15.7
31.4	25.6	24.8	24.1	23.0	22.0	21.2	20.5	19.7	18.9	18.4	17.8	16.9	15.8
31.6	25.9	25.1	24.3	23.3	22.3	21.5	20.7	19.9	19.2	18.6	18.0	17.1	16.0
31.8	26.2	25.4	24.6	23.6	22.5	21.7	21.0	20.2	19.4	18.9	18.2	17.3	16.2
32.0	26.5	25.7	24.9	23.9	22.8	22.0	21.2	20.4	19.6	19.1	18.4	17.5	16.4
32.2	26.9	26.1	25.3	24.2	23.1	22.3	21.5	20.7	19.9	19.4	18.6	17.7	16.6
32.4	27.2	26.4	25.6	24.5	23.4	22.6	21.8	20.9	20.1	19.6	18.8	17.9	16.8
32.6	27.6	26.8	25.9	24.8	23.7	22.9	22.1	21.3	20.4	19.9	19.0	18.1	17.0
32.8	27.9	27.1	26.2	25.1	24.0	23.2	22.3	21.5	20.6	20.1	19.2	18.3	17.2
33.0	28.2	27.4	26.5	25.4	24.3	23.4	22.6	21.7	20.9	20.3	19.4	18.5	17.4
33.2	28.6	27.7	26.8	25.7	24.6	23.7	22.9	22.0	21.2	20.5	19.6	18.7	17.6
33.4	28.9	28.0	27.1	26.0	24.9	24.0	23.1	22.3	21.4	20.7	19.8	18.9	17.8
33.6	29.3	28.4	27.4	26.4	25.2	24.2	23.3	22.6	21.7	20.9	20.0	19.1	18.0
33.8	29.6	28.7	27.7	26.6	25.4	24.4	23.5	22.8	21.9	21.1	20.2	19.3	18.2
34.0	30.0	29.1	28.0	26.8	25.6	24.6	23.7	23.0	22.1	21.3	20.4	19.5	18.3
34.2	30.3	29.4	28.3	27.0	25.8	24.8	23.9	23.2	22.3	21.5	20.6	19.7	18.4
34.4	30.7	29.8	28.6	27.2	26.0	25.0	24.1	23.4	22.5	21.7	20.8	19.8	18.6
34.6	31.1	30.2	28.9	27.4	26.2	25.2	24.3	23.6	22.7	21.9	21.0	20.0	18.8
34.8	31.4	30.5	29.2	27.6	26.4	25.4	24.5	23.8	22.9	22.1	21.2	20.2	19.0
35.0	31.8	30.8	29.6	28.0	26.7	25.8	24.8	24.0	23.2	22.3	21.4	20.4	19.2
35.2	32.1	31.1	29.9	28.2	27.0	26.0	25.0	24.2	23.4	22.5	21.6	20.6	19.4
35.4	32.5	31.5	30.2	28.6	27.3	26.3	25.4	24.4	23.7	22.8	21.8	20.8	19.6
35.6	32.9	31.9	30.6	29.0	27.6	26.6	25.7	24.7	24.0	23.0	22.0	21.0	19.8

(续)

平均回弹值 R_m	测区混凝土强度换算值 $f^c_{cu,i}$/MPa												
	平均碳化深度值 d_m/mm												
	0.0	0.5	1.0	1.5	2.0	2.5	3.0	3.5	4.0	4.5	5.0	5.5	≥6
35.8	33.3	32.3	31.0	29.3	28.0	27.0	26.0	25.0	24.3	23.3	22.2	21.2	20.0
36.0	33.6	32.6	31.2	29.6	28.2	27.2	26.2	25.2	24.5	23.5	22.4	21.4	20.2
36.2	34.0	33.0	31.6	29.9	28.6	27.5	26.5	25.5	24.8	23.8	22.6	21.6	20.4
36.4	34.4	33.4	32.0	30.3	28.9	27.9	26.8	25.8	25.1	24.1	22.8	21.8	20.6
36.6	34.8	33.8	32.4	30.6	29.2	28.2	27.1	26.1	25.4	24.4	23.0	22.0	20.9
36.8	35.2	34.1	32.7	31.0	29.6	28.5	27.5	26.4	25.7	24.6	23.2	22.2	21.1
37.0	35.5	34.4	33.0	31.2	29.8	28.8	27.7	26.6	25.9	24.8	23.4	22.4	21.3
37.2	35.9	34.8	33.4	31.6	30.2	29.1	28.0	26.9	26.2	25.1	23.7	22.6	21.5
37.4	36.3	35.2	33.8	31.9	30.5	29.4	28.3	27.2	26.6	25.4	24.0	22.9	21.8
37.6	36.7	35.6	34.1	32.3	30.8	29.7	28.6	27.5	26.8	25.7	24.2	23.1	22.0
37.8	37.1	36.0	34.5	32.6	31.2	30.0	28.9	27.8	27.1	26.0	24.5	23.4	22.3
38.0	37.5	36.4	34.9	33.0	31.5	30.3	29.2	28.1	27.4	26.2	24.8	23.6	22.5
38.2	37.9	36.8	35.2	33.4	31.8	30.6	29.5	28.4	27.7	26.5	25.0	23.9	22.7
38.4	38.3	37.2	35.6	33.7	32.1	30.9	29.8	28.7	28.0	29.8	25.3	24.1	23.0
38.6	38.7	37.5	36.0	34.1	32.4	31.2	30.1	29.0	28.3	27.0	25.5	24.4	23.2
38.8	39.1	37.9	36.4	34.4	32.7	31.5	30.4	29.3	28.5	27.2	25.8	24.6	23.5
39.0	39.5	38.2	36.7	34.7	33.0	31.8	30.6	29.6	28.8	27.4	26.0	24.8	23.7
39.2	39.9	38.5	37.0	35.0	33.3	32.1	30.8	29.8	29.0	27.6	26.2	25.0	25.0
39.4	40.3	38.8	37.3	35.3	33.6	32.4	31.0	30.0	29.2	27.8	26.4	25.2	24.2
39.6	40.7	39.1	37.6	35.6	33.9	32.7	31.2	30.2	29.4	28.0	26.6	25.4	24.4
39.8	41.2	39.6	38.0	35.9	34.2	33.0	31.4	30.5	29.7	28.2	26.8	25.6	24.7
40.0	41.6	39.9	38.3	36.2	34.5	33.3	31.7	30.8	30.0	28.4	27.0	25.8	25.0
40.2	42.0	40.3	38.6	36.5	34.8	33.6	32.0	31.1	30.2	28.6	27.3	26.0	25.2
40.4	42.4	40.7	39.0	36.9	35.1	33.9	32.3	31.4	30.5	28.8	27.6	26.2	25.4
40.6	42.8	41.1	39.4	37.2	35.4	34.2	32.6	31.7	30.8	29.1	27.8	26.5	25.7
40.8	43.3	41.6	39.8	37.7	35.7	34.5	32.9	32.0	31.2	29.4	28.1	26.8	26.0
41.0	43.7	42.0	40.2	38.0	36.0	34.8	33.2	32.3	31.5	29.7	28.4	27.1	26.2
41.2	44.1	42.3	40.6	38.4	36.3	35.1	33.5	32.6	31.8	30.0	28.7	27.3	26.5
41.4	44.5	42.7	40.9	38.7	36.6	35.4	33.8	32.9	32.0	30.3	28.9	27.6	26.7
41.6	45.0	43.2	41.4	39.2	36.9	35.7	34.2	33.3	32.4	30.6	29.2	27.9	27.0

（续）

平均回弹值 R_m	测区混凝土强度换算值 $f^c_{cu,i}$/MPa												
	平均碳化深度值 d_m/mm												
	0.0	0.5	1.0	1.5	2.0	2.5	3.0	3.5	4.0	4.5	5.0	5.5	≥6
41.8	45.4	43.6	41.8	39.5	37.2	36.0	34.5	33.6	32.7	30.9	29.5	28.1	27.2
42.0	45.9	44.1	42.2	39.9	37.6	36.3	34.9	34.0	33.0	31.2	29.8	28.5	27.5
42.2	46.3	44.4	42.6	40.3	38.0	36.6	35.2	34.3	33.3	31.5	30.1	28.7	27.8
42.4	46.7	44.8	43.0	40.6	38.3	36.9	35.5	34.6	33.6	31.8	30.4	29.0	28.0
42.6	47.2	45.3	43.4	41.1	38.7	37.3	35.9	34.9	34.0	32.1	30.7	29.3	28.3
42.8	47.6	45.7	43.8	41.4	39.0	37.6	36.2	35.2	34.3	32.4	30.9	29.5	28.6
43.0	48.1	46.2	44.2	41.8	39.4	38.0	36.6	35.6	34.6	32.7	31.3	29.8	28.9
43.2	48.5	46.6	44.6	42.2	39.8	38.3	36.9	35.9	34.9	33.0	31.5	30.1	29.1
43.4	49.0	47.0	45.1	42.6	40.2	38.7	37.2	36.3	35.3	33.3	31.8	30.4	29.4
43.6	49.4	47.4	45.4	43.0	40.5	39.0	37.5	36.6	35.6	33.6	32.1	30.6	29.6
43.8	49.9	47.9	45.9	43.4	40.9	39.4	37.9	36.9	35.9	33.9	32.4	30.9	29.9
44.0	50.4	48.4	46.4	43.8	41.3	39.8	38.3	37.3	36.3	34.3	32.8	31.2	30.2
44.2	50.8	48.8	46.7	44.2	41.7	40.1	38.6	37.6	36.6	34.5	33.0	31.5	30.5
44.4	51.3	49.2	47.2	44.6	42.1	40.5	39.0	38.0	36.9	34.9	33.3	31.8	30.8
44.6	51.7	49.6	47.6	45.0	42.4	40.8	39.3	38.3	37.2	35.2	33.6	32.1	31.0
44.8	52.2	50.1	48.0	45.4	42.8	41.2	39.7	38.6	37.6	35.5	33.9	32.4	31.3
45.0	52.7	50.6	48.5	45.8	43.2	41.6	40.1	39.0	37.9	35.8	34.3	32.7	31.6
45.2	53.2	51.1	48.9	46.3	43.6	42.0	40.4	39.4	38.3	36.2	34.6	33.0	31.9
45.4	53.6	51.5	49.4	46.6	44.0	42.3	40.7	39.7	38.6	36.4	33.3	33.2	32.2
45.6	54.1	51.9	49.8	47.1	44.4	42.7	41.1	40.0	39.0	36.8	35.2	33.5	32.5
45.8	54.6	52.4	50.2	47.5	44.8	43.1	41.5	40.4	39.3	37.1	35.5	33.9	32.8
46.0	55.0	52.8	50.6	47.9	45.2	43.5	41.9	40.7	39.7	37.5	35.8	34.2	33.1
46.2	55.5	53.3	51.1	48.3	45.5	43.8	42.2	41.1	40.0	37.7	36.1	34.4	33.3
46.4	56.0	53.8	51.5	48.7	45.9	44.2	42.6	41.4	40.3	38.1	36.4	34.7	33.6
46.6	56.5	54.2	52.0	49.2	46.3	44.6	42.9	41.8	40.7	38.4	36.7	35.0	33.9
46.8	57.0	54.7	52.4	49.6	46.7	45.0	43.3	42.2	41.0	38.8	37.0	35.3	34.2
47.0	57.5	55.2	52.9	50.0	47.2	45.2	43.7	42.6	41.4	39.1	37.4	35.6	34.5
47.2	58.0	55.7	53.4	50.5	47.6	45.8	44.1	42.9	41.8	39.4	37.7	36.0	34.8
47.4	58.5	56.2	53.8	50.9	48.0	46.2	44.5	43.3	42.1	39.8	38.0	36.3	35.1
47.6	59.0	56.6	54.3	51.3	48.4	46.6	44.8	43.7	42.5	40.1	40.0	36.6	35.4

（续）

平均回弹值 R_m	测区混凝土强度换算值 $f^c_{\mathrm{cu},i}$/MPa												
	平均碳化深度值 d_m/mm												
	0.0	0.5	1.0	1.5	2.0	2.5	3.0	3.5	4.0	4.5	5.0	5.5	≥6
47.8	59.5	57.1	54.7	51.8	48.8	47.0	45.2	44.0	42.8	40.5	38.7	36.9	35.7
48.0	60.0	57.6	55.2	52.2	49.2	47.4	45.6	44.4	43.2	40.8	39.0	37.2	36.0
48.2	—	58.0	55.7	52.6	49.6	47.8	46.0	44.8	43.6	41.1	39.3	37.5	36.3
48.4	—	58.6	56.1	53.1	50.0	48.2	46.4	45.1	43.9	41.5	39.6	37.8	36.6
48.6	—	59.0	56.6	53.5	50.4	48.6	46.7	45.5	44.3	41.8	40.0	38.1	36.9
48.8	—	59.5	57.1	54.0	50.9	49.0	47.1	45.9	44.6	42.2	40.3	38.4	37.2
49.0	—	60.0	57.5	54.4	51.3	49.4	47.5	46.2	45.0	42.5	40.6	38.8	37.5
49.2	—	—	58.0	54.8	51.7	49.8	47.9	46.6	45.4	42.8	41.0	39.1	37.8
49.4	—	—	58.5	55.3	52.1	50.2	48.3	47.1	45.8	43.2	41.3	39.4	38.2
49.6	—	—	58.9	55.7	52.5	50.6	48.7	47.4	46.2	43.6	41.7	39.7	38.5
49.8	—	—	59.4	56.2	53.0	51.0	49.1	47.8	46.5	43.9	42.0	40.1	38.8
50.0	—	—	59.9	56.7	53.4	51.4	49.5	48.2	46.9	44.3	42.3	40.4	39.1
50.2	—	—	60.0	57.1	53.8	51.9	49.9	48.5	47.2	44.6	42.6	40.7	39.4
50.4	—	—	—	57.6	54.3	52.3	50.3	49.0	47.7	45.0	43.0	41.0	39.7
50.6	—	—	—	58.0	54.7	52.7	50.7	49.4	48.0	45.4	43.4	41.4	40.0
50.8	—	—	—	58.5	55.1	53.1	51.1	49.8	48.4	45.7	43.7	41.7	40.3
51.0	—	—	—	59.0	55.6	53.5	51.5	50.1	48.8	46.1	44.1	42.0	40.7
51.2	—	—	—	59.4	56.0	54.0	51.9	50.5	49.2	46.4	44.4	42.3	41.0
51.4	—	—	—	59.9	56.4	54.4	52.3	50.9	49.6	46.8	44.7	42.7	41.3
51.6	—	—	—	60.0	56.9	54.8	52.7	51.3	50.0	47.2	45.1	43.0	41.6
51.8	—	—	—	—	57.3	55.2	53.1	51.7	50.3	47.5	45.4	43.3	41.8
52.0	—	—	—	—	57.8	55.7	53.6	52.1	50.7	47.9	45.8	43.7	42.3
52.2	—	—	—	—	58.2	56.1	54.0	52.5	51.1	48.3	46.2	44.0	42.6
52.4	—	—	—	—	58.7	56.5	54.4	53.0	51.5	48.7	46.5	44.4	43.0
52.6	—	—	—	—	59.1	57.0	54.8	53.4	51.9	49.0	46.9	44.7	43.3
52.8	—	—	—	—	59.6	57.4	55.2	53.8	52.3	49.4	47.3	45.1	43.6
53.0	—	—	—	—	60.0	57.8	55.6	54.2	52.7	49.8	47.6	45.4	43.9
53.2	—	—	—	—	—	58.3	56.1	54.6	53.1	50.2	48.0	45.8	44.3
53.4	—	—	—	—	—	58.7	56.5	55.0	53.5	50.5	48.3	46.1	44.6
53.6	—	—	—	—	—	59.2	56.9	55.4	53.9	50.9	48.7	46.4	44.9

（续）

平均回弹值 R_m	测区混凝土强度换算值 $f^c_{cu,i}$/MPa												
	平均碳化深度值 d_m/mm												
	0.0	0.5	1.0	1.5	2.0	2.5	3.0	3.5	4.0	4.5	5.0	5.5	≥6
53.8	—	—	—	—	—	59.6	57.3	55.8	54.3	51.3	49.0	46.8	45.3
54.0	—	—	—	—	—	60.0	57.8	56.3	54.7	51.7	49.4	47.1	45.6
54.2	—	—	—	—	—	—	58.2	56.7	55.1	52.1	49.8	47.5	46.0
54.4	—	—	—	—	—	—	58.6	57.1	55.6	52.5	50.2	47.9	46.3
54.6	—	—	—	—	—	—	59.1	57.5	56.0	52.9	50.5	48.2	46.6
54.8	—	—	—	—	—	—	59.5	57.9	56.4	53.2	50.9	48.5	47.0
55.0	—	—	—	—	—	—	59.9	58.4	56.8	53.6	51.3	48.9	47.3
55.2	—	—	—	—	—	—	60.0	58.8	57.2	54.0	51.6	49.3	47.7
55.4	—	—	—	—	—	—	—	59.2	57.6	54.4	52.0	49.6	48.0
55.6	—	—	—	—	—	—	—	59.7	58.0	54.8	52.4	50.0	48.4
55.8	—	—	—	—	—	—	—	60.0	58.5	55.2	52.8	50.3	48.7
56.0	—	—	—	—	—	—	—	—	58.9	55.6	53.2	50.7	49.1
56.2	—	—	—	—	—	—	—	—	59.3	56.0	53.5	51.1	49.4
56.4	—	—	—	—	—	—	—	—	59.7	56.4	53.9	51.4	49.8
56.6	—	—	—	—	—	—	—	—	60.0	56.8	54.3	51.8	50.1
56.8	—	—	—	—	—	—	—	—	—	57.2	54.7	52.2	50.5
57.0	—	—	—	—	—	—	—	—	—	57.6	55.1	52.5	50.8
57.2	—	—	—	—	—	—	—	—	—	58.0	55.5	52.9	51.2
57.4	—	—	—	—	—	—	—	—	—	58.4	55.9	53.3	51.6
57.6	—	—	—	—	—	—	—	—	—	58.9	56.3	53.7	51.9
57.8	—	—	—	—	—	—	—	—	—	59.3	56.7	54.0	52.3
58.0	—	—	—	—	—	—	—	—	—	59.7	57.0	54.4	52.7
58.2	—	—	—	—	—	—	—	—	—	60.0	57.4	54.8	53.0
58.4	—	—	—	—	—	—	—	—	—	—	57.8	55.2	53.4
58.6	—	—	—	—	—	—	—	—	—	—	58.2	55.6	53.8
58.8	—	—	—	—	—	—	—	—	—	—	58.6	55.9	54.1
59.0	—	—	—	—	—	—	—	—	—	—	59.0	56.3	54.5
59.2	—	—	—	—	—	—	—	—	—	—	59.4	56.7	54.9
59.4	—	—	—	—	—	—	—	—	—	—	59.8	57.1	55.2
59.6	—	—	—	—	—	—	—	—	—	—	60.0	57.5	55.6
59.8	—	—	—	—	—	—	—	—	—	—	—	57.9	56.0
60.0	—	—	—	—	—	—	—	—	—	—	—	58.3	56.4

注：表中未注明的测区混凝土强度换算值为小于 10MPa 或大于 60MPa。

符合上述条件的泵送混凝土，测区强度可按《回弹法检测混凝土强度技术规程》附录 B 的曲线方程计算或按表 7-6 的规定进行强度换算。

（3）当有下列情况之一时，测区混凝土强度不得按表 7-5 和表 7-6 进行强度换算：

① 非泵送混凝土粗集料最大公称粒径大于 60mm，泵送混凝土粗集料最大公称粒径大于 31.5mm；

② 特种成型工艺制作的混凝土；

③ 检测部位曲率半径小于 250mm；

④ 潮湿或浸水混凝土。

表 7-6　测区泵送混凝土强度换算表

平均回弹值 R_m	测区混凝土强度换算值 $f_{cu,i}^c$/MPa												
	平均碳化深度值 d_m/mm												
	0.0	0.5	1.0	1.5	2.0	2.5	3.0	3.5	4.0	4.5	5.0	5.5	≥6
18.6	10.0	—	—	—	—	—	—	—	—	—	—	—	—
18.8	10.2	10.0	—	—	—	—	—	—	—	—	—	—	—
19.0	10.4	10.2	10.0	—	—	—	—	—	—	—	—	—	—
19.2	10.6	10.4	10.2	10.0	—	—	—	—	—	—	—	—	—
19.4	10.9	10.7	10.4	10.2	10.0	—	—	—	—	—	—	—	—
19.6	11.1	10.9	10.6	10.4	10.2	10.0	—	—	—	—	—	—	—
19.8	11.3	11.1	10.9	10.6	10.4	10.2	10.0	—	—	—	—	—	—
20.0	11.5	11.3	11.1	10.9	10.6	10.4	10.2	10.0	—	—	—	—	—
20.2	11.8	11.5	11.3	11.1	10.9	10.6	10.4	10.2	10.0	—	—	—	—
20.4	12.0	11.7	11.5	11.3	11.1	10.8	10.6	10.4	10.2	10.0	—	—	—
20.6	12.2	12.0	11.7	11.5	11.3	11.0	10.8	10.6	10.4	10.2	10.0	—	—
20.8	12.4	12.2	12.0	11.7	11.5	11.3	11.0	10.8	10.6	10.4	10.2	10.0	—
21.0	12.7	12.4	12.2	11.9	11.7	11.5	11.2	11.0	10.8	10.6	10.4	10.2	10.0
21.2	12.9	12.7	12.4	12.2	11.9	11.7	11.5	11.2	11.0	10.8	10.6	10.4	10.2
21.4	13.1	12.9	12.6	12.4	12.1	11.9	11.7	11.4	11.2	11.0	10.8	10.6	10.3
21.6	13.4	13.1	12.9	12.6	12.4	12.1	11.9	11.6	11.4	11.2	11.0	10.7	10.5
21.8	13.6	13.4	13.1	12.8	12.6	12.3	12.1	11.8	11.6	11.4	11.2	10.9	10.7
22.0	13.9	13.6	13.3	13.1	12.8	12.6	12.3	12.1	11.8	11.6	11.4	11.1	10.9
22.2	14.1	13.8	13.6	13.3	13.0	12.8	12.5	12.3	12.0	11.8	11.6	11.3	11.1
22.4	14.4	14.1	13.8	13.5	13.3	13.0	12.7	12.5	12.2	12.0	11.8	11.5	11.3
22.6	14.6	14.3	14.0	13.8	13.5	13.2	13.0	12.7	12.5	12.2	12.0	11.7	11.5
22.8	14.9	14.6	14.3	14.0	13.7	13.5	13.2	12.9	12.7	12.4	12.2	11.9	11.7

（续）

平均回弹值 R_m	测区混凝土强度换算值 $f^c_{cu,i}/MPa$												
	平均碳化深度值 d_m/mm												
	0.0	0.5	1.0	1.5	2.0	2.5	3.0	3.5	4.0	4.5	5.0	5.5	≥6
23.0	15.1	14.8	14.5	14.2	14.0	13.7	13.4	13.1	12.9	12.6	12.4	12.1	11.9
23.2	15.4	15.1	14.8	14.5	14.2	13.9	13.6	13.4	13.1	12.8	12.6	12.3	12.1
23.4	15.6	15.3	15.0	14.7	14.4	14.1	13.9	13.6	13.3	13.1	12.8	12.6	12.3
23.6	15.9	15.6	15.3	15.0	14.7	14.4	14.1	13.8	13.5	13.3	13.0	12.8	12.5
23.8	16.2	15.8	15.5	15.2	14.9	14.6	14.3	14.1	13.8	13.5	13.2	13.0	12.7
24.0	16.4	16.1	15.8	15.5	15.2	14.9	14.6	14.3	14.0	13.7	13.5	13.2	12.9
24.2	16.7	16.4	16.0	15.7	15.4	15.1	14.8	14.5	14.2	13.9	13.7	13.4	13.1
24.4	17.0	16.6	16.3	16.0	15.7	15.3	15.0	14.7	14.5	14.2	13.9	13.6	13.3
24.6	17.2	16.9	16.5	16.2	15.9	15.6	15.3	15.0	14.7	14.4	14.1	13.8	13.6
24.8	17.5	17.1	16.8	16.5	16.2	15.8	15.5	15.2	14.9	14.6	14.3	14.1	13.8
25.0	17.8	17.4	17.1	16.7	16.4	16.1	15.8	15.5	15.2	14.9	14.6	14.3	14.0
25.2	18.0	17.7	17.3	17.0	16.7	16.3	16.0	15.7	15.4	15.1	14.8	14.5	14.2
25.4	18.3	18.0	17.6	17.3	16.9	16.6	16.3	15.9	15.6	15.3	15.0	14.7	14.4
25.6	18.6	18.2	17.9	17.5	17.2	16.8	16.5	16.2	15.9	15.6	15.2	14.9	14.7
25.8	18.9	18.5	18.2	17.8	17.4	17.1	16.8	16.4	16.1	15.8	15.5	15.2	14.9
26.0	19.2	18.8	18.4	18.1	17.7	17.4	17.0	16.7	16.3	16.0	15.7	15.4	15.1
26.2	19.5	19.1	18.7	18.3	18.0	17.6	17.3	16.9	16.6	16.3	15.9	15.6	15.3
26.4	19.8	19.4	19.0	18.6	18.2	17.9	17.5	17.2	16.8	16.5	16.2	15.9	15.6
26.6	20.0	19.6	19.3	18.9	18.5	18.1	17.8	17.4	17.1	16.8	16.4	16.1	15.8
26.8	20.3	19.9	19.5	19.2	18.8	18.4	18.0	17.7	17.3	17.0	16.7	16.3	16.0
27.0	20.6	20.2	19.8	19.4	19.1	18.7	18.3	17.9	17.6	17.2	16.9	16.6	16.2
27.2	20.9	20.5	20.1	19.7	19.3	18.9	18.6	18.2	17.8	17.5	17.1	16.8	16.5
27.4	21.2	20.8	20.4	20.0	19.6	19.2	18.8	18.5	18.1	17.7	17.4	17.1	16.7
27.6	21.5	21.1	20.7	20.3	19.9	19.5	19.1	18.7	18.4	18.0	17.6	17.3	17.0
27.8	21.8	21.4	21.0	20.6	20.2	19.8	19.4	19.0	18.6	18.3	17.9	17.5	17.2
28.0	22.1	21.7	21.3	20.9	20.4	20.0	19.6	19.3	18.9	18.5	18.1	17.8	17.4
28.2	22.4	22.0	21.6	21.1	20.7	20.3	19.9	19.5	19.1	18.8	18.4	18.0	17.7
28.4	22.8	22.3	21.9	21.4	21.0	20.6	20.2	19.8	19.4	19.0	18.6	18.3	17.9
28.6	23.1	22.6	22.2	21.7	21.3	20.9	20.5	20.1	19.7	19.3	18.9	18.5	18.2
28.8	23.4	22.9	22.5	22.0	21.6	21.2	20.7	20.3	19.9	19.5	19.2	18.8	18.4

（续）

平均回弹值 R_m	测区混凝土强度换算值 $f^c_{cu,i}$/MPa												
	平均碳化深度值 d_m/mm												
	0.0	0.5	1.0	1.5	2.0	2.5	3.0	3.5	4.0	4.5	5.0	5.5	≥6
29.0	23.7	23.2	22.8	22.3	21.9	21.5	21.0	20.6	20.2	19.8	19.4	19.0	18.7
29.2	24.0	23.5	23.1	22.6	22.2	21.7	21.3	20.9	20.5	20.1	19.7	19.3	18.9
29.4	24.3	23.9	23.4	22.9	22.5	22.0	21.6	21.2	20.8	20.3	19.9	19.5	19.2
29.6	24.7	24.2	23.7	23.2	22.8	22.3	21.9	21.4	21.0	20.6	20.2	19.8	19.4
29.8	25.0	24.5	24.0	23.5	23.1	22.6	22.2	21.7	21.3	20.9	20.5	20.1	19.7
30.0	25.3	24.8	24.3	23.8	23.4	22.9	22.5	22.0	21.6	21.2	20.7	20.3	19.9
30.2	25.6	25.1	24.6	24.2	23.7	23.2	22.8	22.3	21.9	21.4	21.0	20.6	20.2
30.4	26.0	25.5	25.0	24.5	24.0	23.5	23.0	22.6	22.1	21.7	21.3	20.9	20.4
30.6	26.3	25.8	25.3	24.8	24.3	23.8	23.3	22.9	22.4	22.0	21.6	21.1	20.7
30.8	26.6	26.1	25.6	25.1	24.6	24.1	23.6	23.2	22.7	22.3	21.8	21.4	21.0
31.0	27.0	26.4	25.9	25.4	24.9	24.4	23.9	23.5	23.0	22.5	22.1	21.7	21.2
31.2	27.3	26.8	26.2	25.7	25.2	24.7	24.2	23.8	23.3	22.8	22.4	21.9	21.5
31.4	27.7	27.1	26.6	26.0	25.5	25.0	24.5	24.1	23.6	23.1	22.7	22.2	21.8
31.6	28.0	27.4	26.9	26.4	25.9	25.3	24.8	24.4	23.9	23.4	22.9	22.5	22.0
31.8	28.3	27.8	27.2	26.7	26.2	25.7	25.1	24.7	24.2	23.7	23.2	22.8	22.3
32.0	28.7	28.1	27.6	27.0	26.5	26.0	25.5	25.0	24.5	24.0	23.5	23.0	22.6
32.2	29.0	28.5	27.9	27.4	26.8	26.3	25.8	25.3	24.8	24.3	23.8	23.3	22.9
32.4	29.4	28.8	28.2	27.7	27.1	26.6	26.1	25.6	25.1	24.6	24.1	23.6	23.1
32.6	29.7	29.2	28.6	28.0	27.5	26.9	26.4	25.9	25.4	24.9	24.4	23.9	23.4
32.8	30.1	29.5	28.9	28.3	27.8	27.2	26.7	26.2	25.7	25.2	24.7	24.2	23.7
33.0	30.4	29.8	29.3	28.7	28.1	27.6	27.0	26.5	26.0	25.5	25.0	24.5	24.0
33.2	30.8	30.2	29.6	29.0	28.4	27.9	27.3	26.8	26.3	25.8	25.2	24.7	24.3
33.4	31.2	30.6	30.0	29.4	28.8	28.2	27.7	27.1	26.6	26.1	25.5	25.0	24.5
33.6	31.5	30.9	30.3	29.7	29.1	28.5	28.0	27.4	26.9	26.4	25.8	25.3	24.8
33.8	31.9	31.3	30.7	30.0	29.5	28.9	28.3	27.7	27.2	26.7	26.1	25.6	25.1
34.0	32.3	31.6	31.0	30.4	29.8	29.2	28.6	28.1	27.5	27.0	26.4	25.9	25.4
34.2	32.6	32.0	31.4	30.7	30.1	29.5	29.0	28.4	27.8	27.3	26.7	26.2	25.7
34.4	33.0	32.4	31.7	31.1	30.5	29.9	29.3	28.7	28.1	27.6	27.0	26.5	26.0
34.6	33.4	32.7	32.1	31.4	30.8	30.2	29.6	29.0	28.5	27.9	27.4	26.8	26.3
34.8	33.8	33.1	32.4	31.8	31.2	30.6	30.0	29.4	28.8	28.2	27.7	27.1	26.6

（续）

平均回弹值 R_m	测区混凝土强度换算值 $f^c_{cu,i}$/MPa												
	平均碳化深度值 d_m/mm												
	0.0	0.5	1.0	1.5	2.0	2.5	3.0	3.5	4.0	4.5	5.0	5.5	≥6
35.0	34.1	33.5	32.8	32.2	31.5	30.9	30.3	29.7	29.1	28.5	28.0	27.4	26.9
35.2	34.5	33.8	33.2	32.5	31.9	31.2	30.6	30.0	29.4	28.8	28.3	27.7	27.2
35.4	34.9	34.2	33.5	32.9	32.2	31.6	31.0	30.4	29.8	29.2	28.6	28.0	27.5
35.6	35.3	34.6	33.9	33.2	32.6	31.9	31.3	30.7	30.1	29.5	28.9	28.3	27.8
35.8	35.7	35.0	34.3	33.6	32.9	32.3	31.6	31.0	30.4	29.8	29.2	28.6	28.1
36.0	36.0	35.3	34.6	34.0	33.3	32.6	32.0	31.4	30.7	30.1	29.5	29.0	28.4
36.2	36.4	35.7	35.0	34.3	33.6	33.0	32.3	31.7	31.1	30.5	29.9	29.3	28.7
36.4	36.8	36.1	35.4	34.7	34.0	33.3	32.7	32.0	31.4	30.8	30.2	29.6	29.0
36.6	37.2	36.5	35.8	35.1	34.4	33.7	33.0	32.4	31.7	31.1	30.5	29.9	29.3
36.8	37.6	36.9	36.2	35.4	34.7	34.1	33.4	32.7	32.1	31.4	30.8	30.2	29.6
37.0	38.0	37.3	36.5	35.8	35.1	34.4	33.7	33.1	32.4	31.8	31.2	30.5	29.9
37.2	38.4	37.7	36.9	36.2	35.5	34.8	34.1	33.4	32.8	32.1	31.5	30.9	30.2
37.4	38.8	38.1	37.3	36.6	35.8	35.1	34.4	33.8	33.1	32.4	31.8	31.2	30.6
37.6	39.2	38.4	37.7	36.9	36.2	35.5	34.8	34.1	33.4	32.8	32.1	31.5	30.9
37.8	39.6	38.8	38.1	37.3	36.6	35.9	35.2	34.5	33.8	33.1	32.5	31.8	31.2
38.0	40.0	39.2	38.5	37.7	37.0	36.2	35.5	34.8	34.1	33.5	32.8	32.2	31.5
38.2	40.4	39.6	38.9	38.1	37.3	36.6	35.9	35.2	34.5	33.8	33.1	32.5	31.8
38.4	40.9	40.1	39.3	38.5	37.7	37.0	36.3	35.5	34.8	34.2	33.5	32.8	32.2
38.6	41.3	40.5	39.7	38.9	38.1	37.4	36.6	35.9	35.2	34.5	33.8	33.2	32.5
38.8	41.7	40.9	40.1	39.3	38.5	37.7	37.0	36.3	35.5	34.8	34.2	33.5	32.8
39.0	42.1	41.3	40.5	39.7	38.9	38.1	37.4	36.6	35.9	35.2	34.5	33.8	33.2
39.2	42.5	41.7	40.9	40.1	39.3	38.5	37.7	37.0	36.3	35.5	34.8	34.2	33.5
39.4	42.9	42.1	41.3	40.5	39.7	38.9	38.1	37.4	36.6	35.9	35.2	34.5	33.8
39.6	43.4	42.5	41.7	40.9	40.0	39.3	38.5	37.7	37.0	36.3	35.5	34.8	34.2
39.8	43.8	42.9	42.1	41.3	40.4	39.6	38.9	38.1	37.3	36.6	35.9	35.2	34.5
40.0	44.2	43.4	42.5	41.7	40.8	40.0	39.2	38.5	37.7	37.0	36.2	35.5	34.8
40.2	44.7	43.8	42.9	42.1	41.2	40.4	39.6	38.8	38.1	37.3	36.6	35.9	35.2
40.4	45.1	44.2	43.3	42.5	41.6	40.8	40.0	39.2	38.4	37.7	36.9	36.2	35.5
40.6	45.5	44.6	43.7	42.9	42.0	41.2	40.4	39.6	38.8	38.1	37.3	36.6	35.8
40.8	46.0	45.1	44.2	43.3	42.4	41.6	40.8	40.0	39.2	38.4	37.7	36.9	36.2

（续）

平均回弹值 R_m	测区混凝土强度换算值 $f^c_{cu,i}$/MPa												
	平均碳化深度值 d_m/mm												
	0.0	0.5	1.0	1.5	2.0	2.5	3.0	3.5	4.0	4.5	5.0	5.5	≥6
41.0	46.4	45.5	44.6	43.7	42.8	42.0	41.2	40.4	39.6	38.8	38.0	37.3	36.5
41.2	46.8	45.9	45.0	44.1	43.2	42.4	41.6	40.7	39.9	39.1	38.4	37.6	36.9
41.4	47.3	46.3	45.4	44.5	43.7	42.8	42.0	41.1	40.3	39.5	38.7	38.0	37.2
41.6	47.7	46.8	45.9	45.0	44.1	43.2	42.3	41.5	40.7	39.9	39.1	38.3	37.6
41.8	48.2	47.2	46.3	45.4	44.5	43.6	42.7	41.9	41.1	40.3	39.5	38.7	37.9
42.0	48.6	47.7	46.7	45.8	44.9	44.0	43.1	42.3	41.5	40.6	39.8	39.1	38.3
42.2	49.1	48.1	47.1	46.2	45.3	44.4	43.5	42.7	41.8	41.0	40.2	39.4	38.6
42.4	49.5	48.5	47.6	46.6	45.7	44.8	43.9	43.1	42.2	41.4	40.6	39.8	39.0
42.6	50.0	49.0	48.0	47.1	46.1	45.2	44.3	43.5	42.6	41.8	40.9	40.1	39.3
42.8	50.4	49.4	48.5	47.5	46.6	45.6	44.7	43.9	43.0	42.2	41.3	40.5	39.7
43.0	50.9	49.9	48.9	47.9	47.0	46.1	45.2	44.3	43.4	42.5	41.7	40.9	40.1
43.2	51.3	50.3	49.3	48.4	47.4	46.5	45.6	44.7	43.8	42.9	42.1	41.2	40.4
43.4	51.8	50.8	49.8	48.8	47.8	46.9	46.0	45.1	44.2	43.3	42.5	41.6	40.8
43.6	52.3	51.2	50.2	49.2	48.3	47.3	46.4	45.5	44.6	43.7	42.8	42.0	41.2
43.8	52.7	51.7	50.7	49.7	48.7	47.7	46.8	45.9	45.0	44.1	43.2	42.4	41.5
44.0	53.2	52.2	51.1	50.1	49.1	48.2	47.2	46.3	45.4	44.5	43.6	42.7	41.9
44.2	53.7	52.6	51.6	50.6	49.6	48.6	47.6	46.7	45.8	44.9	44.0	43.1	42.3
44.4	54.1	53.1	52.0	51.0	50.0	49.0	48.0	47.1	46.2	45.3	44.4	43.5	42.6
44.6	54.6	53.5	52.5	51.5	50.4	49.4	48.5	47.5	46.6	45.7	44.8	43.9	43.0
44.8	55.1	54.0	52.9	51.9	50.9	49.9	48.9	47.9	47.0	46.1	45.1	44.3	43.4
45.0	55.6	54.5	53.4	52.4	51.3	50.3	49.3	48.3	47.4	46.5	45.5	44.6	43.8
45.2	56.1	55.0	53.9	52.8	51.8	50.7	49.7	48.8	47.8	46.9	45.9	45.0	44.1
45.4	56.5	55.4	54.3	53.3	52.2	51.2	50.2	49.2	48.2	47.3	46.3	45.4	44.5
45.6	57.0	55.9	54.8	53.7	52.7	51.6	50.6	49.6	48.6	47.7	46.7	45.8	44.9
45.8	57.5	56.4	55.3	54.2	53.1	52.1	51.0	50.0	49.0	48.1	47.1	46.2	45.3
46.0	58.0	56.9	55.7	54.6	53.6	52.5	51.5	50.5	49.5	48.5	47.5	46.6	45.7
46.2	58.5	57.3	56.2	55.1	54.0	52.9	51.9	50.9	49.9	48.9	47.9	47.0	46.1
46.4	59.0	57.8	56.7	55.6	54.5	53.4	52.3	51.3	50.3	49.3	48.3	47.4	46.4
46.6	59.5	58.3	57.2	56.0	54.9	53.8	52.8	51.7	50.7	49.7	48.7	47.8	46.8
46.8	60.0	58.8	57.6	56.5	55.4	54.3	53.2	52.2	51.1	50.1	49.1	48.2	47.2

（续）

平均回弹值 R_m	测区混凝土强度换算值 $f^c_{cu,i}$/MPa												
	平均碳化深度值 d_m/mm												
	0.0	0.5	1.0	1.5	2.0	2.5	3.0	3.5	4.0	4.5	5.0	5.5	≥6
47.0	—	59.3	58.1	57.0	55.8	54.7	53.7	52.6	51.6	50.5	49.5	48.6	47.6
47.2	—	59.8	58.6	57.4	56.3	55.2	54.1	53.0	52.0	51.0	50.0	49.0	48.0
47.4	—	60.0	59.1	57.9	56.8	55.6	54.5	53.5	52.4	51.4	50.4	49.4	48.4
47.6	—	—	59.6	58.4	57.2	56.1	55.0	53.9	52.8	51.8	50.8	49.8	48.8
47.8	—	—	60.0	58.9	57.7	56.6	55.4	54.4	53.3	52.2	51.2	50.2	49.2
48.0	—	—	—	59.3	58.2	57.0	55.9	54.8	53.7	52.7	51.6	50.6	49.6
48.2	—	—	—	59.8	58.6	57.5	56.3	55.2	54.1	53.1	52.0	51.0	50.0
48.4	—	—	—	60.0	59.1	57.9	56.8	55.7	54.6	53.5	52.5	51.4	50.4
48.6	—	—	—	—	59.6	58.4	57.3	56.1	55.0	53.9	52.9	51.8	50.8
48.8	—	—	—	—	60.0	58.9	57.7	56.6	55.5	54.4	53.3	52.2	51.2
49.0	—	—	—	—	—	59.3	58.2	57.0	55.9	54.8	53.7	52.7	51.6
49.2	—	—	—	—	—	59.8	58.6	57.5	56.3	55.2	54.1	53.1	52.0
49.4	—	—	—	—	—	60.0	59.1	57.9	56.8	55.7	54.6	53.5	52.4
49.6	—	—	—	—	—	—	59.6	58.4	57.2	56.1	55.0	53.9	52.9
49.8	—	—	—	—	—	—	60.0	58.8	57.7	56.6	55.4	54.3	53.3
50.0	—	—	—	—	—	—	—	59.3	58.1	57.0	55.9	54.8	53.7
50.2	—	—	—	—	—	—	—	59.8	58.6	57.4	56.3	55.2	54.1
50.4	—	—	—	—	—	—	—	60.0	59.0	57.9	56.7	55.6	54.5
50.6	—	—	—	—	—	—	—	—	59.5	58.3	57.2	56.0	54.9
50.8	—	—	—	—	—	—	—	—	60.0	58.8	57.6	56.5	55.4
51.0	—	—	—	—	—	—	—	—	—	59.2	58.1	56.9	55.8
51.2	—	—	—	—	—	—	—	—	—	59.7	58.5	57.3	56.2
51.4	—	—	—	—	—	—	—	—	—	60.0	58.9	57.8	56.6
51.6	—	—	—	—	—	—	—	—	—	—	59.4	58.2	57.1
51.8	—	—	—	—	—	—	—	—	—	—	59.8	58.7	57.5
52.0	—	—	—	—	—	—	—	—	—	—	60.0	59.1	57.9
52.2	—	—	—	—	—	—	—	—	—	—	—	59.5	58.4
52.4	—	—	—	—	—	—	—	—	—	—	—	60.0	58.8
52.6	—	—	—	—	—	—	—	—	—	—	—	—	59.2
52.8	—	—	—	—	—	—	—	—	—	—	—	—	59.7

注：1. 表中未注明的测区混凝土强度换算值为小于10MPa或大于60MPa。

2. 表中数值是根据曲线方程 $f=0.034488R^{1.9400}10^{(-0.0173d_m)}$ 计算的。

7. 混凝土强度的计算

构件第 i 个测区混凝土强度换算值，可按第 i 个测区的平均回弹值（R_m）及平均碳化深度值（d_m）查表 7-5 和表 7-6 或计算得出。当有地区或专用测强曲线时，混凝土强度的换算值宜按地区测强曲线或专用测强曲线计算或查表得出。构件的测区混凝土强度平均值应根据各测区的混凝土强度换算值计算。当测区数为 10 个及以上时，还应计算强度标准差。平均值及标准差应按下列公式计算：

$$m_{f_{cu}^c} = \frac{\sum\limits_{i=1}^{n} f_{cu,i}^c}{n} \tag{7-15}$$

$$S_{f_{cu}^c} = \sqrt{\frac{\sum\limits_{i=1}^{n} (f_{cu,i}^c)^2 - n(m_{f_{cu}^c})^2}{n-1}} \tag{7-16}$$

式中 $m_{f_{cu}^c}$——构件测区混凝土强度换算值的平均值（MPa），精确至 0.1MPa。

n——对于单个检测的构件，取该构件的测区数；对批量检测的构件，取所有被抽检构件测区数之和。

$S_{f_{cu}^c}$——结构或构件测区混凝土强度换算值的标准差（MPa），精确至 0.01MPa。

构件的现龄期混凝土强度推定值（$f_{cu,e}$，是指相应于强度换算值总体分布中保证率不低于 95% 的构件中混凝土抗压强度值）的计算，当构件测区数少于 10 个时，应按下式计算：

$$f_{cu,e} = f_{cu,min}^c \tag{7-17}$$

式中 $f_{cu,min}^c$——构件中最小的测区混凝土强度换算值。

当构件的测区强度值中出现小于 10.0MPa 的情况时，应按下式确定：

$$f_{cu,e} < 10.0\text{MPa} \tag{7-18}$$

当构件测区数不少于 10 个时，应按下式计算：

$$f_{cu,e} = m_{f_{cu}^c} - 1.645 S_{f_{cu}^c} \tag{7-19}$$

当批量检测时，应按下式计算：

$$f_{cu,e} = m_{f_{cu}^c} - k S_{f_{cu}^c} \tag{7-20}$$

式中 k——推定系数，宜取 1.645。当需要进行推定强度区间时，可按国家现行有关标准的规定取值。

对按批量检测的构件，当该批构件混凝土强度标准差出现下列情况之一时，该批构件应全部按单个构件检测：

（1）当该批构件混凝土强度平均值小于 25MPa、混凝土强度换算值的标准差大于 4.5MPa 时；

（2）当该批构件混凝土强度平均值大于或等于 25MPa 且小于或等于 60MPa、混凝土强度换算值的标准差大于 5.5MPa 时。

8. 混凝土构件强度回弹检测实例

某桥梁工程建设项目，质量验收时对混凝土桥面板强度进行抽检，相关信息见表 7-7。采用回弹法测强，其中一构件的测试结果见表 7-7。试推定该混凝土桥面板的强度是否符合要求。

工程名称：

表 7 - 7 回弹法检测混凝土抗压强度试验记录表

| 任务单号 | 000146 | | 合同号 | 0038 | | 编号： | 10 |

试验日期	2012 年 3 月 11 日	试验环境	常温
试验规程	JGJ/T 23—2011	试验设备	ZC3 - A 回弹仪
评定标准	JGJ/T 23—2011	试验人员	
		复核人员	

| 结构物名称 | K2＋220 中桥 | 测试部位 | 桥面板 | 设计强度等级 | C30 | 施工日期 | 2011.10.12—13 |
| 构件龄期 | 150d | 测试面状态 | 洁净、干燥 | 测试位置 | 顶面 | 回弹仪型号 | ZC3 - A | 率定值 | 80 |

测区位置	测区回弹值/MPa																有效均值/MPa	角度修正值/MPa	非侧面修正值/MPa	碳化深度/mm	强度换算值/MPa
测点	1	2	3	4	5	6	7	8	9	10	11	12	13	14	15	16					
1	35	33	35	34	32	34	38	34	33	32	33	33	32	32	32	34	33.2	36.6	37.4	3.5	33.8
2	34	32	35	33	33	34	34	40	40	34	34	32	34	33	33	32	33.6	36.9	37.7	3.5	34.3
3	43	36	33	38	34	34	33	32	35	35	34	32	34	35	35	35	34.3	37.6	38.3	3.5	35.1
4	34	36	34	33	32	36	34	32	34	34	32	35	38	38	34	34	34.2	37.5	38.2	3.5	35.2
5	32	34	34	38	36	34	33	34	33	34	32	36	34	33	34	41	33.9	37.2	38.0	3.5	34.8
6	32	33	33	34	34	32	30	32	33	32	35	32	33	34	34	34	33.1	36.5	37.3	3.5	34.0
7	36	34	33	33	33	35	30	39	36	36	44	44	34	32	32	33	34.8	38.1	38.9	3.5	36.3
8	33	32	32	32	30	30	32	36	34	32	33	52	33	33	32	32	32.4	35.8	36.7	3.5	32.6
9	35	40	33	32	35	35	38	36	28	32	31	34	32	34	34	34	33.8	37.1	37.9	3.5	34.3
10	35	35	32	30	32	35	34	34	34	35	34	37	36	34	35	34	34.4	37.7	38.4	3.5	35.5

| 测区数 | 10 | 平均值/MPa | 34.26 | 标准差/MPa | 1.05 | 最小值/MPa | 32.6 | 推定抗压强度/MPa | 32.5 |

结论：该混凝土桥面梁构件强度推定值为 32.5MPa，大于 30.0MPa，满足设计要求。

181

（1）计算测区回弹平均值，结果见表 7 - 7。

（2）按表 7 - 3 进行角度修正，结果见表 7 - 7。

（3）按表 7 - 4 进行浇筑面修正，结果见表 7 - 7。

（4）根据修正的回弹平均值和表 7 - 7 的碳化深度，按表 7 - 6 查测区混凝土强度换算值。

（5）根据 10 个测区的混凝土强度换算值计算平均值和标准差。

（6）当构件测区数不少于 10 个时，应按下式计算：

$$f_{cu,e} = m_{f_{cu}^c} - 1.645 S_{f_{cu}^c} = 34.26 - 1.645 \times 1.05 = 32.5 (MPa)$$

7.2.6　超声回弹综合法检测混凝土强度

1. 测强原理

超声法是根据超声脉冲在混凝土中的传播规律与混凝土有一定关系的原理，通过测定超声脉冲的参数，如传播速度或脉冲衰减值，来推断混凝土的强度，如图 7.12 所示。超声法检测能够反映混凝土内部密实情况，但对人员、设备要求高，且因人而异情况显著；

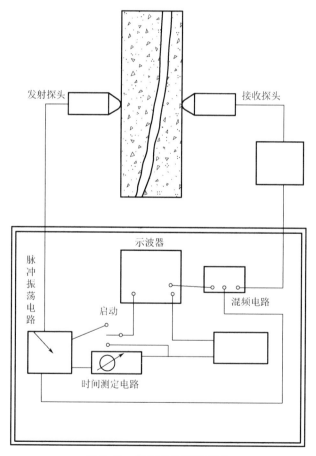

图 7.12　超声法检测原理图

回弹法要求相对较低，但不能反映混凝土内部的密实度，因此将二者结合能避免彼此的缺点，增加很多优点。超声回弹综合法是建立在超声波传播速度和回弹值与混凝土抗压强度之间相关关系的基础之上，以声速和回弹值综合反映混凝土抗压强度的一种非破损方法。超声回弹综合法比单一超声方法精度高，其适用条件基本上和回弹法相同。

2. 适用条件

在正常情况下，混凝土质量检查应按现行国家标准《混凝土结构工程施工质量验收规范》（GB 50204—2015）和《混凝土强度检验评定标准》（GB 50107—2010）的规定，采用标准试件的抗压强度来检验混凝土的强度质量，不允许采用《超声回弹综合法检测混凝土强度技术规程》（CECS 02—2005）的方法取代国家标准的要求。但下列情况可按《超声回弹综合法检测混凝土强度技术规程》（CECS 02—2005）的规定对结构或构件的混凝土强度进行检测推定，并作为判断结构是否需要处理的一个依据。

（1）由于种种原因导致试件与结构的混凝土质量不一致。

（2）混凝土试件强度评定为不合格。

（3）对使用中的结构，需要检测届时（现龄期）的混凝土强度时。

本方法适用于密度为 $2400kg/m^3$ 左右的结构混凝土，不适用于混凝土在硬化期间遭受冻害和结构遭受化学侵蚀、火灾、高温损伤的结构混凝土性能表里不一致的情况。

3. 超声回弹测试

超声回弹综合法的测试仪器为回弹仪和超声仪。所采用的回弹仪要求与回弹法测试混凝土强度所用的混凝土回弹仪相同。所采用的混凝土超声检测仪应通过技术鉴定，必须具有产品合格证和检定证。混凝土超声检测仪应符合现行行业标准《混凝土超声波检测仪》（JG/T 5004—1992）的要求，并在检定有效期内使用。超声仪应具有波形清晰、显示稳定的示波装置，超声检测仪声时最小分度值应为 $0.1\mu s$，具有最小分度值为 1dB 的信号幅度调整系统，接收放大器频响范围为 $10\sim500kHz$，总增益不小于 80dB，接收灵敏度（信噪比 3∶1 时）小于或等于 $50\mu V$，电源电压波动范围在标称值 $\pm10\%$ 的情况下能正常工作。连续正常工作时间不少于 4h。换能器的工作频率宜在 $50\sim100kHz$ 范围内，实测主频与标称频率相差不应超过 $\pm10\%$。声波检测仪器使用时，环境温度应为 $0\sim40℃$。

超声波检测仪的计量检验应按"时-距"法实测空气声速，并与计算值比较。具体方法如下。

（1）取常用平面换能器一对，接于超声波仪器上，开机预热 10min。

（2）在空气中将两个换能器的辐射面对准，依次改变两个换能器辐射面之间的距离（如 50mm、60mm、70mm、80mm、90mm、100mm、110mm、120mm…），在保持首波幅度一致的条件下，读取各间距所对应的声时值 t_1、t_2、…、t_n。同时测量空气温度 T_k，精确至 $0.5℃$。测量时应注意：①两个换能器辐射面的轴线始终保持在同一直线上；②换能器辐射面间距的测量误差不应超过 $\pm1\%$ 且测量精度为 0.5mm；③换能辐射面宜悬空相对放置，若置于地板或桌面上，必须在换能器下面垫以吸声材料。空气中实测时速的计算方法如下。

① 坐标法。以换能器辐射面间距为纵坐标，声时读数为横坐标，将各组数据点绘在直角坐标图上。穿越各点形成一直线，算出该直线的斜率，即为空气中的声速实测值 v_0。

② 回归法。以各测点的测距和对应的声时求回归直线方程。其中 a、b 为回归系数；回归系数 b 便是空气中的声速实测值 v_0。

$$l = a + bt \tag{7-21}$$

空气中的声速计算值，可按下式求得：

$$v_k = 331.4 \sqrt{1 + 0.00367 T_k} \tag{7-22}$$

式中   331.4——0℃时空气中的声速值（m/s）；

v_k——温度 T_k 为时空气中的声速计算值（m/s）；

T_k——测试时空气的温度（℃）。

空气中的声速计算值与空气中的声速实测值之间的相对误差，可按下列公式计算：

$$e_r = (v_k - v_0)/v_k \times 100\% \tag{7-23}$$

计算所得的值不应超过 $\pm 0.5\%$；否则，应检查仪器各部位的连接后重测，或更换超声波检测仪。

检测时，应根据测试需要在仪器上配置合适的换能器和高频电缆线，并测定声时初读数。检测过程中如更换换能器或高频电缆线，应重新测定 t_0。为确保仪器处于正常状态，应定期对超声仪进行保养。

采用超声回弹综合法进行混凝土强度测试前宜具备的资料与回弹法测试混凝土强度的要求一致。检测数量、抽样要求、测区布置要求与回弹法测试混凝土构件强度的要求一致。结构或构件上的测区应编号，并记录测区位置和外观质量情况。对结构或构件的每一测区，应先进行回弹测试，后进行超声测试。计算混凝土抗压强度换算值时，非同一测区内的回弹值和声速值不得混用。

回弹测试要求与回弹法测试混凝土强度的要求一致。回弹值的计算、修正也与回弹法测试混凝土强度的要求一致。测量回弹值时，应在构件测区内超声波的发射和接受面各弹击 8 点；当超声波单面平测时，可在超声波的发射和接受测点之间弹击 16 点；每一测点的回弹值，读数精确至 1。超声测点应布置在回弹测试的同一测区内，每一测区布置 3 个测点。超声测试的方法分为对测、角测和单面平测；测试时宜优先采用对测或角测，当被测构件不具备对测或角测条件时，可采用单面平测。

当结构或构件被测部位只有两个相邻表面可供检测时，可采用角测方法测量混凝土中的声速，每个测区布置 3 个测点，换能器布置如图 7.13 所示。布置超声角测点时，换能器中心与构件边缘的距离不宜小于 200mm。在检测中，如一个表面较窄、另一表面较宽时，测点布置时可不相等，但二者相差不宜大于 2 倍。

角测时超声测距按下式计算：

$$l_i = \sqrt{l_{1i}^2 + l_{2i}^2} \tag{7-24}$$

式中 l_i——角测第 i 个测点换能器的超声测距（mm）；

l_{1i}、l_{2i}——角测第 i 个测点换能器与构件边缘的距离（mm）。

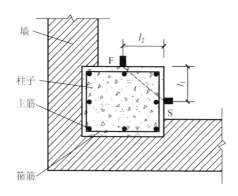

图 7.13 换能器布置一

F—发射换能器；S—接收换能器

当结构或构件被测部位只有一个表面可供检测时，可采用平测方法测量混凝土中的声速。所谓超声波平测法，就是将发射换能器和接受换能器耦合于被测构件的同一表面上进行声时测量。每个测区布置 3 个测点，换能器布置如图 7.14 所示。

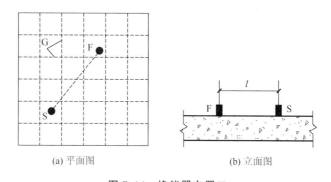

(a) 平面图   (b) 立面图

图 7.14 换能器布置二

F—发射换能器；S—接收换能器；G—钢筋轴线

平测时应注意以下问题。

(1) 布置超声平测点时，宜使发射换能器和接受换能器的连线与附近钢筋轴线成 $40°\sim50°$ 角，以避开钢筋的影响。

(2) 超声测距宜采用 $350\sim450$mm，这样首波起始点较易辨认，便于声时测量。

(3) 宜采用同一构件对测声速与平测声速之比求得修正系数 λ，对平测声速进行修正。

(4) 当被测结构或构件不具备对测与平测的对比条件时，宜选取有代表性的部位，以测距 $l=200$mm、250mm、300mm、350mm、400mm、450mm、500mm，逐点测读相应声时值。用回归分析方法求出直线方程 $l=a+bt$，以回归系数 b 代替声速 v_d，求得修正系数 $\lambda(\lambda=b/v_p)$，对平测声速进行修正。

(5) 因平测法只能反映浅层混凝土的质量，所以厚度较大的板式结构（如混凝土承台、筏板等）不宜采用平测法，可沿结构表面一定距离钻一个直径为 $10\sim50$mm 的超声测试孔，采用径向振动式换能器进行声速测量。

超声测试时，换能器辐射面应通过耦合剂与混凝土表面良好耦合。声时测量应精确至 0.1μs，超声测距测量应精确至 1.0mm，且测量误差不应超过 $\pm1\%$。

4. 测区回弹值和声速值的测量及计算

当在混凝土浇筑方向的侧面对测或相邻表面角测时，测区混凝土中声速代表值应根据测区中 3 个测点的混凝土声速值，按下式计算：

$$v = \frac{1}{3} \sum_{i=1}^{3} \frac{l_i}{t_i - t_0} \qquad (7-25)$$

式中　v——测区混凝土中声速代表（km/s）；

　　　l_i——第 i 个测点的超声测距（mm）；

　　　t_i——第 i 个测点的声时读数（μs）；

　　　t_0——声时初读数（μs）。

平测时应计算修正后的混凝土中声速代表值，其计算公式如下：

$$v = \frac{\lambda}{3} \sum_{i=1}^{3} \frac{l_i}{t_i - t_0} \qquad (7-26)$$

式中　λ——平测声速修正系数（表 7-8）。

表 7-8　超声测试面的声速修正系数

测 试 方 法	浇 筑 顶 面	浇 筑 底 面
对测、角测	1.304	1.304
平测	1.05	0.95

在混凝土浇筑顶面或底面测试中，测区声速代表值应按下列公式进行修正：

$$v_a = \beta v \qquad (7-27)$$

式中　v——测区声速值（km/s）；

　　　v_a——修正后的测区声速值（km/s）。

5. 测区混凝土强度换算值推定

根据测区的回弹值 R_{ai}（回弹法中用 N_i 表示）及测区声速值 v_{ai}，优先采用专用或地区的综合法测强曲线推定测区混凝土强度换算值。当无该类测强曲线时，经验证后可按下列公式计算：

$$f_{cu,i}^c = 0.0056 v_{ai}^{1.439} R_{ai}^{1.769} \qquad （粗骨料为卵石时）\qquad (7-28)$$

$$f_{cu,i}^c = 0.0162 v_{ai}^{1.656} R_{ai}^{1.410} \qquad （粗骨料碎石时）\qquad (7-29)$$

式中　$f_{cu,i}^c$——第 i 个测区混凝土强度换算值（MPa），精确至 0.1 MPa；

　　　v_{ai}——第 i 个测区修正后的超声波声速值（km/s），精确至 0.01km/s；

　　　R_{ai}——第 i 个测区修正后的回弹值，精确至 0.1。

《超声回弹综合法检测混凝土强度技术规程》（CECS 02—2005）中附录给出了按式(7-13)、式(7-14)编制的测区混凝土强度换算表，可供查用。

6. 超声回弹综合法检测实例表

超声回弹综合法检测计算表见表 7-9。

表 7－9　超声回弹综合法检测计算表

编号 结构名称	测区	测试回弹值 R_i 1	2	3	4	5	6	7	8	炭化深度 d_i/mm	测试角度	测试面状况	回弹平均值 R_m	角度修正值	角度修正后	测面修正值	测面修正后	超声声时值/μs 1	2	3	t_m	测距 L/mm	声速 v/(km/s)	超声测面修正系数	修正后声速/(km/s)	换算强度
1－F（梁）	1	41 39	39 38	39 39	42 40	37 35	38 38	38 45	39 39		90	干燥	38.8	0.0	38.8	0.0	38.8	86.5	87.5	87.5	87.2	410	4.704	1	4.704	35.4
	2	37 38	38 39	39 36	34 34	38 39	40 40	38 39	37 41		90	干燥	38.2	0.0	38.2	0.0	38.2	88.0	88.0	87.0	87.7	410	4.677	1	4.677	35.0
	3	39 40	43 39	37 41	40 40	47 37	38 38	39 40	40 39		90	干燥	39.4	0.0	39.4	0.0	39.4	88.0	85.5	85.0	86.2	410	4.758	1	4.758	38.5
	4	41 42	44 38	43 38	37 37	42 35	42 40	37 45	39 38		90	干燥	39.7	0.0	39.7	0.0	39.7	85.5	86.5	81.5	85.5	410	4.795	1	4.795	39.1
	5	41 40	39 38	38 39	44 36	41 38	42 38	38 38	41 39		90	干燥	39.1	0.0	39.1	0.0	39.1	88.0	85.0	85.0	86.0	410	4.767	1	4.767	37.7
	6	39 38	42 39	38 42	41 41	39 43	39 42	41 43	42 41		90	干燥	40.7	0.0	40.7	0.0	40.7	85.0	85.5	90.5	87.0	410	4.713	1	4.713	39.3
	7	38 40	45 41	38 38	39 42	49 41	39 35	38 39	37 41		90	干燥	39.2	0.0	39.2	0.0	39.2	86.5	86.5	92.5	88.5	410	4.633	1	4.633	36.2
	8	42 35	38 38	45 38	39 38	42 35	42 36	39 37	35 39		90	干燥	38.8	0.0	38.8	0.0	38.8	85.5	83.5	91.0	86.7	410	4.731	1	4.731	36.9
	9	41 39	43 40	41 42	41 38	40 43	36 42	36 45	37 42		90	干燥	40.4	0.0	40.4	0.0	40.4	84.0	85.5	87.5	85.7	410	4.786	1	4.786	39.9
	10	38 38	39 42	42 49	38 38	42 40	41 42	41 42	39 41		90	干燥	40.8	0.0	40.8	0.0	40.8	83.5	85.5	89.5	86.2	410	4.758	1	4.758	40.0

强度计算：　$n=10$　$m_{f^c_{cu}}=37.8\text{MPa}$；　$S_{f^c_{cu}}=1.85\text{MPa}$；　$f^c_{cu}=31.8\text{MPa}$

说明	回弹仪	型号		超声仪	型号		混凝土设计强度等级	
		编号			编号			
		率定值			仪器零值/μs			
					检测依据：			

测试：　　　　　记录：　　　　　计算：

7.2.7 混凝土强度的钻芯法检测

钻芯法是使用专门的钻芯机直接从混凝土构件上钻取圆柱形芯样，经过适当的加工后在压力机上试压测试抗压强度，并根据芯样的抗压强度推定结构混凝土强度的一种半破损检测方法。钻芯法测强的依据是《钻芯法检测混凝土强度技术规程》（JGJ/T 384—2016），按该规程推定的结构混凝土强度可作为结构混凝土的评判依据和结构安全性鉴定的依据。但钻芯检测混凝土强度不应代替国家标准规定的混凝土强度检验评定方法。当钻芯法与其他混凝土强度检测方法配合使用时，尚应遵守该检测方法相应技术规程的有关规定。钻芯操作应由熟练的工作人员完成，应遵守国家有关安全生产和劳动保护的规定，并应遵守钻芯现场安全生产的有关规定。

1. 适用范围

钻芯法检测混凝土强度主要用于下列情况：
（1）对立方体试块抗压强度的测试结果有怀疑；
（2）因材料、施工或养护不良而发生混凝土质量问题时；
（3）混凝土遭受冻害、火灾、化学侵蚀或其他损害时；
（4）需检测经多年使用的建筑结构或构筑物中混凝土强度时；
（5）需要施工验收辅助资料时。

钻芯法适用于抗压强度不大于 80MPa 的普通混凝土抗压强度的检测，对于强度等级高于 80MPa 的混凝土、轻骨料混凝土和钢纤维混凝土的强度检测，应通过专门的试验确定。抗压试验的芯样试件，其直径应为 100mm，且不宜小于骨料最大粒径的 3 倍；也可采用小直径的芯样试件，但其公称直径不应控制为 70～75mm，且不得小于骨料最大粒径的 2 倍。钻芯法检测混凝土强度宜与其他混凝土强度检测方法配合使用，形成钻芯验证法和钻芯修正法，也可单独使用推定结构混凝土强度或单个构件的混凝土强度。

2. 取芯仪器设备

钻取芯样加工的主要设备、仪器均应具有产品合格证。钻芯机应具有足够的刚度、操作灵活、固定和移动方便，并应有水冷却系统。钻取芯样时宜采用金刚石或人造金刚石薄壁钻头。钻头胎体不得有肉眼可见的裂缝、缺边、少角、倾斜及喇叭口变形。钻头胎体对钢体的同心偏差不得大于 0.3mm，钻头的径向跳动小于或等于 1.5mm。锯切芯样时使用的锯切机和磨芯样，应具有冷却系统和牢固夹紧芯样的装置；配套使用的人造金刚石圆锯片应有足够的刚度。芯样宜采用补平装置（或研磨机）进行芯样端面加工。补平装置除应保证芯样的端面平整外，尚应保证芯样端面与芯样轴线垂直。探测钢筋位置的磁感仪，应适用于现场操作，最大探测深度不应小于 60mm，探测位置偏差不宜大于 ±5mm。

3. 芯样的钻取

采用钻芯法检测结构混凝土强度前，宜具备下列资料：
（1）工程名称（或代号）及设计、施工、建设单位名称；
（2）结构或构件的种类、外形尺寸及数量；

（3）设计采用的混凝土强度等级；

（4）成型日期，原材料（水泥品种、粗骨料粒径等）和试块抗压强度试验报告；

（5）结构或构件的质量状况和施工中存在问题的记录；

（6）有关的结构设计图和施工图等。

芯样应在结构或构件受力较小的部位、混凝土强度质量具有代表性的部位、便于钻芯机安放与操作的部位、避开钢筋的位置钻取。用钻芯法和其他方法综合测定强度时，钻芯部位应有该方法的测区或在其测区附近。

钻芯机就位并安放平稳后，应将钻芯机固定，固定的方法应根据钻芯机构造和施工现场的具体情况，分别采用顶杆支撑、配重、真空吸附或膨胀螺栓等方法。钻芯机在未安装钻头之前，应先通电检查主轴线，并调整到与被取芯的混凝土表面相垂直。钻芯时用于冷却钻头和排除混凝土碎屑的冷却水的流量，宜为 $3\sim5L/min$，出口水的温度不宜超过 30℃。从钻孔中取出的芯样在稍微晾干后，应标上清晰的标记。若所取芯样的高度及质量不能满足《钻芯法检测混凝土强度技术规程》的加工要求，则应重新钻取芯样。芯样在运送前应仔细包装，避免损坏。结构或构件钻芯后所留的孔洞应及时进行修补。工作完毕后，应及时对钻芯机和芯样加工设备进行维修保样。

4.芯样的加工及技术要求

抗压芯样试件的高度与直径之比应为 1 或 1.5。采用锯切机加工芯样试件时，应将芯样固定，并使锯切平面垂直于芯样轴线。锯切过程中应冷却人造金刚石圆锯片和芯样。芯样试件内不应含有钢筋。如不能满足此项要求，每个试件内最多只允许含有两根直径小于 10mm 的钢筋，且钢筋应与芯样轴线基本垂直并不得露出端面。小直径芯样不得带有钢筋。锯切后的芯样，当不能满足平整度及垂直度要求时，宜在磨平机上磨平或用水泥砂浆（或水泥净浆）或硫黄胶泥（或硫黄）等材料在专用补平装置上补平。水泥砂浆（或水泥净浆）补平厚度不宜大于 5mm，硫黄胶泥（或硫黄）补平厚度不宜大于 1.5mm。补平层与芯样结合牢固。

在芯样试验前应对其几何尺寸做下列测量。

（1）平均直径：用游标卡尺测量芯样中部，在相互垂直的两个位置上，取测量的算术平均值，精确至 0.5mm。

（2）芯样高度：用钢卷尺或钢板尺进行测量，精确至 1mm。

（3）垂直度：用游标量角器测量两个端面与母线的夹角，精确至 0.1°。

（4）平整度：用钢板尺或角尺紧靠在芯样端面上，一面转动钢板尺，一面用尺测量与芯样端面之间的缝隙，或用专用设备量测。

芯样尺寸偏差或外观质量超过下列数值时，不得用做抗压强度试验。

（1）经端面补平后的芯样，高径比 H/b 小于要求高径比的 0.95 或大于 1.05 时；

（2）沿芯样高度任一直径与平均直径相差达 2mm 以上时；

（3）抗压芯样端面的不平整度在 100mm 长度内超过 0.1mm 时；

（4）抗压芯样端面与轴线的不垂直度超过 2°时；

（5）芯样有裂缝或有其他较大缺陷时。

5.芯样强度测试

芯样试件宜在与被检测结构或构件混凝土湿度基本一致的条件下进行抗压试验。如结

189

构工作条件比较干燥，芯样试件应在自然干燥状态进行试验；如结构工作条件比较潮湿，芯样试件应在潮湿状态进行试验。按自然干燥状态进行试验时，芯样试件在受压前应在室内自然干燥 3d；按潮湿状态进行试验时，芯样试件应在 20℃±5℃的清水中浸泡 40～48h，从水中取出后应立即进行试验。芯样试件的抗压试验应按国家标准《普通混凝土力学性能试验方法标准》（GB/T 50081—2002）中对立方体试块抗压试验的规定进行。

6. 混凝土换算强度的计算

芯样试件的混凝土强度换算值系指将钻芯法测得的芯样强度，换算成相应于测试龄期的、边长为 150mm 的立方体试块的抗压强度值。抗压芯样试件的混凝土强度换算值，应按下式计算：

$$f_{cu}^e = 4\beta F / \pi d_2 \qquad (7-30)$$

式中　f_{cu}^e——芯样试件混凝土强度换算值（MPa），精确至 0.1MPa；

　　　F——芯样试件的抗压试验测得的最大压力（N）；

　　　d——芯样试件的平均直径（mm）；

　　　β——不同高径比的芯样试件混凝土强度换算系数，应按表 7-10 选用。高度和直径均为 100mm 的芯样试件的抗压强度测试值，可直接作为混凝土的强度换算值。

表 7-10　芯样试件混凝土强度换算系数

H/d	1.0	1.1	1.2	1.3	1.4	1.5	1.6	1.7	1.8	1.9	2.0
β	1.00	1.04	1.07	1.10	1.13	1.15	1.17	1.19	1.20	1.22	1.24

7. 钻芯验证

钻芯验证应与其他混凝土强度检测方法配合使用，所选用的混凝土强度检测方法应具有足够多的测试数据，并能反映结构混凝土强度的概率分布情况。钻芯验证采用芯样试件换算平均值 $f_{cu,m1}^e$ 与选用的混凝土强度方法测得的混凝土换算强度的算术平均值 $f_{cu,m2}^e$ 比较的方法。钻芯验证所需混凝土标准芯样试件为 4～8 个，取芯位置宜随机布置在被测结构的构件上，每个芯样应取自一个构件或结构的局部部位。当采用非标准抗压试验芯样试件和抗折或劈裂试件时，试件数量应适当增多。钻芯的构件或结构的局部应有配合试验检测方法的测区，当配合使用的检测方法为无损检测方法时，钻芯位置应与该方法的某些测区重合；当为有损检测方法时，钻芯应布置在该方法测区的附近。当验证结果满足下列情况之一时，混凝土强度可不加修正，按选用方法推定。

（1）新建工程所选用方法的混凝土强度推定值高于设计要求强度等级混凝土的标准强度值 $f_{cu,k}$，且 $f_{cu,m}^e / f_{cu,m1}^e \geqslant 0.85$。

（2）新建工程所选用方法的混凝土强度推定值低于设计要求强度等级混凝土的标准强度值 $f_{cu,k}$，且 $f_{cu,m}^e / f_{cu,m1}^e$ 介于 0.85～1.15 之间。

（3）已有结构被检测结构的状态未超出所选用方法的适用范围，且 $f_{cu,m}^e / f_{cu,m1}^e \geqslant 0.85$。

（4）已有结构被检测结构的状态超出所选用方法的适用范围，但 $f_{cu,m}^e / f_{cu,m1}^e$ 介于 0.85～1.15 之间。

当验证结果不满足上述要求时，宜考虑采取钻芯修正的方法。

8. 钻芯修正

钻芯修正可采用总体修正量、局部修正量和一一对应修正系数的方法。当采用总体修正量的方法进行修正时，按式(7-31)和式(7-32)计算：

$$f^c_{cu,i0} = f^c_{cu,i} + \Delta_z \tag{7-31}$$

$$\Delta_z = f^c_{cu,m1} - f^c_{cu,m2} \tag{7-32}$$

芯样试件换算强度的算术平均值 $f^c_{cor,m}$ 对结构总体混凝土强度均值的推定区间的置信度不宜小于 90%，推定区间上下限之间的差值 Δ 不宜大于 5.0MPa 和 $0.1f^c_{cor,m}$ 两者中的较大值，Δ 按式(7-33)计算。

$$\Delta_j = 2kS \tag{7-33}$$

式中　k——结构总体混凝土强度均值推定系数，可按表 7-11 查得；

　　　S——芯样试件换算抗压强度样本的标准差（MPa）。

表 7-11　标准差未知时混凝土强度均值推定系数 k

样本容量	置信度 0.9 时 k	置信度 0.8 时 k	样本容量	置信度 0.9 时 k	置信度 0.8 时 k
2	4.464	2.176	30	0.310	0.239
3	1.686	1.089	31	0.305	0.235
4	1.177	0.819	32	0.300	0.231
5	0.953	0.686	33	0.295	0.228
6	0.823	0.603	34	0.290	0.244
7	0.734	0.544	35	0.286	0.221
8	0.670	0.500	36	0.282	0.218
9	0.620	0.466	37	0.278	0.215
10	0.580	0.437	38	0.274	0.212
11	0.546	0.414	39	0.270	0.209
12	0.518	0.394	40	0.266	0.206
13	0.494	0.376	41	0.263	0.204
14	0.473	0.361	42	0.260	0.201
15	0.455	0.347	43	0.256	0.199
16	0.438	0.335	44	0.253	0.196
17	0.423	0.324	45	0.250	0.194
18	0.410	0.314	46	0.248	0.192
19	0.398	0.305	47	0.245	0.190
20	0.387	0.297	48	0.242	0.188
21	0.376	0.289	49	0.240	0.186
22	0.367	0.282	50	0.237	0.184
23	0.358	0.276	60	0.216	0.167
24	0.350	0.269	70	0.199	0.155
25	0.342	0.264	80	0.186	0.144
26	0.335	0.258	90	0.175	0.136
27	0.328	0.253	100	0.166	0.129
28	0.322	0.248	110	0.158	0.123
29	0.316	0.244	120	0.151	0.118

当采用局部修正量的方法进行修正时，标准芯样试件不应少于 6 个，小直径芯样试件数量应适当增加，按式(7-34) 和式(7-35) 计算：

$$f_{cu,i0}^c = f_{cu,i}^c + \Delta_j \qquad (7-34)$$

$$\Delta_j = f_{cor,m}^c - f_{cu,m0}^c \qquad (7-35)$$

式中 Δ_j——局部修正量；

$f_{cu,m0}^c$——采用其他测试方法对应芯样测区或构件局部混凝土换算强度平均值。

当采用一一对应修正系数的方法进行修正时，标准芯样试件不应少于 6 个，小直径芯样试件数量应适当增加，按式(7-36) 和式(7-37) 计算：

$$f_{cu,i0}^c = \eta f_{cu,i}^c \qquad (7-36)$$

$$\eta = \frac{1}{n}\sum_{i=1}^{n} f_{cor,i}^c / f_{cu,i}^c \qquad (7-37)$$

式中 η——一一对应修正系数；

n——芯样试件数量；

$f_{cu,i0}^c$——单个芯样的换算强度值（MPa）；

$f_{cu,i}^c$——采用其他测试方法对应芯样测区或构件局部混凝土换算强度值（MPa）。

芯样的钻取及位置应符合规定。结构混凝土强度的推定值，可用经修正的 $f_{cu,m1}^c$ 和 S_2 确定，或按选用检测方法所规定的其他方法推定。

9. 结构混凝土强度钻芯推定

当采用钻芯法推定结构混凝土强度时，宜使用标准芯样试件；当使用小直径芯样试件时，应采取措施保证样本的标准差 S 不致增大。芯样试件的数量，标准芯样试件为 20～30 个，小直径芯样试件应酌情增加。应随机抽取结构的构件或结构的局部，每个芯样取自一个构件或结构的局部部位。钻芯位置的选取，尚应符合《钻芯法检测混凝土强度技术规程》的规定。结构混凝土强度的推定，应给出抗压强度标准值的推定区间，推定区间的上限值和下限值应分别按式(7-38) 和式(7-39) 计算：

$$f_{cu,e1} = f_{cor,m} - k_1 S \qquad (7-38)$$

$$f_{cu,e2} = f_{cor,m} - k_2 S \qquad (7-39)$$

式中 $f_{cor,m}$——芯样试件混凝土立方体抗压强度换算值的算数平均值（MPa）；

$f_{cu,e1}$——结构混凝土强度推定上限值（MPa）；

$f_{cu,e2}$——结构混凝土强度推定下限值（MPa）；

k_1——结构或检验批混凝土强度标准值推定区间上限值系数，取表 7-11 中与样本容量 n 对应的置信度为 0.9 一栏的数值；

k_2——结构或检验批混凝土强度标准值推定区间下限值系数（当推定区间的置信度为 0.90 时，取表 7-12 中与样本容量 n 对应的置信度为 0.9 一栏的数值；当推定区间的置信度为 0.85 时，取表 7-12 中与样本容量 n 对应的置信度为 0.8 一栏的数值）；

S——芯样试件换算抗压强度样本的标准差（MPa）。

表 7 - 12　标准差未知时混凝土强度均值推定上、下限系数 k_1、k_2

样本容量	置信度 0.9		置信度 0.8		样本容量	置信度 0.9		置信度 0.8	
	k_1	k_2	k_1	k_2		k_1	k_2	k_1	k_2
2	0.475	26.260	0.717	13.090	30	1.250	2.220	1.332	2.080
3	0.640	7.656	0.840	5.311	31	1.255	2.208	1.336	2.071
4	0.743	5.144	0.922	3.957	32	1.261	2.197	1.341	2.063
5	0.818	4.203	0.982	3.400	33	1.266	2.186	1.345	2.055
6	0.875	3.708	1.028	3.092	34	1.271	2.176	1.349	2.048
7	0.920	3.399	1.065	2.894	35	1.276	2.167	1.352	2.041
8	0.958	3.187	1.096	2.754	36	1.280	2.158	1.356	2.034
9	0.990	3.031	1.122	2.650	37	1.284	2.149	1.360	2.028
10	1.017	2.911	1.144	2.568	38	1.289	2.141	1.363	2.022
11	1.041	2.815	1.163	2.503	39	1.293	2.133	1.366	2.016
12	1.062	2.736	1.180	2.448	40	1.297	2.125	1.369	2.010
13	1.081	2.670	1.960	2.402	41	1.300	2.118	1.372	2.005
14	1.098	2.614	1.210	2.63	42	1.304	2.111	1.375	2.000
15	1.114	2.566	1.222	2.329	43	1.308	2.105	1.378	1.995
16	1.128	2.524	1.234	2.299	44	1.311	2.098	1.381	1.990
17	1.141	2.486	1.244	2.272	45	1.314	2.092	1.384	1.986
18	1.153	2.453	1.254	2.249	46	1.317	2.086	1.386	1.981
19	1.164	2.423	1.263	2.227	47	1.321	2.081	1.389	1.977
20	1.175	2.396	1.271	2.208	48	1.324	2.075	1.391	1.973
21	1.184	2.371	1.279	2.190	49	1.327	2.070	1.393	1.969
22	1.193	2.349	1.286	2.174	50	1.329	2.065	1.396	1.965
23	1.202	2.328	1.293	2.159	60	1.354	2.022	1.415	1.933
24	1.210	2.309	1.300	2.145	70	1.374	1.990	1.431	1.909
25	1.217	2.292	1.306	2.132	80	1.390	1.964	1.444	1.890
26	1.225	2.275	1.311	2.120	90	1.403	1.944	1.454	1.874
27	1.231	2.260	1.317	2.109	100	1.414	1.927	1.463	1.861
28	1.238	2.246	1.322	2.099	110	1.424	1.912	1.471	1.850
29	1.244	2.232	1.327	2.089	120	1.433	1.899	1.478	1.841

$f_{cu,e1}$ 和 $f_{cu,e2}$ 所构成推定区间的置信度宜为 0.90 或 0.85，$f_{cu,e1}$ 与 $f_{cu,e2}$ 之差不宜大于 5.0MPa 和（$0.1 \sim 0.15$）$f_{cor,m}^c$ 两者的较大值。当有确切的依据时可对样本的标准差 S 进行修正和调整。

单个构件混凝土强度的推定，有效标准芯样试件数据不得少于 3 个，小直径芯样试件宜适当增加数量。以芯样试件混凝土立方体抗压强度换算值中的最小值作为构件混凝土立方体抗压强度标准值的评定界限值，不应进行数据的舍弃。

10. 实例

芯样试件抗压强度平均值 $f_{cu,cor,m} = 30.4MPa$，$S_{cor} = 3.64MPa$，样本容量为 20，由表 7-11 得到：$k_1 = 1.271$，$k_2 = 2.396$

推定区间上限：$f_{cu,e1} = 30.4 - 1.271 \times 3.64 = 25.8(MPa)$

推定区间下限：$f_{cu,e2} = 30.4 - 2.396 \times 3.64 = 21.7(MPa)$

推定区间：$\Delta k = 4.095MPa$

表 7-13 给出了样本容量 n 与 S_{cor} 和 Δk 之间的关系，推定区间的置信度为 0.85。

当样本容量 $n = 15$，样本标准差 $S_{cor} = 3.7MPa$ 时，可以满足推定区间置信度为 0.85，$\Delta k \leqslant 5.0MPa$ 的要求。

表 7-13　样本容量 n 与 S_{cor} 和 Δk 之间的关系

样 本 容 量	15	20	25	30	35
样本标准差 S_{cor}/MPa	3.7	4.4	5.0	5.6	6.1
区间控制 $\Delta k/MPa$	4.97	4.95	4.93	4.97	4.97

7.2.8　灰缝砂浆强度的检测

砌体是由砌块和砂浆组成的复合体。有了砂浆及砌块的强度，就可按有关规范推断出砌体的强度。所以对砌块及砂浆强度的检测是十分关键的。对于砌块，通常可从砌体上取样，清理干净后，按常规方法进行试验。对于砌体中的砂浆，则不可能做成标准的立方体（70.7mm×70.7mm×70.7mm）试件，无法按常规方法测得其强度。目前常用拉拔法、回弹仪法、筒压法等来检测砂浆的强度，下面做简要介绍。

1. 拉拔法

拉拔法测量砌体中砂浆的强度是在原墙体内将一丁砖两侧的竖缝砂浆剔除，为避免正应力的影响，将试验丁砖 45° 范围内，上三皮砖的水平缝内的砂浆也剔除掉，如图 7.15(a) 所示。在丁砖上安装 U 形套管，如图 7.15(b) 所示。然后加力将丁砖拔出，设拔出极限力为 P，则砂浆的抗压强度可按式(7-40) 计算（测试前可自己标定计算式）：

$$f = e^{-8.6}P^{3.41} \tag{7-40}$$

式中　P——极限拔出力的平均值（三次为一组，取平均值）（kN）；

f——推算的砂浆立方体强度（MPa）。

2. 回弹法

回弹法是根据表面硬度与强度之间有一定关系而建立的一种非破损试验法。这种方法

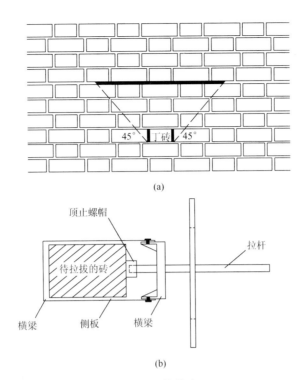

图 7.15　拉拔法

在现场混凝土强度的测量中已得到广泛应用。应用于砂浆的回弹仪与混凝土回弹仪相似，但探头要小一些。有专门用于测定砂浆强度的回弹仪。

（1）测前准备。

在测定前应将砖墙上的抹灰或饰面清除干净，当清水墙灰缝有水泥砂浆勾缝时，应将勾缝砂浆清除干净，然后用小砂轮小心地将灰缝磨平。选择的测点处，砂浆与砖应黏结良好，缝厚适中（9～11mm）。

（2）测定方法。

将回弹仪对准平缝的砂浆缝，回弹仪应与被测面垂直，保持水平位置，然后连续弹击 5 次，前 2 次为预弹，不读数。以第 3、4、5 次的回弹值为准，取其平均数。同时将弹击点击出的小圆坑的坑深量出，准确到 0.1mm。

由回弹值 N 及坑的深度 d，即可由有关图表（预先标定过的，如图 7.16 所示），查出砂浆的强度。图 7.16 的用法是：由回弹数 N 向上作垂线与强度曲线相交，由交点向相应坑深的直线作垂线，由与坑深线的交点向左引水平线，即可读得砂浆强度值。

由于砂浆强度的离散性较大，对每一测区至少应取 5 个点做回弹检测，然后取其平均值作为评判强度的依据。回弹法的优点是操作简便，测试速度快，仪器便于携带，又是非破损的，因而可以多次测量；其缺点是测试结果离散性较大，因而常与冲击法等结合应用。

3．筒压法

筒压法检测砌筑砂浆抗压强度，检测标准为《砌体工程现场检测技术标准》（GB/T 50315—2000）。筒压法的适用范围：适用于推定烧结普通砖砌体中的砌筑砂浆强度，不

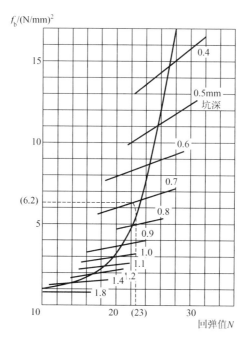

图 7.16 砂浆回弹值与强度的关系

适用于推定遭受化学侵蚀、火灾等情况下的砂浆抗压强度。筒压法的检测参数：从现场砖墙体中抽取砂浆试样，在实验室内进行筒压荷载试验，测试筒压比，然后换算为砂浆强度。

（1）检测仪器：50～100kN 压力试验机或万能试验机；砂摇筛机；干燥箱；孔径为 5mm、10mm、15mm 的标准砂石筛（包括筛盖和底盘）；水泥跳桌；称量为 1000g、感量为 0.1g 的托盘天平。

（2）测试砂浆品种及其强度范围：中、细砂配制的水泥砂浆，砂浆强度为 2.5～20MPa；中、细砂配制的水泥石灰混合砂浆（以下简称混合砂浆），砂浆强度为 2.5～15.0MPa；中、细砂配制的水泥粉煤灰砂浆（以下简称粉煤灰砂浆），砂浆强度为 2.5～20MPa；石灰质石粉砂与中、细砂混合配制的水泥石灰混合砂浆和水泥砂浆（以下简称石粉砂浆），砂浆强度为 2.5～20MPa。

（3）检测方法。

① 测区布置。

a. 每一检测单元内，随机选择 6 个构件作为 6 个测区；当一个检测单元不足 6 个构件时，应将每个构件作为一个测区。

b. 每一试样单位的测区数不应少于 6 个。

c. 测区宜选在有代表性的承重墙，便于测量回弹值和碳化深度值的面上，要避开门窗和预埋铁件等。

② 检测步骤。

a. 在每一测区，从距墙表面 20mm 以内的水平灰缝中凿取砂浆约 4000g，砂浆片（块）的最小厚度不得小于 5mm。各个测区的砂浆样品应分别放置并编号，不得混淆。

b. 使用手锤击碎样品，筛取 5～15mm 的砂浆颗粒约 3000g，在 105℃±50℃ 的温度下烘干至恒重，待冷却至室温后备用。

c. 每次取烘干样品约 1000g，置于孔径 5mm、10mm、15mm 的标准筛所组成的套筛中，机械摇筛 2min 或手工摇筛 1.5min。称取粒级 5～10mm 和 10～15mm 的砂浆颗粒各 250g，混合均匀后即为一个试样。共制备 3 个试样。

d. 每个试样应分两次装入承压筒。每次约装 1/2，在水泥跳桌上跳振 5 次。第二次装料并跳振后，整平表面，安上承压盖。

e. 将装料的承压筒置于试验机上，盖上承压盖，开动压力试验机，于 20～40s 内均匀加荷至规定的筒压荷载值后，立即卸荷。不同品种砂浆的筒压荷载值分别为：水泥砂浆、石粉砂浆为 20kN；水泥石灰混合砂浆、粉煤灰砂浆为 10kN。

f. 将施压后的试样倒入由孔径 5mm 和 10mm 的标准筛组成的套筛中，装入摇筛机内摇筛 2min 或人工摇筛 1.5min，筛至每隔 5s 的筛出量基本相等。

g. 称量各筛筛余试样的质量（精确至 0.1g），各筛的分计筛余量和底盘剩余量的总和，与筛分前的试样质量相比，相对差值不得超过试样质量的 0.5%；当超过时，应重新进行试验。

③ 数据分析。

a. 标准试样的筒压比，应按式(7-41)计算：

$$T_{ij} = (t_1 + t_2)/(t_1 + t_2 + t_3) \tag{7-41}$$

式中　T_{ij}——第 i 个测区中第 j 个试样的筒压比，以小数计；

t_1、t_2、t_3——分别为孔径 5mm、10mm 筛的分计筛余量和底盘中的剩余量。

b. 测区砂浆的筒压比，应按式(7-42)计算：

$$T_i = 1/3(T_{i1} + T_{i2} + T_{i3}) \tag{7-42}$$

式中　　　T_i——第 i 个测区砂浆的筒压比平均值，以小数计，精确至 0.01；

T_{i1}、T_{i2}、T_{i3}——分别为第 i 个测区三个标准砂浆试样的筒压比。

c. 根据筒压比，测区砂浆强度平均值应按下列公式计算：

水泥砂浆：　　　　　　　　$f_{2,i} = 34.58(T_i)^{2.06}$ \hfill (7-43)

水泥石灰混合砂浆：　　　　$f_{2,i} = 6.1T_i + 11(T_i)^2$ \hfill (7-44)

粉煤灰砂浆：　　　$f_{2,i} = 2.52 - 9.4T_i + 32.8(T_i)^2$ \hfill (7-45)

石粉砂浆：　　　$f_{2,i} = 2.7 - 13.9T_i + 44.9(T_i)^2$ \hfill (7-46)

计算每一检测单元的强度平均值、标准差和变异系数。

d. 每一检测单元的砌筑砂浆抗压强度等级，应分别按下列规定进行推定：

当测区数 $n_2 \geqslant 6$ 时：

$$f_{2,\mathrm{m}} > f_2 \tag{7-47}$$

$$f_{2,\min} > 0.75 f_2 \tag{7-48}$$

式中　$f_{2,\mathrm{m}}$——同一检测单元，按测区统计的砂浆抗压强度平均值（MPa）；

f_2——砂浆推定强度等级所对应的立方体抗压强度值（MPa）；

$f_{2,\min}$——同一检测单元，测区砂浆抗压强度的最小值（MPa）。

当测区数 $n_2 < 6$ 时：

$$f_{2,\min} > f_2 \tag{7-49}$$

当检测结果的变异系数 $\delta>0.35$ 时，应检查检测结果离散性较大的原因，若系检测单元划分不当时，宜重新划分，并可增加测区数进行补测，然后重新推定。

7.2.9 砌体强度的检测

1. 实物取样试验法

在墙体适当部位选取试件，一般截面尺寸为 240mm×370mm 或 370mm×490mm，高度为较小边长的 2.5~3 倍，将试件外围四周的砂浆剔去，注意在墙长方向（即试件长边方向）可按原竖缝自然分离，不要敲断条砖，留有马牙槎，只要核心部分长 370mm 或 490mm 即可。四周暂时用角钢包住，小心取下，注意不要让试件松动。然后在加压面用 1:3 砂浆抹平，养护 7d 后加压。加压前要先估计其破坏荷载。

加压时的第一级加破坏荷载的 20%，以后每级加破坏荷载的 10%，直至破坏。设破坏荷载为 N，试件面积 A，则砌体的实际抗压强度为：

$$f_{\mathrm{m}}=\frac{N}{A} \tag{7-50}$$

2. 原位轴压法

1）测试原理

原位轴压法是通过专用液压系统对砖砌体现场施加压力直至槽间砌体轴压破坏，通过油压表的读数，按原位轴压仪的校验结果计算施加荷载，对砌体的力学性能进行现场原位检测。原位轴压法测试结果可以全面考虑砖、砂浆的变异和砌筑质量对砖砌体抗压强度的影响，较能综合地反映材料质量和施工质量。

2）仪器设备及技术指标

（1）仪器设备：原位轴压仪。

（2）技术指标：原位轴压仪力值需每半年校验一次。

3）取样与制备要求

原位轴压法适用于推定 240mm 厚普通砖砌体的抗压强度。其工作状况如图 7.17 所示。

测试部位应具有代表性，并符合如下规定。

（1）测试部位宜选在墙体中距楼、地面 1m 左右的高度处；槽间砌体每侧的墙体宽度不应小于 1.5m。

（2）同一墙体上，测点不宜多于 1 个，且宜选在沿墙体长度的中间部位；多于 1 个时，其水平净距不得小于 2m。

（3）测试部位不得选在挑梁下、应力集中部位以及墙梁的墙体计算高度范围内。

4）操作步骤

（1）在选定的测点上开凿水平槽孔时，应遵守下列规定。

① 上水平槽的尺寸为（长度×厚度×高度）250mm×240mm×70mm；使用 450 型轴

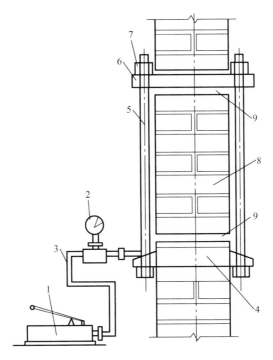

图 7.17 原位轴压仪测试示意

1—手动油泵；2—压力表；3—高压油泵；4—扁式千斤顶；5—拉杆（共4根）；6—反力板；
7—螺母；8—槽间砌体；9—砂垫层

压仪时，下水平槽的尺寸为 250mm×240mm×70mm；使用 600 型轴压仪时，下水平槽的尺寸为 250mm×240mm×140mm。

② 上下水平槽孔应对齐，两槽之间应相距 7 皮砖，约 430mm。

③ 开槽时应避免扰动四周的砌体，槽间砌体的承压面应修平整。

（2）在槽孔间安放原位轴压仪时，应符合下列规定。

① 分别在上槽内的下表面和扁式千斤顶的顶面，均匀铺设湿细砂或石膏等材料的垫层，厚度约为 10mm。

② 将反力板置于上槽孔，扁式千斤顶置于下槽孔，安放 4 根钢拉杆，使两个承压板上下对齐后，拧紧螺母并调整其平行度；4 根钢拉杆的上下螺母间的净距误差小于或等于 2mm。

③ 先试加荷载，试加荷载值取预估破坏荷载的 10%。检查测试系统的灵活性和可靠性，以及上下压板和砌体受压面接触是否均匀、密实。经试加载，测试系统正常后卸荷，开始正式测试。

正式加载时，记录油压表初始读数，然后分级加荷。每级荷载可取预估破坏荷载的 10%，并应在 1~1.5min 内均匀加完，然后持荷 2min。加荷至破坏荷载的 80% 后，应按原定加荷速度连续加荷，直至槽间砌体破坏为止。当槽间砌体裂缝急剧扩展和增多，油压表读数回落时，槽间砌体达到极限状态。

试验过程中，如发现上下压板与砌体承压面接触不良，导致槽间砌体呈局部受压或偏心受压状态时，应停止试验。调整试验装置，重新试验。当无法调整时应更换测点。

试验过程中，应仔细观察槽间砌体初裂裂缝及裂缝的开展情况，记录逐级荷载下的油压表读数、测点位置、裂缝随荷载的变化情况简图等。

5）数据处理

根据槽间砌体初裂和破坏时的油压表读数，分别减去油压表的初始读数，按原位轴压仪的校验结果计算槽间砌体的初裂荷载和破坏荷载值。

槽间砌体的抗压强度，应按式(7-51)计算：

$$f_{uij} = \frac{N_{uij}}{A_{ij}} \qquad (7-51)$$

式中　f_{uij}——第 i 个测区第 j 个测点槽间砌体的抗压强度（MPa）；

　　　N_{uij}——第 i 个测区第 j 个测点槽间砌体的受压破坏荷载值（N）；

　　　A_{ij}——第 i 个测区第 j 个测点槽间砌体的受压面积（mm²）。

槽间砌体抗压强度换算为标准砌体的抗压强度，应按式(7-52)和式(7-53)计算：

$$f_{mij} = \frac{f_{uij}}{\varepsilon_{1ij}} \qquad (7-52)$$

$$\varepsilon_{1ij} = 1.36 + 0.54\sigma_{0ij} \qquad (7-53)$$

式中　f_{mij}——第 i 个测区第 j 个测点标准砌体抗压强度换算值（MPa）；

　　　σ_{0ij}——该测点上部墙体的压应力（MPa），其值可按墙体实际所承受的荷载标准值计算；

　　　ε_{1ij}——原位轴压法的无量纲的强度换算系数。

测区的砌体抗压强度平均值，应按式(7-54)计算：

$$f_{mi} = \frac{1}{n_1} \sum_{j=1}^{n_1} f_{mij} \qquad (7-54)$$

式中　f_{mi}——第 i 个测区的砌体抗压强度平均值（MPa）；

　　　n_1——测区的测点数。

3. 扁顶法

1）扁顶法原理

扁顶法与原位轴压法采用相同的原理，即采用液压千斤顶对槽间砌体施加荷载，在槽间砌体破坏后，通过油压表读数计算施加荷载，从而达到检测砌体抗压强度的目的。

2）仪器设备及技术指标

测试设备主要有扁顶、手持式应变仪和千分表。

技术指标：扁顶由 1mm 厚合金钢板焊接而成，总厚度为 5～7mm。对 240mm 厚墙体，选用大面尺寸分别为 250mm×250mm 或 250mm×380mm 的扁顶；对 370mm 厚墙体，选用大面尺寸分别为 380mm×380mm 或 380mm×500mm 的扁顶。每次使用前，应校验扁顶的力值。扁顶、手持式应变仪及千分表的主要技术指标见表 7-14 和表 7-15。

表 7 - 14　扁顶的主要技术指标

项　　目	指　标	项　　目	指　标
额定压力/kN	400	极限行程/mm	15
极限压力/kN	480	示值相对误差/%	±3
额定行程/mm	10		

表 7 - 15　手持式应变仪和千分表的主要技术指标

项　　目	指　　标
行程/mm	1～3
分辨率/mm	0.001

3）取样与制备要求

扁顶法适用于推定普通砖砌体的受压工作应力、弹性模量和抗压强度。其工作状况如图 7.18 所示，测试部位的要求与原位轴压法相同。

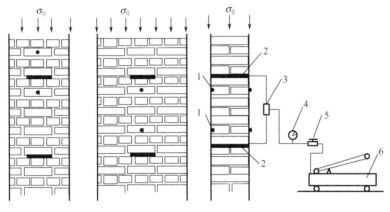

(a) 测试受压工作应力　　　　　(b) 测试弹性模量、抗压强度

图 7.18　扁顶法测试装置与变形测点布置
1—变形模量脚标（两对）；2—扁式液压千斤顶；3—三通接头；
4—压力表；5—溢流阀；6—手动油泵

4）操作步骤

（1）实测墙体的受压工作应力时，应按下列要求操作。

① 在选定的墙体上，标出水平槽的位置并应牢固粘贴两对变形测量的脚标。脚标应位于水平槽正中并跨越该槽；脚标之间的标距应相隔 4 皮砖，宜取 250mm。试验前应记录标距值，精确至 0.1mm。

② 使用手持式应变仪或千分表在脚标上测量砌体变形的初读数，应测量 3 次，并取其平均值。

③ 在标出水平槽位置处，剔除水平灰缝内的砂浆，水平槽的尺寸应略大于扁顶尺寸。开凿时不应损伤测点部位的墙体及变形测量脚标。应清理平整槽的四周，除去灰渣。

④ 使用手持式应变仪或千分表在脚标上测量开槽后的砌体变形值，待读数稳定后方可进行下一步试验工作。

⑤ 在槽内安装扁顶，扁顶上下两面宜垫尺寸相同的钢垫板，并应连接试验油路。

⑥ 正式测试前，应进行试加荷载试验，试加荷载值可取预估破坏荷载值的 10%。检查测试系统的灵活性和可靠性。

⑦ 正式测试时，应分级加荷。每级荷载应为预估破坏荷载值的 5%，并应在 1.5～2min 内均匀加完，恒载 2min 后测读变形值。当变形值接近开槽前的读数时，应适当减小加荷级差，直至实测变形值达到开槽前的读数，然后卸荷。

（2）实测墙内砌体抗压强度或弹性模量时，应按下列要求操作。

① 在完成墙体的受压工作应力测试后，开凿第二条水平槽，上下水平槽应相互平行、对齐。当选用 250mm×250mm 扁顶时，两槽之间相隔 7 皮砖，净距宜取 430mm；当选用其他尺寸的扁顶时，两槽之间相隔 8 皮砖，净距宜取 490mm。遇有灰缝不规则或砂浆强度较高而难以开槽的情况，可以在槽孔处取出 1 皮砖，安装扁顶时应采用钢制楔形垫块调整其间隙。

② 在槽内安装扁顶，扁顶上下两面宜垫尺寸相同的钢垫板，并应连接试验油路。

③ 正式测试前，应进行试加荷载试验，试加荷载值可取预估破坏荷载值的 10%。检查测试系统的灵活性和可靠性。

④ 正式测试时，记录油压表初读数，然后分级加荷。每级荷载应为预估破坏荷载值的 10%，并应在 1.5～2mm 内均匀加完，恒载 2min。加荷至预估破坏荷载值的 80% 后，应按原定加荷速度连续加荷，直至砌体破坏。

⑤ 当需要测定砌体受压弹性模量时，应在槽间砌体两侧各粘贴一对变形测量脚标，脚标应位于槽间砌体的中部，脚标之间相隔 4 条水平灰缝，净距宜取 250mm。试验前应记录标距值，精确至 0.1mm。按上述加荷方法进行试验，测记逐级荷载下的变形值，加荷的应力上限不宜大于槽间砌体极限抗压强度的 50%。

⑥ 当槽间砌体上部压应力小于 0.2MPa 时，应加设反力平衡架，方可进行试验。反力平衡架可由两块反力板和 4 根钢拉杆组成。

试验记录内容应包括描绘测点布置图、墙体砌筑方式、扁顶位置、脚标位置、轴向变形值、逐级荷载下的油压表读数、裂缝随荷载变化的情况图等。

5）数据处理

（1）根据扁顶的校验结果，应将油压表读数换算为试验荷载值。

（2）根据试验结果，应按现行国家标准《砌体基本力学性能试验方法标准》（GB/T 50129—2011）的方法，计算砌体在有侧向约束情况下的弹性模量；当换算为标准砌体的弹性模量时，计算结果应乘以换算系数 0.85。墙体的受压工作应力等于实测变形值达到开槽前的读数时所对应的应力值。

（3）槽间砌体的抗压强度，应按式（7 - 55）计算：

$$f_{uij} = \frac{N_{uij}}{A_{ij}} \tag{7-55}$$

（4）槽间砌体抗压强度换算为标准砌体的抗压强度，应按式（7 - 56）和式（7 - 57）计算：

$$f_{mij} = \frac{f_{uij}}{\varepsilon_{1ij}} \tag{7-56}$$

$$\varepsilon_{2ij} = 1.18 + 4\frac{\sigma_{0ij}}{f_{uij}} - 4.18\left(\frac{\sigma_{0ij}}{f_{uij}}\right)^2 \tag{7-57}$$

式中 ε_{2ij}——扁顶法的强度换算系数。

（5）测区的砌体抗压强度平均值，应按式（7-58）计算：

$$f_{mi} = \frac{1}{n_1}\sum_{j=1}^{n_1} f_{mij} \tag{7-58}$$

式中 f_{mi}——第 i 个测区的砌体抗压强度平均值（MPa）；

n_1——测区的测点数。

7.2.10 钢筋检测

1. 钢筋位置和锈蚀程度检测

钢筋混凝土结构中，钢筋（特别是受力主筋）移位，保护层厚度过大，将影响结构构件的承载力。对开裂或变形过大的混凝土构件，检测钢筋在结构构件中的实际位置也是调查检测的项目之一。

钢筋位置和保护层的检测方法有两类：其一为抽样检测；其二为钢筋位置测定仪检测。

1）抽样检测

抽样检测，检测量较少，可直接凿去混凝土构件上的局部保护层，直接量测钢筋位置及保护层厚度。这类方法对混凝土有局部损伤，不能用于大面积检测。若要对构件钢筋位置及保护层进行全面检测，则需要采用仪器测定。

2）钢筋位置测定仪检测

我国生产的钢筋检测仪是利用电磁感应原理制成的。

检测方法：首先接通电源，探头放在空位（不可接近导磁体），调整零点，然后把探头垂直于钢筋方向平移（探头平行于要测钢筋方向），边移动边观察指示表上的指针，指针最大读数处即为钢筋所在位置。

此外，此仪器还可测得保护层厚度。当钢筋位置确定后，按图纸中标示的钢筋直径和等级调整仪器的直径档和等级档，接通电源，按需要调整测距，并旋转调谐钮使指针归零。将探头放置在测定钢筋上（探头长边与钢筋长向平行），可从度盘上读取保护层厚度值。

2. 混凝土内钢筋锈蚀程度检测

在旧建筑中，钢筋锈蚀后，有效面积减小，使承载力降低，严重的会危及结构安全甚至引起倒塌。

钢筋的锈蚀程度和锈蚀速度与混凝土质量、保护层厚度、受力状况及环境条件有关。对锈蚀程度的检测方法主要有直接观测法、抽样检查法和自然电位测量法。

1) 直接观测法

直接观察法是在构件表面凿去表面局部保护层，将钢筋暴露出来，直接观察、量测钢筋的锈蚀程度，主要是量测钢筋的锈蚀层厚度和剩余钢筋面积。表 7-16 列出了混凝土构件破损状态与钢筋截面损失的基本情况，可作为钢筋锈蚀程度的初始判断。这种方法直观、可靠，但要破坏构件表面，因此一般不宜做得太多。

表 7-16　混凝土构件破损状态与钢筋截面损失率

破 损 状 态	钢筋截面损失率/%
无顺筋裂缝	0～1
有顺筋裂缝	0.5～10
保护层局部剥落	5～20
保护层全部剥落	15～20

注：本表所指的破损状态是指构件在长期使用下出现的情况，由于事故造成的构件破损不属本表范围。

2) 抽样检查法

抽样检测法是指从混凝土构件上保护层被胀裂、剥落处及保护层有空鼓现象等部位抽样选点，凿开混凝土保护层，直接观察钢筋锈蚀情况。具体的观察方法为：用游标卡尺量测钢筋的剩余直径，蚀坑深度、长度及锈蚀物的厚度；用软尺量测钢筋的剩余周长。量测钢筋的剩余直径和剩余周长前应将钢筋除锈，使钢筋暴露出金属的光泽。

同时，也可从构件上截取锈蚀钢筋样品送实验室量测钢筋的锈蚀程度。

3) 自然电位测量法

自然电位测量法的基本原理是钢筋锈蚀后其电位会发生变化，可以通过测定其电位变化来推断钢筋的锈蚀程度。所谓自然电位，是钢筋与其周围介质（在此为混凝土）之间形成一个电位，锈蚀后钢筋表面钝化膜破坏，引起电位变化。现已有专用电位仪用于测定钢筋锈蚀程度。

在钢筋处于钝化状态时，自然电位一般处于 -100～-200mV 范围内（对比硫酸铜电极），若钢筋锈蚀，自然电位会向低电位变化。对此，国内外均有一些标准。

如美国标准规定，当钢筋中的电位高于 -200mV 时，可判定有 90% 的置信度判断不腐蚀；当处于 -200～-300mV 时，不能确定是否腐蚀；当低于 -350mV 时，则有 90% 的可能是腐蚀了。我国冶金建筑研究院对此也做过深入研究，并提出一个判别标准：0～-250mV时，不腐蚀；-250～-400mV 时，有腐蚀的可能；低于 -400mV 时，腐蚀。

江苏省建筑工程诊断与处理中心制定了省级地方标准，其建议见表 7-17。

表 7-17　钢筋状态判据

电位水准/mV	钢 筋 状 态	电位水准/mV	钢 筋 状 态
0～-100	未锈蚀	-300～-400	发生锈蚀的概率>90%，全面锈蚀
-100～-200	发生锈蚀的概率<10%，开始有锈蚀	<-400	肯定锈蚀，锈蚀严重
-200～-300	锈蚀状态不明确，可能有坑蚀		

用自然电位法测钢筋锈蚀情况，方法简便，不用复杂设备，且得到结果快速，可在不影响正常生产的情况下进行。但电位法易受环境因素干扰，且对腐蚀的判断比较粗略，故常与其他方法（如直接观察法）联合应用。

7.3 路面工程质量检测

7.3.1 路面几何尺寸及厚度的检测

1. 路基路面现场测试随机选点方法

对公路路基路面各个层次进行各种测定时，为采取代表性试验数据，往往用随机取样选点的办法确定测点区间、测定断面、测定位置。随机取样选点是按照数理统计原理，在路基路面现场测定时决定区间、测定断面、测点位置的方法。

也可以采用 Excel 电子表格等软件或计算器中的随机函数代替模数来计算测点位置。

随机取样选点法需要的材料有：钢尺、皮尺、硬纸片（共 28 块，编号 1～28，每块大小为 2.5cm×2.5cm，装在一个布袋内）、骰子（2 个）、毛刷、粉笔等。

1）测定断面或测定区间的确定方法

检测路段可以是一个作业段、一天完成的路段或路线全程。在路基、路面工程检查验收时，通常取 1km 为一个检测路段。下面主要介绍测定断面的确定步骤（检测路段的确定与此相同）。

（1）将检测路段按桩号间距（一般为 20m）分成若干个断面，一次编号为 1、2、3、…、T，总的断面数为 T 个。

（2）从布袋中随机摸出一块硬纸片，硬纸片上的编号即为表 7-18 中的栏号。

（3）按照检测频度的要求，确定测定断面的取样总数 n。依次找出与 A 列中 01、02、…、n 对应的 B 列中的值，共 n 对对应的 A、B 值。当 $n > 30$ 时，应分次进行。

（4）将 n 个 B 值与总的断面数 T 相乘，四舍五入成整数，即得到 n 个断面的编号。

查断面编号对应的桩号，即为拟检测的断面。

表 7-18　一般取样的随机数表

栏号 1			栏号 2			栏号 3			栏号 4			栏号 5		
A	B	C	A	B	C	A	B	C	A	B	C	A	B	C
15	0.033	0.578	05	0.048	0.879	21	0.013	0.220	18	0.089	0.716	17	0.024	0.863
21	0.101	0.300	17	0.074	0.156	30	0.036	0.853	10	0.102	0.330	24	0.060	0.032
23	0.129	0.916	18	0.102	0.191	10	0.052	0.746	14	0.111	0.925	26	0.074	0.639
30	0.158	0.434	06	0.105	0.257	25	0.061	0.954	28	0.127	0.840	07	0.167	0.512
24	0.177	0.397	28	0.179	0.447	29	0.062	0.507	24	0.132	0.271	28	0.194	0.776

（续）

栏号 1			栏号 2			栏号 3			栏号 4			栏号 5		
A	B	C	A	B	C	A	B	C	A	B	C	A	B	C
11	0.202	0.271	26	0.187	0.844	18	0.087	0.887	19	0.285	0.089	03	0.219	0.166
16	0.204	0.012	04	0.188	0.482	24	0.105	0.849	01	0.326	0.037	29	0.264	0.284
08	0.208	0.418	02	0.208	0.577	07	0.139	0.159	30	0.334	0.938	11	0.282	0.262
19	0.211	0.798	03	0.214	0.402	01	0.175	0.647	22	0.405	0.295	14	0.379	0.994
29	0.233	0.070	07	0.245	0.080	23	0.196	0.873	05	0.421	0.282	13	0.394	0.405
07	0.260	0.073	15	0.248	0.831	26	0.240	0.981	13	0.451	0.212	06	0.410	0.157
17	0.262	0.308	29	0.261	0.037	14	0.255	0.374	02	0.461	0.023	15	0.438	0.700
25	0.271	0.180	30	0.302	0.883	06	0.310	0.043	06	0.487	0.539	22	0.453	0.635
06	0.302	0.672	21	0.318	0.088	11	0.316	0.653	08	0.497	0.396	21	0.472	0.824
01	0.409	0.406	11	0.376	0.936	13	0.324	0.585	25	0.503	0.893	05	0.488	0.118
13	0.507	0.693	14	0.430	0.814	12	0.351	0.275	15	0.594	0.603	01	0.525	0.222
02	0.575	0.654	27	0.438	0.676	20	0.371	0.535	27	0.620	0.894	12	0.561	0.980
18	0.591	0.318	08	0.467	0.205	08	0.409	0.495	21	0.629	0.841	08	0.652	0.508
20	0.610	0.821	09	0.474	0.138	16	0.445	0.740	17	0.691	0.583	18	0.668	0.271
12	0.631	0.597	10	0.492	0.474	03	0.494	0.929	09	0.708	0.689	30	0.736	0.634
27	0.651	0.281	13	0.498	0.892	27	0.543	0.387	07	0.709	0.012	02	0.763	0.253
04	0.661	0.953	19	0.511	0.520	17	0.625	0.171	11	0.714	0.049	23	0.804	0.140
22	0.692	0.089	23	0.591	0.770	02	0.699	0.073	23	0.720	0.695	25	0.828	0.425
05	0.779	0.346	20	0.604	0.730	19	0.702	0.934	03	0.748	0.413	10	0.843	0.627
09	0.787	0.173	24	0.654	0.330	22	0.816	0.802	20	0.781	0.603	16	0.858	0.849
10	0.818	0.937	12	0.728	0.523	04	0.838	0.166	26	0.830	0.384	04	0.903	0.327
14	0.905	0.631	16	0.753	0.344	15	0.904	0.116	04	0.843	0.002	09	0.912	0.382
26	0.912	0.376	01	0.806	0.134	28	0.969	0.742	12	0.884	0.582	27	0.935	0.162
28	0.920	0.163	22	0.878	0.884	09	0.974	0.046	29	0.926	0.700	20	0.970	0.582
03	0.945	0.140	25	0.930	0.126	05	0.977	0.494	16	0.951	0.601	19	0.975	0.327

2）测点位置确定方法

（1）从布袋中任意取出一块硬纸片，获得表中的栏号。

（2）按照测点数的频数要求（取样总数为 n），依次找出所定栏号的 A 列所需取样位置数的全部数。当 $n > 30$ 时，应分次进行。

（3）确定取样位置的纵向距离。找出与 A 列中的编号相对应的 B 列中的数值，以此数乘以检测区间的总长度，并加上该段的起点桩号，即得取样位置距该段起点的距离或桩号。

（4）确定取样位置的横向距离。找出与 A 列中的编号相对应的 C 列中的数值，以此数乘以检测路面（路基）的宽度，再减去宽度的一半，即得出取样位置距离路中心线的距离。如差值是正值，则表示在中心线右侧；如差值是负值，则表示在中心线左侧。

2. 路基路面几何尺寸检测

1）检测项目与要求

在路基路面施工过程中、交工验收期间及旧路调查中，都需要检测路基路面各部分的几何尺寸，以保证其符合规定的要求。几何尺寸检测所用的仪器与材料有钢尺、经纬仪、全站仪、精密水准仪、塔尺、粉笔等。几种结构层的几何尺寸检测项目的要求见表 7-19。其他结构层检测项目的要求参见《公路工程质量检验评定标准 第一册 土建工程》（JTG F80/1—2017）。

表 7-19 几何尺寸检测要求

结构名称	检查项目		规定值或允许偏差		检查频率
			高速、一级公路	其他公路	
土方路基	纵断高程/mm		+10，-15	+10，-20	水准仪：中线位置每200m测2点
	中线偏位/mm		50	100	全站仪：每200m测2点，弯道加测 HY、YH 2点
	宽度/mm		满足设计要求		尺量：每200m测4点
	横坡/%		±0.3	±0.5	水准仪：每200m测2个断面
	边坡		满足设计要求		尺量：每200m测4点
水泥混凝土面层	中线平面偏位/mm		20		全站仪：每200m测2点
	路面宽度/mm		±20		尺量：每200m测4点
	纵断高程/mm		±10	±15	水准仪：每200m测2个断面
	横坡/%		±0.15	±0.25	水准仪：每200m测2个断面
沥青混凝土面层	中线平面偏位/mm		20	30	全站仪：每200m测2点
	纵断高程/mm		±15	±20	水准仪：每200m测2个断面
	宽度/mm	有侧石	±20	±30	尺量：每200m测4个断面
		无侧石	不小于设计值		
	横坡/%		±0.3	±0.5	水准仪：每200m测2个断面

2）检测准备工作

（1）在路面上准确恢复桩号。

（2）按随机取样的方法，在一个检测路段内选取测定的断面位置及里程桩号，在测定断面上做上记号。通常将路面宽度、横坡、高程及中线偏位选在同一断面位置，且宜在整数桩号上。

（3）根据道路设计的要求，确定路面各部分的设计宽度的边界位置，在测定位置上用粉笔做上记号。

（4）根据道路设计的要求，确定设计高程的纵断面位置，在测定位置上用粉笔做上记号。

（5）根据道路设计的要求，在与中线垂直的横断面上确定成型后路面的实际中线位置。

（6）根据道路设计的路拱形状，确定曲线与直线部分的交界位置及路面与路肩（或硬路肩）的交界点，作为横坡检验的标准；当有路缘石或中央分隔带时，以两侧路缘石边缘为横坡测定的基准点，用粉笔做上记号。

3）纵断面高程测定

（1）将水准仪设在路上平顺处调平，以路线附近的水准点高程为基准，依次将塔尺竖立在中线的测定位置上，测记测定点的高程读数，以"m"计，精确至0.001m。

（2）连续测定全部测点，并与水准点闭合。各测点的实测高程 h_i 与设计高程 h_{i0} 差为：

$$\Delta h = h_i - h_{i0} \qquad (7-59)$$

4）路面横坡测定

对于无中央分隔带的公路，路面横坡是指路拱两侧直线部分的坡度；对于有中央分隔带的公路，路面横坡是指路面与中央分隔带交界处及路面边缘与路肩交界处两点的高程差与水平距离的比值，以"％"表示。其测定方法如下。

（1）对于设有中央分隔带的路面，测定横坡时，将精密水准仪架设在路面平顺处整平，将塔尺分别竖立在路面与中央分隔带分界的路缘带边缘 d_1 处以及路面与路肩交界（或外侧路缘石边缘）的标记 d_2 处，d_1 和 d_2 测点必须在同一横断面上。测量 d_1 和 d_2 处的高程，记录高程读数，以"m"计，精确至0.001m。

（2）对无中央分隔带的路面，测定横坡时，将水准仪架设在路面平顺处整平，将塔尺分别竖立在路拱曲线与直线部分的交界位置 d_1 处以及路肩交界 d_2 处，d_1 和 d_2 测点必须在同一横断面上。测量 d_1 和 d_2 处的高程，记录高程读数，以"m"计，精确至0.001m。

（3）用钢尺测量两点的水平距离 B_i，以"m"计。对于高速公路及一级公路，精确至0.005m；对于其他等级公路，精确至0.01m。各测点断面的横坡度 i_i 按式（7-60）计算，精确至一位小数。按式（7-61）计算测横坡 i_i 与设计横坡 i_{i0} 之差 Δi_i。

$$i_i = (h_{d1} - h_{d2}) \times 100 / B_i \qquad (7-60)$$

式中　h_{d1}、h_{d2}——各测定断面两测点 d_1 和 d_2 处的高程读数。

$$\Delta i_i = i_i - i_{i0} \qquad (7-61)$$

5）路基路面宽度及中线偏差测定

路基宽度是指行车道与路肩宽度之和，以"m"计。路面宽度包括行车道、路缘带、变速车道、爬坡车道、硬路肩和紧急停车带的宽度，以"m"计。其测定方法如下。

用钢尺沿中心线垂直方向水平量取路基路面各部分的宽度，以"m"计。对于高速公路及一级公路，精确至0.005m；对于其他等级公路，精确至0.01m。

测量时尺应保持水平，不得将尺紧贴路面量取，也不得使用皮尺。测定断面的实测宽度 B_i 与设计宽度 B_{i0} 之差为：

$$\Delta B_i = B_i - B_{i0} \qquad (7-62)$$

6）路面中线偏位测试

路面实际中线偏离设计中心线的距离为路面中线偏位，以"mm"计。中线偏位的测定方法如下。

（1）有中桩坐标的道路。首先从设计资料中查出待测点 P 的设计坐标，用经纬仪对该设计坐标进行放样，并对放样点 P' 做好标记，量取 PP' 的长度，即为中线平面偏位 Δ_{CL}，以"mm"表示。对于高速公路及一级公路，精确至 5mm；对于其他等级公路，精确至 10mm。

（2）无中桩坐标的道路。应首先恢复交点或转点，实测偏角和距离，然后采用链距法、切线支距法或偏角法等传统方法敷设道路中线的设计位置，量取设计位置与施工位置之间的距离，即为中线平面偏位 Δ_{CL}，以"mm"表示，精确至 10mm。

3. 路面厚度检测

1）路面厚度代表值与极值的允许误差

路面各结构层厚度的检测方法与结构层的层位和种类有关，基层和砂石路面的厚度可用挖坑法测定，沥青面层及水泥混凝土路面板的厚度应用钻孔法测定。路面各层施工完成后及工程交工验收检查使用时，必须进行厚度的检测，几种常用路面结构层厚度的代表值与极值的允许偏差见表 7-20。

表 7-20 几种常用路面结构层厚度的代表值与极值的允许偏差

类型与层位		厚度/mm				检查频率
		代表值		合格值		
		高速、一级公路	其他公路	高速、一级公路	其他公路	
水泥混凝土面层		−5	−5	−10	−10	每200m测2点
沥青混凝土和沥青碎石面层		总厚度：$-5\%H$ 上面层：$-10\%h$	$-8\%H$	总厚度：$-10\%H$ 上面层：$-20\%h$	$-15\%H$	每200m测1点
稳定土基层和底基层	基层	—	−10	—	−20	每200m测2点
	底基层	−10	−12	−25	−30	
稳定粒料基层和底基层	基层	−8	−10	−10	−20	每200m测2点
	底基层	−10	−12	−25	−30	

（1）抽检频率：水泥混凝土面层，每 200m 每车道检查 2 处；沥青混凝土、沥青碎石及沥青贯入式面层，每 200m 每车道检查 1 处；水泥稳定粒料基层及石灰稳定土底基层，每 200m 每车道检查 1 处。

（2）仪具与材料。

① 挖坑用镐、铲、凿子、锤子、小铲、毛刷。

② 路面取芯样钻机及钻头、冷却水。钻头的标准直径为 $\phi100$，如芯样仅供测量厚度，不做其他试验时，对沥青面层与水泥混凝土板也可用直径 $\phi50$ 的钻头，对基层材料有可能损坏试件时，也可用直径 $\phi150$ 的钻头，但钻孔深度均必须达到层厚。

③ 量尺：钢板尺、钢卷尺、卡尺。

④ 补坑材料：与检查层位的材料相同。

⑤ 补坑用具：夯、热夯等。

⑥ 其他：搪瓷盘、棉纱等。

2）挖坑法测定路面厚度

（1）随机取样决定挖坑检查的位置，如为旧路，该点有坑洞等显著缺陷或接缝时，可在其旁边检测。

（2）选一块约 40cm×40cm 的平坦表面作为试验地点，用毛刷将其清扫干净。

（3）根据材料坚硬程度，选择镐、铲、凿子等适当的工具，开挖这一层材料，直至层位底面。在便于开挖的前提下，开挖面积应尽量缩小，坑洞大体呈圆形，边开挖边将材料铲出，置于搪瓷盘中。

（4）用毛刷将坑底清扫，确认为下一层的顶面。

（5）将钢板尺平放横跨于坑的两边，用另一把钢尺或卡尺等量具在坑的中部位置垂直伸至坑底，测量坑底至钢板尺的距离即为检查层的厚度，以"mm"计，精确至 1mm。

7.3.2　路面强度指标检测

1. 路基路面回弹弯沉检测

国内外普遍采用回弹弯沉值来表示路基路面的承载能力，回弹弯沉值越大，代表路基路面的承载能力越小，反之则越大。通常所说的回弹弯沉值是指标准后轴载双轮组轮隙中心处的最大回弹弯沉值。在路表测试的回弹弯沉值可以反映路基、路面的综合承载能力。回弹弯沉值在我国已广泛使用，且有很多的经验及研究成果，它不仅用于路面结构的设计（设计回弹弯沉）及施工控制和施工验收（竣工验收弯沉值）中，同时还用在旧路补强设计中，是公路工程的一个基本参数，所以对其进行正确的测试具有重要的意义。弯沉是指在规定的标准轴载作用下，路基或路面表面轮隙中心位置产生的总垂直变形（总弯沉）或垂直回弹变形值（回弹弯沉），以 0.01mm 为单位。设计弯沉值是根据设计年限内一个车道上预测通过的累计当量轴次、公路等级、面层和基层类型而确定的路面弯沉设计值。竣工验收弯沉值是检验路面是否达到设计要求的指标之一。当路面厚度计算以设计弯沉值为控制指标时，则验收弯沉值应小于或等于设计弯沉值；当厚度计算以层底拉应力为控制指标时，应根据拉应力计算所得的结构厚度，重新计算路面弯沉值，该弯沉值即为竣工验收弯沉值。

2. 贝克曼梁法

弯沉值的测试方法较多，目前用得最多的是贝克曼梁法，在我国已有成熟的经验。但由于其测试速度等因素的限制，各国都对快速连续或动态测定进行了研究，现在用得比较普遍的有法国洛克鲁瓦式自动弯沉仪，丹麦等国家发明并几经改进形成的落锤式弯沉仪（FWD），美国的振动弯沉仪等。常用的几种弯沉测试方法的比较，见表 7 - 21。下面重点介绍贝克曼梁法。

表 7-21　几种弯沉测试方式比较

方　法	特　点
贝克曼梁法	传统方法，速度慢，静态测试，比较成熟，目前属于标准方法
自动弯沉仪法	利用贝克曼梁原理快速连续，属于静态测试范畴，但测定的是总弯沉，因此使用时应用贝克曼梁法进行标定换算
落锤式弯沉仪法	利用重锤自由落下的瞬间产生的冲击荷载测定弯沉，属于动态弯沉，并能反算路面的回弹模量，快速连续，使用时应用贝克曼梁法进行标定换算

1）贝克曼梁法测定路基路面回弹弯沉

（1）本方法适用于测定各类路基、路面的回弹弯沉，用以评定其整体承载能力，可供路面结构设计使用。

（2）本方法测定的路基、柔性路面的回弹弯沉值可供交工和竣工验收使用。

（3）本方法测定的路面回弹弯沉可为公路养护管理部门制订养路修路计划提供依据。

（4）沥青路面的弯沉以标准温度 20℃时为准，在其他温度（超过 20℃±2℃范围）测试时，对厚度大于 5cm 的沥青路面，弯沉值应进行温度修正。

2）仪具与材料

（1）测试车：双轴、后轴双侧 4 轮的载重车，其标准轴荷载、轮胎尺寸、轮胎间隙及轮胎气压等主要参数应符合要求。测试车可根据需要按公路等级选择，高速公路，一级及二级公路应采用后轴 100kN 的 BZZ-100；其他等级公路也可采用后轴 60kN 的 BZZ-60。

（2）路面弯沉仪：由贝克曼梁、百分表及表架组成，贝克曼梁由铝合金制成，上有水准泡，其前臂（接触路面）与后臂（装百分表）长度比为 2:1。弯沉仪长度有两种：一种长 3.6m，前后臂分别为 2.4m 和 1.2m；另一种加长的弯沉仪长 5.4m，前后臂分别为 3.6m 和 1.8m，其构造如图 7.19 所示。当在半刚性基层沥青路面或水泥混凝土路面上测定时，宜采用长度为 5.4m 的贝克曼梁弯沉仪，并采用 BZZ-100 标准车；弯沉值采用百分表量得，也可用自动记录装置进行测量。

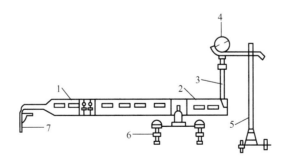

图 7.19　路面弯沉仪的构造

1—前杠杆；2—后杠杆；3—立杆；4—百分表；5—表架；6—支座；7—侧头

（3）其他：皮尺、口哨、白油漆或粉笔、指挥旗等。

3）试验方法与步骤

（1）试验前的准备工作如下。

① 检查并保持测定用标准车的车况及刹车性能良好，轮胎内胎符合规定的充气压力。

② 向汽车车槽中装载（铁块或集料），并用地中衡称量后轴总质量，使其符合要求的轴重规定，汽车行驶及测定过程中，轴重不得变化。

③ 测定轮胎接地面积：在平整光滑的硬质路面上用千斤顶将汽车后轴顶起，在轮胎下方铺一张新的复写纸，轻轻落下千斤顶，即在方格纸上印上轮胎印痕，用求积仪或数方格的方法测算轮胎接地面积，精确至 0.1cm^2。

④ 检查弯沉仪百分表测量灵敏情况。

⑤ 当在沥青路面上测定时，用路表温度计测定试验时气温及路表温度（一天中气温不断变化，应随时测定），并通过气象台了解前 5d 的平均气温（日最高气温与最低气温的平均值）。

⑥ 记录沥青路面修建或改建时材料、结构、厚度、施工及养护等情况。

（2）测试步骤如下。

① 在测试路段布置测点，其距离随测试需要而定，测点应在路面行车车道的轮迹带上，并用白油漆或粉笔画上标记。

② 将试验车后轮轮隙对准测点后 3~5cm 处的位置上。

③ 将弯沉仪插入汽车后轮之间的缝隙处，与汽车方向一致，梁臂不得碰到轮胎，弯沉仪测头置于测点上（轮隙中心前方 3~5m 处），并安装百分表于弯沉仪的测定杆上，百分表调零，用手指轻轻叩打弯沉仪，检查百分表是否稳定回零。弯沉仪可以是单侧测定，也可以双侧同时测定。

④ 测定者吹哨发令指挥汽车缓缓前进，百分表随路面变形的增加而持续向前转动。当表针转动到最大值时，迅速读取初读数 L_1。汽车仍在继续前进，表针反向回转：待汽车驶出弯沉影响半径（3m 以上）后，吹口哨或挥动红旗指挥停车。待表针回转稳定后读取终读数 L_2。汽车前进的速度宜为 5km/h 左右。

4）弯沉仪的支点变形修正

（1）当采用长度为 3.6m 的弯沉仪对半刚性基层沥青路面、水泥混凝土路面等进行弯沉测定时，有可能引起弯沉仪支座处变形，因此测定时应检验支点有无变形。此时应用另一台检验用的弯沉仪安装在测定用的弯沉仪的后方，其测点架于测定用弯沉仪的支点旁。当汽车开出时，同时测定两台弯沉仪的弯沉读数，如检验用弯沉仪百分表有读数，则应该记录并进行支点变形修正。当在同一结构层上测定时，可在不同的位置测定 5 次，求平均值，以后每次测定时以此作为修正值。

（2）当采用长 5.4m 的弯沉仪测定时，可不进行支点变形修正。

5）结果计算及温度修正

（1）路面测点的回弹弯沉值：

$$L_T = 2(L_1 - L_2) \qquad (7-63)$$

式中　L_T——在路面温度 T 时的回弹弯沉值（0.01mm）；

　　　L_1——车轮中心临近弯沉仪测头时百分表的最大读数（0.01mm）；

　　　L_2——汽车驶出弯沉影响半径后百分表的终读数（0.01mm）。

（2）当需要进行弯沉仪支点变形修正时，路面测点的回弹弯沉值：

$$L_T = 2(L_1 - L_2) + 6(L_3 - L_4) \qquad (7-64)$$

式中 L_3——车轮中心临近弯沉仪测头时检验用弯沉仪的最大读数（0.01mm）；

L_4——汽车驶出弯沉影响半径后检验用弯沉仪的终读数（0.01mm）。

（3）对于沥青路面来说，弯沉强度测定是在沥青路面上进行的，而表层区域受天气影响变化较大，夏天沥青路面发软，冬天又变硬发脆。因此，在夏天测定时，由于路面过软，也会产生失真现象。所以，需要定出一个温度为测定弯沉的标准状态。

路面弯沉值是以 20℃ 为测定沥青路面弯沉值的标准状态。当沥青面层厚度小于或等于 5cm 时，不需要温度修正；当路面温度在 20℃±2℃ 时，也不进行温度修正；其他情况下测定弯沉值均应进行温度修正。温度修正及回弹弯沉的计算宜按下列步骤进行。

测定时的沥青层平均温度按下式计算：

$$T = (T_{25} + T_M + T_E)/3 \tag{7-65}$$

式中 T——测定时沥青层的平均温度（℃）；

T_{25}——根据 T_0 得出的路表下 25mm 处的温度（℃）；

T_M——根据 T_0 得出的沥青层中间深度的温度（℃）；

T_E——根据 T_0 得出的沥青层底面处的温度（℃）；

T_0——测定时路表温度与测定前 5d 平均气温的平均值之和（℃）；日平均气温为日最高气温与最低气温的平均值。

然后由沥青层平均温度从路面弯沉温度修正系数曲线查找出沥青路面弯沉温度修正系数：

$$L_{20} = L_T \cdot K \tag{7-66}$$

式中 K——温度修正系数；

L_{20}——换算为 20℃ 的沥青路面回弹弯沉值（0.01mm）；

L_T——测定时沥青面层内平均温度为 T 时的回弹弯沉值（0.01mm）。

弯沉代表值是弯沉测量值的上波动界限，用式（7-67）计算：

$$L_r = L + Z_a \cdot S \tag{7-67}$$

式中 L_r——一个评定路段的代表弯沉（0.01mm）；

L——一个评定路段内经各项修正后的各测点弯沉的平均值；

S——一个评定路段内经各项修正后的全部测点弯沉的标准差；

Z_a——与保证率有关的系数（当评定路段为高速、一级公路时，$Z_a = 2.0$；当评定路段为二级公路时，$Z_a = 1.645$；当评定路段为二级以下公路时，$Z_a = 1.5$）。

计算平均值和标准差时，应将超出 $L \pm (2 \sim 3)S$ 的弯沉特异值舍弃。对舍弃的弯沉值过大的点，应找出其周围界限进行处理。

弯沉代表值小于或等于设计要求的弯沉值时得满分；大于时得零分。在非不利季节测定时，应考虑季节影响系数。

7.3.3 路面压实度检测

大量的室内试验和工程实践表明：压实使路基土和路面的强度大大增加，压实可以减少路基和路面在行车荷载作用下产生的变形，压实可以增加路基和路面材料的不透水性和强度稳定性，保证其使用质量；若压实不足，则路面容易产生车辙、裂缝、沉陷及整个路面的剪切破坏。

在压实度检测过程中，现场密实度主要检测方法及各方法的适用范围比较见表 7-22。

表 7-22 现场密实度主要检测方法及各方法的适用范围比较

检测方法	适用范围
灌砂法	适用于现场测定基层（或底基层）、砂石路面及路基土的各种材料压实层的密度和压实度；也适用于沥青表面处治、沥青贯入式面层的密度和压实度检测，但不适用于填石路堤等有大孔洞或大孔隙材料的压实度检测
环刀法	适用于细粒土及无机结合料稳定细粒土的密度测试。但对无机结合料稳定细粒土，其龄期不宜超过 2d，且适用于施工过程中的压实度检测
核子法	适用于现场用核子密度仪以散射法或直接透射法测定路基或路面材料的密度和含水率，并计算施工压实度；适用于施工质量的现场快速评定，不宜做仲裁试验或评定验收试验
钻芯法	适用于检验从压实的沥青路面上钻取的芯样试件的密实度，以评定沥青面层的施工压实度，同时适用于龄期较长的无机结合料稳定类基层和底基层的密实检测

灌砂法是利用均匀颗粒的砂去置换试洞的体积，它是当前最通用的方法，很多工程都把灌砂法列为现场测定密度的主要方法。该方法可用于测试各种土或路面材料的密度，它的缺点是：需要携带较多量的砂，而且称量次数较多，因此它的测试速度较慢。

采用灌砂法时，应符合下列规定。

当集料的最大粒径小于 13.2mm、测定层的厚度不超过 150mm 时，宜采用 ϕ100 的小型灌砂筒测试。

当集料的粒径大于或等于 13.2mm、但不超过 31.5mm，测定层的厚度超过 150mm、但不超过 200mm 时，应用 ϕ150 的大型灌砂筒测试。

1. 仪具与材料

（1）灌砂筒：有大小两种，根据需要采用，形式见图 7.20（a）。灌砂筒筒底中心有一个圆孔，下部装一倒置的圆锥形漏斗，漏斗上端开口，直径与灌砂筒的圆孔相同，漏斗焊接在一块铁板上，铁板中心有一圆孔与漏斗上开口相接，灌砂筒筒底与漏斗之间设有开关。开关铁板上也有一个相同直径的圆孔。

（2）金属标定罐：用薄铁板制作的金属罐，上端周围有一罐缘，如图 7.20（b）所示。

（3）基板：用薄铁板制作的金属方盘，盘的中心有一圆孔。

（4）玻璃板：边长 500~600mm 的方形板。

（5）试样盘：小筒挖出的试样可用铝盒存放，大筒挖出的试样可用 300mm×500mm×40mm 的搪瓷盘存放。

（6）天平或台秤：称量 10~15kg，感量不大于 1g。用于含水量测定的天平精度，对细粒土、中粒土、粗粒土宜分别为 0.01g、0.1g、1.0g。

（7）含水量测定器具：如铝盒、烘箱等。

（8）量砂：粒径 0.30~0.60mm 及 0.25~0.50mm 清洁干燥的均匀砂，20~40kg，使用前需洗净、烘干，并放置足够长的时间，使其与空气的湿度达到平衡。

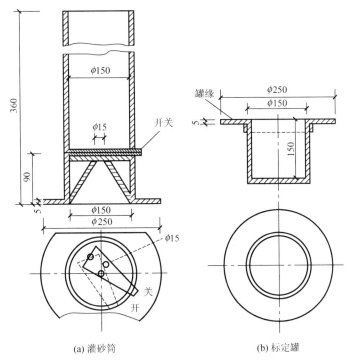

图 7.20 灌砂筒和标定罐（尺寸单位：mm）

（9）盛砂的容器：塑料桶等。

（10）其他：凿子、改锥、铁锤、长把勺、小簸箕、毛刷等。

2. 试验方法与步骤

（1）标定筒下部圆锥体内砂的质量。

① 在灌砂筒筒口高度上，向灌砂筒内装砂至距筒顶 15mm 左右为止。称取装入筒内砂的质量 m_1，精确至 1g。以后每次标定及试验都应该维持装砂高度与质量不变。

② 将开关打开，让砂自由流出，并使流出砂的体积与工地所挖试坑内的体积相当（可等于标定罐的容积），然后关上开关，称量灌砂筒内剩余砂的质量 m_5，精确至 1g。

③ 不晃动灌砂筒的砂，轻轻地将灌砂筒移至玻璃板上，将开关打开，让砂流出，直到筒内砂不再下流时，将开关关上，并细心地取走灌砂筒。

④ 收集并称量留在板上或称量筒内的砂，精确至 1g。玻璃板上的砂就是填满筒下部圆锥体的砂 m_2。

⑤ 重复上述测量 3 次，取其平均值。

（2）标定量砂的松方密度 ρ_s（g/cm³）。

① 用水确定标定罐的容积 V，精确至 1mL。

② 在灌砂筒中装入质量为 m_1 的砂，并将灌砂筒放在标定罐上，将开关打开，让砂流出。在整个流砂过程中，不要碰动灌砂筒，直到灌砂筒内的砂不再下流时，将开关关闭。取下灌砂筒，称取筒内剩余砂的质量 m_3，准确至 1g。

③ 按式（7-68）计算填满标定罐所需砂的质量 m_a（g）：

$$m_a = m_1 - m_2 - m_3 \tag{7-68}$$

式中　m_a——标定罐中砂的质量（g）；

　　　　m_1——装入灌砂筒内砂的总质量（g）；

　　　　m_2——灌砂筒下部圆锥体内砂的质量（g）；

　　　　m_3——灌砂入标定罐后，筒内剩余砂的质量（g）。

④ 重复上述测量 3 次，取其平均值。

⑤ 按式（7-69）计算量砂的松方密度 ρ_s：

$$\rho_s = m_a / V \tag{7-69}$$

式中　ρ_s——量砂的松方密度（g/cm³）；

　　　　V——标定罐的体积（cm³）。

（3）试验步骤。

① 在试验地点，选一块平坦表面，并将其清扫干净，其面积不得小于基板面积。

② 将基板放在平坦表面上。当表面的粗糙度较大时，则将盛有量砂的灌砂筒放在基板中间的圆孔上，将灌砂筒的开关打开，让砂流入基板的中孔内，直到灌砂筒内的砂不再下流时关闭开关。取下灌砂筒，并称量筒内砂的质量 m_6，精确至 1g。当需要检测厚度时，应先测量厚度后再进行这一步骤。

③ 取走基板，并将留在试验地点的量砂收回，重新将表面清扫干净。

④ 将基板放回清扫干净的表面上（尽量放在原处），沿基板中孔凿洞（洞的直径与灌砂筒一致）。在凿洞过程中，应注意勿使凿出的材料丢失，并随时将凿出的材料取出装入塑料袋中以减少水分蒸发，也可放在大试样盒内。试洞的深度应等于测定层厚度，但不得有下层材料混入，最后将洞内的全部凿松材料取出。对土基或基层，为防止试样盘内材料的水分蒸发，可分几次称取材料的质量。全部取出材料的总质量为 m_w，精确至 1g。

⑤ 从挖出的全部材料中取出有代表性的样品，放在铝盒或洁净的搪瓷盘中，测定其含水量（w，以％计）。样品的数量如下：用小灌砂筒测定时，对于细粒土，不少于 100g；对于各种中粒土，不少于 500g。用大灌砂筒测定时，对于细粒土，不少于 200g；对于各种中粒土，不少于 1000g；对于粗粒土或水泥、石灰、粉煤灰等无机结合料稳定材料，宜将取出的全部材料烘干，且不少于 2000g，称其质量 m_d，精确至 1g。当为沥青表面处治或沥青贯入结构类材料时，则可省去测定含水量的步骤。

⑥ 将基板安放在试坑上，将灌砂筒安放在基板中间（灌砂筒内放满砂质量 m_1），使灌砂筒的下口对准基板的中孔及试洞，打开灌砂筒的开关，让砂流入试坑内。在此期间，应注意勿碰动灌砂筒，直到灌砂筒内的砂不再下流时，关闭开关。小心取走灌砂筒，并称量筒内剩余砂的质量 m_4，精确到 1g。

⑦ 如清扫干净的平坦表面的粗糙度不大，也可省去上述②和③的操作。在试洞挖好后，将灌砂筒直接对准放在试坑上，中间不需要放基板。打开筒的开关，让砂流入试坑内。在此期间，应注意勿碰动灌砂筒。直到灌砂筒内的砂不再下流时，关闭开关，小心取走灌砂筒，并称量剩余砂的质量 m_4'，精确至 1g。

⑧ 仔细取出试筒内的量砂，以备下次试验时再用；若量砂的湿度已发生变化或量砂中混有杂质，则应重新烘干、过筛，并放置一段时间，使其与空气的温度达到平衡后再用。

（4）结果计算。

① 按式(7-70) 和式(7-71) 计算填满试坑所用的砂的质量 m_b(g)：

灌砂时，试坑上放有基板：

$$m_b = m_1 - m_4 - (m_5 - m_6) \qquad (7-70)$$

灌砂时，试坑上不放基板：

$$m_b = m_1 - m_4' - m_2 \qquad (7-71)$$

式中　m_b——填满试坑的砂的质量（g）；

　　　m_1——灌砂前灌砂筒内砂的质量（g）；

　　　m_2——灌砂筒下部圆锥体内砂的质量（g）；

m_4、m_4'——灌砂后，灌砂筒内剩余砂的质量（g）；

$m_5 - m_6$——灌砂筒下部圆锥体内及基板和粗糙表面间的砂的合计质量（g）。

② 按式(7-72) 计算试坑材料的湿密度 ρ_w(g/cm³)：

$$\rho_w = m_w \times \rho_s / m_b \qquad (7-72)$$

式中　m_w——试坑中取出的全部材料的质量（g）；

　　　ρ_s——量砂的松方密度（g/cm³）。

③ 按式(7-73) 计算试坑材料的干密度 ρ_d(g/cm³)：

$$\rho_d = \rho_w / (1 + 0.01w) \qquad (7-73)$$

式中　w——试坑材料的含水率（%）。

④ 按式(7-74) 计算施工压实度：

$$K = \rho_d / \rho_c \qquad (7-74)$$

式中　K——测试地点的施工压实度（%）；

　　　ρ_d——试样的干密度（g/cm³）；

　　　ρ_c——由击实试验得到的试样的最大干密度（g/cm³）。

7.3.4　路面平整度检测

路面平整度是评定路面使用质量、施工质量及现有路面破坏程度的重要指标之一。它直接关系到行车安全性、舒适性及营运经济性，并影响着路面使用年限。

路面平整度的检测设备分为断面类及反应类。断面类设备是测定路面表面凸凹情况的一种仪器，如最常用的 3m 直尺及连续式平整度仪。国际平整度指数（IRI）便是以此为基准建立的，这是平整度最基本的指标。反应类检测设备是测定由于路面凹凸不平引起车辆颠簸的情况，这是司机和乘客直接感受到的平整度指标。因此，它实际上是舒适性能指标。最常用的反应类检测设备是车载式颠簸累积仪。现已有更新的自动测试设备，如纵断面分析仪、路面平整度数据采集系统测试车等。

路面平整度测试方法的比较见表 7-23；有关规范对路基、路面、面层、路面基层、路面底基层的平整度的要求见表 7-20。

表 7 - 23　平整度测试方法比较

方　法	特　点	技 术 指 标
3m 直尺法	设备简单，结果直观，间断测试，工作效率低，反映凸凹程度	最大间隙 h/mm
连续式平整度仪法	设备较复杂，连续测试，工作效率高，反映凸凹程度	标准差 σ/mm
车载式颠簸累积仪法	设备复杂，工作效率高，连续测试，反映舒适性	单向累计值 VBI/(cm/km)

平整度测试的方法主要有 3m 直尺法、连续式平整度仪法和车载式颠簸累积仪法，下面主要介绍 3m 直尺法测定平整度。

（1）测试目的和适用范围。

① 本方法规定用 3m 直尺测定路表面的平整度，定义 3m 直尺基准面距离路表面的最大间隙表示路基路面的平整度，以"mm"计。

② 本方法适用于测定压实成型的路面各层表面的平整度，以评定路面的施工质量，也可用于路基表面成型后的施工平整度检测。

（2）仪具与材料技术要求。

① 3m 直尺：测量基准面长度为 3m，基准面应平直，用硬木或铝合金钢等材料制成。

② 最大间隙测量器具。

楔形塞尺：硬木或金属制的三角形塞尺，有手柄。塞尺的长度与高度之比大于或等于10，宽度小于或等于 15mm，边部有高度标记，刻度读数分辨率小于或等于 0.2mm。

深度尺：金属制的深度测量尺，有手柄。深度尺测量杆端头直径大于或等于 10mm，刻度读数分辨率小于或等于 0.2mm。

③ 其他：皮尺或钢尺、粉笔等。

（3）方法与步骤。

① 按有关规范规定选择测试路段。

② 测试路段的测试地点选择：当为沥青路面施工过程中的质量检测时，测试地点应选在接缝处，以单杆测定评定；除高速公路以外，可用于其他等级公路路基路面工程质量检查验收或进行路况评定，每 200m 测 2 处，每处连续测量 10 尺。除特殊需要者外，应以行车道一侧车轮轮迹（距车道线 0.8～1.0m）作为连续测定的标准位置。对旧路已形成车辙的路面，应取车辙中间位置为测定位置，用粉笔在路面上做好标记。

③ 清扫路面测定位置处的污物。

④ 施工过程中检测时，按根据需要确定的方向，将 3m 直尺摆在测试地点的路面上。

⑤ 目测 3m 直尺底面与路面之间的间隙情况，确定最大间隙的位置。

⑥ 用有高度标线的塞尺塞进间隙处，量测其最大间隙的高度（mm）；或者用深度尺在最大间隙位置量测直尺上顶面距地面的深度，该深度减去尺高即为测试点的最大间隙的高度，精确至 0.2mm。

⑦ 单杆检测路面的平整度计算，以 3m 直尺与路面的最大间隙为测定结果。连续测定10 尺时，判断每个测定值是否合格，根据要求，计算合格百分率，并计算 10 个最大间隙的平均值。

7.3.5 路面抗滑性能检测

通常抗滑性能被看做是路面的表面特性，并用轮胎与路面间的摩阻系数来表示。表面特性包括路表面微观构造和宏观构造。影响抗滑性能的因素有路面表面特性、路面潮湿程度和行车速度。抗滑性能测试方法有：构造深度测试法（手工铺砂法、电动铺砂法、激光构造深度仪法）、摆式仪法、横向力系数测试法。下面主要介绍手工铺砂法。

1. 手工铺砂法测定路面构造深度的测试目的与适用范围

路面的宏观构造深度是指一定面积的路面凹凸不平的开口孔隙的平均深度，它是影响抗滑性能的重要因素之一。本方法适用于测定沥青路面及水泥混凝土路面表面构造深度，用以评定路面的宏观粗糙度、路面表面排水性能和抗滑性能。构造深度的检测频率按每200m一处。本方法适用于测定沥青路面及水泥混凝土路面表面构造深度，用以评定路面表面的宏观构造。

2. 检测器具与材料

（1）量砂筒：一端是封闭的，内径 $\phi20$，外径 $\phi26$，总高 90mm，容积为（25 ± 0.15）mL，可通过称量砂筒中水的质量以确定其容积 V，并调整其高度，使其容积符合规定，如图 7.21 所示。带一专门的刮尺，可将筒口量砂刮平。

（2）推平板：推平板应为木制或铝制，直径 50mm，底面粘一层厚 1.5mm 的橡胶片，上面有一圆柱把手，如图 7.22 所示。

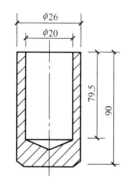

图 7.21　量砂筒（尺寸单位：mm）

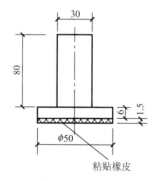

图 7.22　推平板（尺寸单位：mm）

（3）刮平尺：可用 30cm 钢板尺代替。

（4）量砂：足够数量的干燥洁净的匀质砂，粒径 0.15～0.3mm。

（5）量尺：钢板尺、钢卷尺，或专用的构造深度尺。

（6）其他：装砂容器（小铲）、扫帚或毛刷、挡风板等。

3. 方法与步骤

（1）量砂准备：取洁净的细砂，晾干过筛，取 0.15～0.3mm 的砂置适当的容器中备用。量砂只能在路面上使用一次，不宜重复使用。

（2）对测试路段按随机取样选点的方法，决定测点所在横断面位置。测点应选在车道的轮迹带上，距路面边缘不应小于1m。

（3）用扫帚或毛刷子将测点附近的路面清扫干净，面积不小于30mm×30mm。

（4）用小铲装砂，沿筒壁向圆筒中注满砂，手提圆筒上方，在硬质路表面上轻轻地叩打3次，使砂密实；补足砂面用钢尺一次刮平。

（5）将砂倒在路面上，用底面粘有橡胶片的推平板，由里向外重复做旋转摊铺运动，稍稍用力将砂细心地尽可能地向外摊开，使砂填入凹凸不平的路表面的空隙中，尽可能将砂摊成圆形，并不得在表面上留有浮动余砂。注意，摊铺时不可用力过大或向外推挤。

（6）用钢板尺测量所构成圆的两个垂直方向的直径，取其平均值，精确至5mm。

（7）按以上方法，同一处平行测定不小于3次，3个测点均位于轮迹带上，测点间距3～5m。对同一处，应该由同一个试验员进行测定。该处的测定位置以中间测点的位置表示。

4．计算

（1）路面表面构造深度测定结果按式（7-75）计算：

$$TD=1000V/(\pi D^2/4)=31831/D^2 \qquad (7-75)$$

式中　TD——路面表面构造深度（mm）；

　　　　V——砂的体积（25cm³）；

　　　　D——摊平砂的平均直径（mm）。

（2）每一处均取3次路面构造深度的测定结果的平均值作为试验结果，精确至0.01mm。

（3）按《公路路基路面现场测试规程》附录B的方法计算每一个评定区间路面构造深度的平均值、标准差、变异系数。

复习思考题

1．简述建设工程缺陷事故调查内容、调查提纲的作用及调查报告的内容和要求。

2．试述回弹仪检测混凝土强度的原理、程序和方法要点。

3．试比较混凝土结构用回弹仪、钻芯法及超声回弹检测其强度的原理、方法与要求。

4．路面几何尺寸的检测内容有哪些？

5．路面工程常用的回弹弯沉值方法有哪几种？它们的特点分别是什么？

第**8**章

建设工程质量检验与评定案例

教学目标

本章主要讲述建筑工程质量检验与评定案例和公路工程质量检验与评定案例。通过本章的学习，达到以下目标：

(1) 掌握混凝土灌注桩检验批施工质量检验与评定；

(2) 掌握钢筋加工工程检验批施工质量检验与评定；

(3) 掌握混凝土工程检验批施工质量检验与评定；

(4) 掌握土方路基施工质量检验与评定；

(5) 掌握填石路基施工质量检验与评定。

教学要求

知识要点	能力要求	相关知识
建筑工程质量检验与评定案例	(1) 掌握混凝土灌注桩检验批施工质量检验与评定； (2) 掌握钢筋加工工程检验批施工质量检验与评定； (3) 掌握混凝土工程检验批施工质量检验与评定	(1) 单桩承载力特征值； (2) 钢筋连接方式； (3) 混凝土配合比设计
公路工程质量检验与评定案例	(1) 掌握土方路基施工质量检验与评定； (2) 掌握填石路基施工质量检验与评定	(1) 弯沉； (2) 压实度

 基本概念

单桩承载力特征值，钢筋连接方式，混凝土配合比设计，弯沉，压实度。

引言

建设工程质量检验与评定案例综合了建设工程项目划分、建设工程质量检验评定标准体系、建设工程质量检验评定标准、建设工程质量检测与试验、建设工程质量检验与评定表格填写和建设工程质量检验与评定管理的全部内容，对建筑工程的混凝土灌注桩检验批、钢筋加工工程检验批及混凝土工程检验批的施工质量进行模拟检验与评定，对公路工程的土方路基和填石路基的施工质量进行模拟检验与评定。

8.1 建筑工程质量检验与评定案例

8.1.1 混凝土灌注桩检验批施工质量检验与评定

1. 基本要求

依据《建筑地基基础工程施工质量验收规范》(GB 50202—2002)，基础子分部中混凝土灌注桩施工必须满足如下基本要求。

(1) 桩顶标高低于施工场地标高时，如不做中间验收，在土方开挖后如有桩顶位移发生，不易明确责任，究竟是土方开挖不妥，还是本身桩位不准(打入桩时施工不慎，会造成挤土，导致桩体位移)，加一次中间验收有利于责任区分，引起打桩及土方承包商的重视。

(2) 必须在施工中考虑合适的顺序及打桩速率。布桩密集的基础工程应有必要的措施来减少沉桩的挤土影响。

(3) 对重要工程(甲级)应采用静荷载试验检验桩的垂直承载力。工程的分类按现行国家标准《建筑地基基础设计规范》(GB 50007—2011)第 3.0.1 条的规定。关于静荷载试验桩的数量，如果施工区域地质条件单一，当地又有足够的实践经验，数量可根据实际情况，由设计确定。承载力检验不仅能检验施工的质量而且也能检验设计是否达到工程的要求。因此，施工前的试桩如没有破坏又用于实际工程中则可作为验收的依据。非静荷载试验桩的数量，可按国家现行行业标准《建筑基桩检测技术规范》(JGJ 106—2014)的规定执行。

(4) 桩身质量的检验方法很多，可按国家现行行业标准《建筑基桩检测技术规范》(JGJ 106—2014)所规定的方法执行。打入桩制桩的质量容易控制，问题也较易发现，抽查数可较灌注桩少。

(5) 混凝土灌注桩的质量检验应较其他桩种严格，这是工艺本身的要求，再则因为混凝土灌注桩质量不合格引起的工程事故也较多，因此，对监测手段要事先落实。

(6) 沉渣厚度应在钢筋笼放入后，混凝土浇筑前测定，成孔结束后，放钢筋笼、混凝土导管都会造成土体跌落，增加沉渣厚度，因此，沉渣厚度应是二次清孔后的结果。沉渣厚度的检查目前均用重锤，但因人为因素影响很大，应由专人负责，专用一个重锤。也有些地方用较先进的沉渣仪，这种仪器应预先做标定。人工挖孔桩一般对持力层有要求，而且到孔底察看土性是有条件的。

(7) 灌注桩的钢筋笼有时是在现场加工，而不是在工厂加工完后运到现场，为此，列出了钢筋笼的质量检验标准。

2. 验收要求

综合《建筑地基基础工程施工质量验收规范》(GB 50202—2002)的基本要求和《建筑基桩检测技术规范》(JGJ 106—2014)、《建筑地基处理技术规范》(JGJ 79—2012)、《建筑地基基础设计规范》(GB 50007—2011)的相关规定，混凝土灌注桩检验批施工质量检验要求如下。

（1）每浇筑 50m³ 必须有一组试件，小于 50m³ 的桩，每根桩必须有一组试件。

（2）工程桩应进行承载力检验。对于地基基础设计等级为甲级或地质条件复杂，成桩质量可靠性低的灌注桩，应采用静荷载试验的方法进行检验，检验桩数不应少于总桩数据的 1%，且不应少于 3 根；当总桩数少于 50 根时，不应少于 2 根。

（3）桩身质量应进行检验。对设计等级为甲级或地质条件复杂，成桩质量可靠性低的灌注桩，抽检数量不应少于总数的 30%，且不应少于 20 根；其他桩基工程的抽检数量不应少于总数的 20%，有不应少于 10 根；对混凝土预制桩及地下水位以上且终孔后经过核验的灌注桩，检验数量不应少于总桩数的 10%，且不得少于 10 根。每个柱子承台下不得少于 1 根。

3. 验收方法

（1）检验批划分：同一规格、相同材料、工艺和施工条件施工的混凝土灌注桩，每 300 根桩划分为一个验收批，不足 300 根的也应划分为一个验收批。

（2）检查数量：混凝土灌注桩主控项目全数检查；钢筋笼主控项目全数检查。

（3）主控项目：

① 主筋间距。允许偏差小于或等于 10mm。

检查方法：用钢尺测量，钢尺连续测量三档取其最大值。

② 钢筋笼长度。应符合设计要求，允许偏差 ±10mm。

检验方法：用钢尺量测检查。

③ 钢筋材质检验。普通钢筋应符合《钢筋混凝土用钢 第 1 部分：热轧光圆钢筋》（GB 1499.1—2017）、《钢筋混凝土用钢 第 2 部分：热轧带肋钢筋》（GB 1499.2—2018）的规定。

检验方法：抽样送检，检查钢筋出厂合格证及复试报告。

④ 混凝土灌注桩的桩位。灌注桩的平面位置允许偏差必须符合表 8-1 的规定。

检验方法：拉线测量检查。

表 8-1 灌注桩的平面位置允许偏差

序号	成孔方法		桩位允许偏差/mm	
			1～3 根、单排桩基垂直中心线方向和群桩基础的边桩	条形桩基沿中心线方向和群桩基础的中间桩
1	泥浆护壁灌注桩	$D \leqslant 1000mm$	$D/6$，且 $\leqslant 100$	$D/4$，且 $\leqslant 150$
		$D > 1000mm$	$100 + 0.01H$	$150 + 0.01H$
2	套管成孔灌注桩	$D \leqslant 500mm$	70	150
		$D > 500mm$	100	150
3	干成孔灌注桩		70	150
4	人工挖孔桩	混凝土护壁	50	150
		钢套管护壁	100	200

⑤ 垂直度小于 1% 桩长。

检验方法：测套管或钻杆，超声波探测，干成孔施工时用吊垂球法检测。

⑥ 桩径允许偏差。泥浆护壁±50mm，套管成孔、干作业成孔－20mm。采用复打、反插法施工的沉管桩不受此限。

检验方法：采用"井径仪"或超声波检测，干成孔施工时用钢尺量。

⑦ 孔深按设计要求只深不浅。允许偏差小于或等于300mm。

检验方法：用重锤测量，或测钻杆、套管长度，嵌岩桩应确保进入设计要求的嵌岩深度。

⑧ 桩体质量。应符合设计要求。

检验方法：检查检测报告。

⑨ 混凝土强度。应符合设计要求。

检验方法：检查混凝土强度报告或钻取芯样报告。混凝土强度试件的留置数量，按每灌注 $50mm^3$ 必须留置一组试件执行。混凝土强度检验评定方法应符合《混凝土强度检验评定标准》（GB 50107—2010）的有关规定。

⑩ 工程桩必须进行承载力检验，单桩承载力特征值必须满足设计要求。地基基础设计等级为甲级或地质条件复杂，成桩质量可靠度较差的灌注桩，必须采用静载荷试验方法进行检验；地质条件较好，且不含或很少含地下水以及工程桩施工质量可靠性较高的乙级建筑地基基础工程，可采用钻芯法、声透法或高应变动测法。单桩承载力检测方法应符合《建筑基桩检测技术规范》（JGJ 106—2014）的规定。

检测方法：检查基桩检测报告。

（4）一般项目：

① 钢筋笼箍筋间距。允许偏差±20mm。

检查数量：抽查总数的20％，但不少于10根。

检查方法：用钢尺连续测量三档取其最大值。

② 钢筋笼直径。允许偏差±10mm。

检查数量：抽查总数的20％，但不少于10根。

检查方法：用钢尺检查。

③ 泥浆密度。清孔后在距孔底50cm处取样测试，密度允许值1.15～1.20。

检查数量：全数检查。

检查方法：密度计测量。

④ 泥浆面标高。应高于地下水位0.5～1m。

检查数量：全数检查。

检验方法：目测检查。

⑤ 沉渣厚度。端承桩小于或等于50mm，摩擦桩小于或等于150mm。

检查数量：全数检查。

检查方法：沉渣仪或重锤测量。

⑥ 混凝土坍落度。水下灌注160～220mm，干施工70～100mm。

检查数量：每工作班不少于4次。

检查方法：混凝土坍落度筒检查。

⑦ 钢筋笼安装深度。允许偏差±100mm。

检查数量：全数检查。

检验方法：钢尺量测。

⑧ 混凝土充盈系数大于1。

检查数量：全数检查。

检验方法：检查单桩的实际灌注量，计算充盈系数。

⑨ 桩顶标高宜比设计标高高出 300～500mm，灌注桩顶剔除浮浆及汽车质桩体后允许偏差值为 +30mm，−50mm。

检查数量：全数检查。

检验方法：水准仪测量检查。

4. 检验表格填写（表 8-2、表 8-3）

表 8-2　混凝土灌注桩（钢筋笼）检验批质量验收记录

（Ⅰ）　　　　　　　　　　　　　　　01020801 001

单位（子单位）工程名称	盐城绿地 3 号楼	分部（子分部）工程名称	地基与基础/基础	分项工程名称	泥浆护壁成孔灌注桩基础
施工单位	盐东建筑公司	项目负责人	李明	检验批容量	30 根
分包单位	/	分包单位项目负责人	/	检验批部位	1～7/A～C 轴桩基
施工依据	《建筑桩基技术规范》（JGJ 94—2008）		验收依据		《建筑地基基础工程施工质量验收规范》（GB 50202—2002）

		验收项目	设计要求及规范规定	最小/实际抽样数量	检查记录	检查结果
主控项目	1	主筋间距 /mm	±10	全/30	共 30 处，全部检查，合格 30 处	√
	2	长度 /mm	±100	全/30	共 30 处，全部检查，合格 30 处	√
一般项目	1	钢筋材质检验	设计要求	/	检验合格，报告编号	√
	2	箍筋间距 /mm	±20	全/30	共 30 处，全部检查，合格 30 处	100%
	3	直径 /mm	±10	全/30	共 30 处，全部检查，合格 30 处	100%

施工单位检查结果	符合要求　　　　　　　　　　　　　专业工长：××× 项目专业质量检查员：××× ××××年××月××日
监理单位验收结论	合格　　　　　　　　　　　　　　　专业监理工程师：××× ××××年××月××日

表8-3 混凝土灌注桩检验批质量验收记录

（Ⅱ） 01020802 001

单位（子单位）工程名称		盐城绿地3号楼	分部（子分部）工程名称	地基与基础/基础	分项工程名称		泥浆护壁成孔灌注桩基础
施工单位		盐东建筑公司	项目负责人	李明	检验批容量		30根
分包单位		/	分包单位项目负责人	/	检验批部位		1~7/A~C轴桩基
施工依据		《建筑桩基技术规范》（JGJ 94—2008）		验收依据			《建筑地基基础工程施工质量验收规范》（GB 50202—2002）

		验收项目		设计要求及规范规定	最小/实际抽样数量	检查记录	检查结果
主控项目	1	桩位		见本规范表5.1.4	全/30	共30处，全部检查，合格30处	√
	2	孔深/mm		+300	全/30	共30处，全部检查，合格30处	√
	3	桩体质量检验		设计要求	/	检验合格，资料齐全	√
	4	混凝土强度		设计要求C30	/	检验合格，报告编号	√
	5	承载力		设计要求	/	检验合格，资料齐全	√
一般项目	1	垂直度		见本规范表5.1.4	全/30	检验合格，报告编号 20153006	100%
	2	桩径		见本规范表5.1.4	全/30	共30处，全部检查，合格30处	100%
	3	泥浆比重（黏性土或砂性土中）		1.15~1.20	全/30	共30处，全部检查，合格30处	100%
	4	泥浆面标高（高于地下水位）/m		0.5~1.0	全/30	共30处，全部检查，合格30处	100%
	5	沉渣厚度	端承桩/mm	≤50	全/30	共30处，全部检查，合格30处	100%
			摩擦桩/mm	≤150	/	/	/
	6	混凝土坍落度	水下灌注/mm	160~220	全/30	共30处，全部检查，合格30处	100%
			干施工/mm	70~100	/	/	/
	7	钢筋笼安装深度/mm		±100	全/30	共30处，全部检查，合格30处	100%
	8	混凝土充盈系数		>1	全/30	共30处，全部检查，合格30处	100%
	9	桩顶标高/mm		+30，-50	全/30	共30处，全部检查，合格30处	100%
施工单位检查结果			符合要求 专业工长：××× 项目专业质量检查员：××× ××××年××月××日				
监理单位验收结论			合格 专业监理工程师：××× ××××年××月××日				

8.1.2　钢筋加工工程检验批施工质量检验与评定

1. 基本要求

综合《混凝土结构工程施工质量验收规范》（GB 50204—2015）的基本要求和《建筑工程施工质量统一验收标准》（GB 50300—2013）的相关规定，钢筋连接检验批施工质量检验要求如下。

（1）钢筋进场时，应按国家现行相关标准的规定抽取试件做力学性能和质量偏差检验，检验结果必须符合有关标准的规定。

检查数量：按进场的批次和产品的抽样检验方案确定。

检验方法：检查产品合格证、出厂检验报告和进场复验报告。

（2）对有抗震设防要求的结构，其纵向受力钢筋的强度应满足设计要求；当设计无具体要求时，对一、二、三级抗震等级设计的框架和斜撑构件（含梯级）中的纵向受力钢筋应采用 HRB335E、HRB400E、HRB500E、HRBF335E、HRBF400E 或 HRBF500E 钢筋，其强度和最大力下总伸长率的实测值应符合下列规定：

① 钢筋的抗拉强度实测值与屈服强度实测值的比值不应小于 1.25；

② 钢筋的屈服强度实测值与强度标准值的比值不应大于 1.30；

③ 钢筋的最大力下总伸长率不应小于 9%。

检查数量：按进场的批次和产品的抽样检验方案确定。

检验方法：检查进场复验报告。

（3）在浇筑混凝土之前，应进行钢筋隐蔽工程验收，其内容包括：

① 纵向受力钢筋的品种、规格、数量、位置等；

② 钢筋的连接方式、接头位置、接头数量、接头面积百分率等；

③ 箍筋和横向钢筋的品种、规格、数量、间距等；

④ 预埋件的规格、数量、位置等。

2. 验收要求和方法

1）主控项目

（1）纵向受力钢筋的连接方式应符合设计要求。

检查数量：全数检查。

检验方法：观察。

（2）在施工现场应按国家现行标准《钢筋机械连接通用技术规程》（JGJ 107—2016）、《钢筋焊接及验收规程》（JGJ 18—2012）的规定，抽取钢筋机械连接接头、焊接接头试件做力学性能检验，其质量应符合有关规程的规定。

检查数量：按有关规程确定。

检验方法：检查产品合格证、接头力学性能试验报告。

2）一般项目

（1）钢筋的接头宜设置在受力较小处。同一纵向受力钢筋不宜设置两个或两个以上接头。接头末端至钢筋弯起点的距离不应小于钢筋直径的 10 倍。

检查数量：全数检查。

检验方法：观察，钢尺检查。

（2）在施工现场应按国家现行标准《钢筋机械连接通用技术规程》（JGJ 107—2016）、《钢筋焊接及验收规程》（JGJ 18—2012）的规定，对钢筋机械连接接头、焊接接头的外观进行检查，其质量应符合有关规程的规定。

检查数量：全数检查。

检验方法：观察。

（3）当受力钢筋采用机械连接接头或焊接接头时，设置在同一构件内的接头宜相互错开。纵向受力钢筋机械连接接头及焊接接头连接区段的长度为 $35d$（d 为纵向受力钢筋的较大直径）且大于或等于 500mm，凡接头中点位于该连接区段长度内的接头，均属于同一连接区段。同一连接区段内，纵向受力钢筋机械连接及焊接的接头面积百分率为该区段内有接头的纵向受力钢筋截面面积与全部纵向受力钢筋截面面积的比值。同一连接区段内，纵向受力钢筋的接头面积百分率应符合设计要求；当设计无具体要求时，应符合下列规定。

① 在受压区不宜大于 50%。

② 接头不宜设置在有抗震设防要求的框架梁端、柱端的箍筋加密区；当无法避开时，对等强度高质量机械连接接头，不应大于 50%。

③ 直接承受动力荷载的结构构件中，不宜采用焊接接头；当采用机械连接接头时，不应大于 50%。

检查数量：在同一检验批内，对梁、柱和独立基础，应抽查构件数量的 10%，且不少于 3 件；对墙和板，应按有代表性的自然间抽查 10%，且不少于 3 间；对大空间结构，墙可按相邻轴线间高度 5m 左右划分检查面，板可按纵横轴线划分检查面，抽查 10%，且均不少于 3 面。

检验方法：观察，钢尺检查。

（4）同一构件中相邻纵向受力钢筋的绑扎搭接接头宜相互错开。绑扎搭接接头中钢筋的横向净距不应小于钢筋直径，且不应小于 25mm。钢筋绑扎搭接接头连接区段的长度为 1.3 倍搭接长度，凡搭接接头中点位于该连接区段长度内的搭接接头均属于同一连接区段。同一连接区段内，纵向钢筋搭接接头面积百分率为该区段内有搭接接头的纵向受力钢筋截面面积与全部纵向受力钢筋截面面积的比值（图 8.1）。同一连接区段内，纵向受拉钢筋搭接接头面积百分率应符合设计要求；当设计无具体要求时，应符合下列规定。

① 对梁类、板类及墙类构件不宜大于 25%。

② 对柱类构件不宜大于 50%。

③ 当工程中确有必要增大接头面积百分率时，对梁类构件不应大于 50%，对其他构件可根据实际情况放宽。纵向受力钢筋绑扎搭接接头的最小搭接长度应符合规定。

检查数量：在同一检验批内，对梁、柱和独立基础应抽查构件数量的 10%，且不少于 3 件；对墙和板，应按有代表性的自然间抽查 10%，且不少于 3 间；对大空间结构，墙可按相邻轴线间高度 5m 左右划分检查面，板可按纵、横轴线划分检查面，抽查 10%，且均不少于 3 面。

检验方法：观察，钢尺检查。

（5）在梁、柱类构件的纵向受力钢筋搭接长度范围内，应按设计要求配置箍筋。当设计无具体要求时，应符合下列规定。

① 箍筋直径不应小于搭接钢筋较大直径的 0.25 倍。

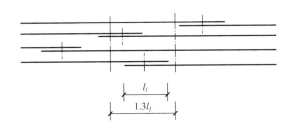

图 8.1 钢筋绑扎搭接接头连接区段及接头面积百分率

注：图中所示搭接接头同一连接区段内的搭接钢筋为两根，当各钢筋直径
相同时，接头面积百分率为 50%。

② 受拉搭接区段的箍筋间距不应大于搭接钢筋较小直径的 5 倍，且不应大于 100mm。

③ 受压搭接区段的箍筋间距不应大于搭接钢筋较小直径的 10 倍，且不应大于 200mm。

④ 当柱中纵向受力钢筋直径大于 25mm 时，应在搭接接头两个端面外 100mm 范围内各设置两个箍筋，其间距宜为 50mm。

检查数量：在同一检验批内，对梁、柱和独立基础，应抽查构件数量的 10%，且不少于 3 件；对墙和板，应按有代表性的自然间抽查 10%，且不少于 3 间；对大空间结构，墙可按相邻轴线间高度 5m 左右划分检查面，板可按纵、横轴线划分检查面，抽查 10%，且均不少于 3 面。

检验方法：钢尺检查。

现场检查原始记录见表 8-4 和表 8-5。钢筋连接检验批质量验收记录见表 8-6。

表 8-4 现场检查原始记录

共 2 页　第 1 页

单位（子单位）工程名称		盐城绿地 3 号楼	
检验批名称		钢筋连接检验批质量验收记录	02010203001
编号	验收项目	验收部位	验收情况记录	备注
1（主控）	纵向受力钢筋的连接方式	1～8 轴/A～F 轴二层剪力墙	全数检查，柱钢筋采用直螺纹套筒连接，接头率为 50%，符合设计要求	
2（主控）	机械连接的力学性能	1～8 轴/A～F 轴二层剪力墙	现场随机截取一组试件进行接头力学性能试验，结果合格，试验报告编号××××|
1（一般）	接头位置和数量	1～8 轴/A～F 轴二层剪力墙	共计接头数量为 174 个，接头位置正确，符合设计和规范要求	
2（一般）	机械连接和焊接接头的百分率	1～8 轴/A～F 轴二层剪力墙	全数检查直螺纹套筒连接，接头率为 50%，符合设计要求	

监理校核：××× 　检查：××× 　记录：××× 　验收日期：×××× 年 ×× 月 ×× 日

表 8-5　现场检查原始记录

单位（子单位）工程名称		盐城绿地 3 号楼	
检验批名称	钢筋连接检验批质量验收记录		02010203001
编号	验收项目	验收部位	验收情况记录	备注

编号	验收项目	验收部位	验收情况记录	备注
3（一般）	机械连接的外观质量	1～8 轴/A～F轴二层剪力墙	直螺纹套筒连接处紧密，套筒外剩余 1～2 个丝扣	
4（一般）	绑扎搭接接头百分率和搭接长度	1～8 轴/A～F轴二层剪力墙	全数检查绑扎搭接，接头百分率为 50%，符合设计要求，剪力墙纵向受力钢筋型号为 φ12 与 φ14，φ12 钢筋的搭接长度为 63cm，φ14 钢筋的搭接长度为 73cm，符合设计和规范要求	

监理校核：×××　检查：×××　记录：×××　　验收日期：××××年××月××日

表 8-6　钢筋连接检验批质量验收记录

02010203 001

单位（子单位）工程名称	盐城绿地 3 号楼	分部（子分部）工程名称	主体结构/混凝土结构	分项工程名称	钢筋
施工单位	盐东建筑公司	项目负责人	李明	检验批容量	500m²
分包单位	/	分包单位项目负责人	/	检验批部位	地上二层剪力墙 1～8/A～F轴
施工依据	《混凝土结构工程施工规范》（GB 50166—2011）		验收依据	《混凝土结构工程施工质量验收规范》（GB 50204—2015）	

		验收项目	设计要求及规范规定	最小/实际抽样数量	检查记录	检查结果
主控项目	1	纵向受力钢筋的连接方式	第 5.4.1 条	全/全	柱筋采用直螺纹套筒连接，墙筋采用搭接连接，接头率为 50%，符合设计要求	√
	2	钢筋连接和焊接接头的力学性能	第 5.4.2 条	/	试验合格，报告编号 ××××	√

（续）

一般项目	1	接头位置和数量	第5.4.3条	全/全	接头位置正确	√
	2	机械连接和焊接的外观质量	第5.4.4条	全/全	套筒连接处紧密，套筒外剩余1～2个丝扣	√
	3		第5.4.5条	/全	接头率为50%，符合设计要求	√
	4		第5.4.6条附录B	/全	接头率为50%，符合设计要求	√
	5		第5.4.7条	/	/	/

施工单位检查结果	符合要求	
		专业工长：××× 项目专业质量检查员：××× ××××年××月××日
监理单位验收结论	合格	
		专业监理工程师：××× ××××年××月××日

8.1.3 混凝土工程检验批施工质量检验与评定

1. 基本要求

依据《混凝土结构工程施工质量验收规范》（GB 50204—2015），钢筋混凝土子分部工程中混凝土分项工程的施工必须符合如下一般规定。

（1）结构构件的混凝土强度，应执行现行国家标准《混凝土强度检验评定标准》（GB 50107—2010），对采用蒸汽法养护的混凝土结构构件，其混凝土试件应先随同结构构件同条件蒸汽养护，再转入标准条件养护共28d，当混凝土中掺用矿物掺合料时，确定混凝土强度时的龄期可按现行国家标准《粉煤灰混凝土应用技术规范》（GB/T 50146—2014）等的规定取值。

（2）检验评定混凝土强度用的混凝土试件的尺寸及强度的尺寸换算系数应按表8-7取用，其标准成型方法、标准养护条件及强度试验方法应符合《普通混凝土力学性能试验方法标准》（GB/T 50081—2002）。

表 8 - 7　混凝土试件尺寸及强度的尺寸换算系数

骨料最大粒径/mm	试件尺寸/mm	强度的尺寸换算系数
≤31.5	$100 \times 100 \times 100$	0.95
≤40	$150 \times 150 \times 150$	1.00
≤63	$200 \times 200 \times 200$	1.05

注：对强度等级为 C60 及以上的混凝土试件，其强度的尺寸换算系数可通过试验确定。

（3）结构构件拆模、出池、出厂、吊装、张拉放张及施工期间临时负荷时的混凝土强度，应根据同条件养护的标准尺寸试件的混凝土强度确定。

（4）当混凝土试件强度评定不合格时，可采用非破损或局部破损的检测方法，按国家现行有关标准的规定对结构构件中的混凝土强度进行推定，并作为处理的依据。

（5）混凝土的冬期施工应符合国家现行标准《建筑工程冬期施工规程》（JGJ/T 104—2011）和施工技术方案的规定。

2. 验收要求

（1）综合《混凝土结构工程施工质量验收规范》（GB 50204—2015）的基本要求和《建筑工程施工质量统一验收标准》（GB 50300—2013）的相关规定，混凝土检验批施工质量验收方法如下。

① 检验批划分：按楼层、结构缝、施工段划分；构件生产单位按构件型号、批次、数量划分。

② 商品混凝土应按批次向施工现场提供质量合格文件，进入施工现场的商品混凝土，施工单位应按检验批对坍落度进行检查。

③ 检验批合格质量应符合下列规定：主控项目的质量经抽查检验合格；一般项目的质量经抽样检验每项应有 80％ 及以上的抽检处或允许偏差值符合本标准的规定，且不得有严重缺陷；有完整的施工操作依据和质量验收记录。

④ 对验收合格的检验批，应做出合格标志。

（2）主控项目要求如下。

① 水泥进场应对其品种、级别、包装或散装仓号、出厂日期等进行检查，并应对其强度、安定性及其他必要的性能指标进行复验，其质量必须符合现行国家标准《通用硅酸盐水泥》（GB 175—2007）等的规定。当在使用中对水泥质量有怀疑或水泥出厂超过 3 个月（快硬硅酸盐水泥超过 1 个月）时，应进行复验，并按复验结果使用。钢筋混凝土结构、预应力混凝土结构中，严禁使用含氯化物的水泥。

检查数量：按同一生产厂家、同一等级、同一品种、同一批号且连续进场的水泥，袋装水泥不超过 200t 为一批、散装水泥不超过 500t 为一批，每批抽样不少于一次。

检验方法：检查产品合格证、出厂检验报告和进场复验报告。

② 混凝土中掺用外加剂的质量及应用技术应符合现行国家标准《混凝土外加剂》（GB 8076—2008）、《混凝土外加剂应用技术规范》（GB 50119—2013）等和有关环境保护的规定。预应力结构混凝土中，严禁使用含氯化物的外加剂。钢筋混凝土结构中，当使用含氯

化物的外加剂时，混凝土中氯化物总含量应符合现行国家标准《混凝土质量控制标准》（GB 50164—2011）的规定。

检查数量：按进场的批次和产品的抽样检验方案确定。

检验方法：检查产品合格证、出厂检验报告和进场复验报告。

③ 混凝土氯化物和碱的总含量应符合现行国家标准《混凝土结构设计规范》（GB 50010—2010）的要求。

检查数量：全数检查。

检验方法：检查原材料试验报告和氯化物、碱的总含量检测报告。

④ 混凝土应按《普通混凝土配合比设计规程》（JGJ 55—2011）的有关规定，根据混凝土强度等级、耐久性和工作性等要求进行配合比设计。对有特殊有求的混凝土，其配合比设计尚应符合国家有关标准的专门规定。

检查数量：全数检查。

检验方法：检查配合比设计资料。

⑤ 混凝土原材料每盘的允许偏差：水泥、掺和料、水、外加剂为±2%，粗细骨料为±3%。

检查数量：每个工作班抽查不应少于一次。

检验方法：复称。

⑥ 结构混凝土的强度等级必须符合设计要求。用于检查结构构件混凝土强度的试件，应在混凝土的浇筑地点随机抽取。取样与试件留置应符合下列规定。

a. 每拌制 100 盘且不超过 $100m^3$ 的同一配合比的混凝土，取样不得少于一次。

b. 每工作班拌制的同一配合比的混凝土不足 100 盘时，取样不得少于一次。

c. 每一次连续浇筑超过 $1000m^3$ 时，同一配合比的混凝土，每 $200m^3$ 取样数量不得少于一次。

d. 每一楼层、同一配合比的混凝土，取样不得少于一次。

e. 每次取样应至少留置一组标准养护试件，同条件养护试件的留置数应根据实际需要确定。

检查数量：全数检查。

检验方法：检查施工记录及试件强度试验报告（商品混凝土出厂检验强度与进场检验强度不一致时，应以实体检验为准）。

⑦ 对有抗渗要求的混凝土结构，其混凝土试件在混凝土浇筑地随机取样，同一工程、同一配合比的混凝土，取样不应少于一次，留置组数可根据实际需要确定。

检查数量：全数检查。

检验方法：检查试件抗渗试验报告。

⑧ 混凝土运输、浇筑及间歇的全部时间不应超过混凝土的初凝时间，同一施工段的混凝土应连续浇筑，并应在底层混凝土初凝前将上一层混凝土浇筑完毕。当底层混凝土初凝后浇筑上一层混凝土时，应按施工技术方案对施工缝的要求进行处理。

检查数量：全数检查。

检验方法：观察、检查施工记录。

（3）一般项目要求如下。

① 混凝土中掺用矿物掺合料的质量应符合现行国家标准《用于水泥和混凝土中的粉煤灰》（GB/T 1596—2017）等规定，矿物掺合料的掺量应通过试验确定。

检查数量：按照进场批次和产品的抽样检验方案确定。

检验方法：检查出厂合格证和进场复验报告。

② 普通混凝土所用粗、细骨料的质量应符合《普通混凝土用砂、石质量及检验方法标准》（JGJ 52—2006）的规定。

检查数量：按进场批次和产品的抽样检验方法确定。

检验方法：检查出厂合格证和进场复验报告。

③ 混凝土用粗骨料粒径和用水要求如下。

a. 混凝土用的粗骨料，其最大颗粒粒径不得超过构件截面最小尺寸的 1/4，且不得超过钢筋最小净间距的 3/4。

b. 对混凝土实心板，骨料的最大粒径不宜超过板厚的 1/3，且不得超过 40mm。

c. 拌制混凝土宜采用饮用水；当采用其他水源时，水质应符合《混凝土用水标准》（JGJ 63—2006）的规定。

检查数量：同一水源检查数量不应少于一次。

检验方法：检查水质试验报告。

④ 首次使用的混凝土配合比应进行开盘鉴定，其工作性应满足设计配合比的要求。开始生产时应至少留置一组标准养护试块，作为验证配合比的依据。

检查数量：首次使用混凝土配合比时检查。

检验方法：检查开盘鉴定资料或试件强度试验报告。

⑤ 混凝土拌制前，应测定砂、石含水率，并依据测试结果调整材料用量，提出施工配合比。

检查数量：每个工作班检查一次。

检验方法：检查含水率测试结果和施工配合比通知单。

⑥ 施工缝的位置应在混凝土浇筑前按设计要求和施工技术方案确定。施工缝处的处理应符合施工技术方案要求。

检查数量：全数检查。

检验方法：观察、检查施工记录。

⑦ 后浇带的留置位置应按设计要求和施工技术方案确定。后浇带混凝土浇筑应按施工技术方案进行。

检查数量：全数检查。

检验方法：观察、检查施工记录。

⑧ 混凝土浇筑完毕后，应按施工技术方案及时采取有效的养护措施，并应符合下列规定。

a. 应在浇筑完毕 12h 以内对混凝土加以覆盖并保湿养护。

b. 混凝土浇水养护时间，对采用硅酸盐水泥、普通硅酸盐水泥或矿渣硅酸盐水泥拌制的混凝土，不得少于 7d，对掺用缓凝型外加剂或有抗渗要求的混凝土，不得少于 14d。

c. 浇水次数应能保持混凝土处于润湿状态，混凝土养护用水应与拌制用水相同。

d. 采用塑料面覆盖或涂刷养护剂的混凝土，其全部表面应覆盖，并应保持塑料布内有凝结水。

e. 混凝土强度达到 1.2N/mm² 前，不得在其上踩踏或安装模板及支架；当日平均气温低于 5℃ 时，不得浇水；当用其他品种混凝土时，混凝土的养护时间应根据所采用水泥的技术性能确定；混凝土表面不便浇水或使用塑料布时，宜涂刷养护剂，对大体积混凝土的养护，应根据气候条件按施工技术方案采取控制措施。

检查数量：全数检查。

检验方法：观察、检查施工记录。

混凝土原材料检验批质量验收记录见表 8-8。

表 8-8 混凝土原材料检验批质量验收记录

02010301 001

单位（子单位）工程名称	盐城绿地3号楼	分部（子分部）工程名称	主体结构/混凝土结构	分项工程名称	混凝土
施工单位	盐东建筑公司	项目负责人	李明	检验批容量	200m²
分包单位	/	分包单位项目负责人	/	检验批部位	1～7/A～C轴二层墙体
施工依据	《混凝土结构工程施工规范》（GB 50166—2011）		验收依据	《混凝土结构工程施工质量验收规范》（GB 50204—2015）	

		验收项目	设计要求及规范规定	最小/实际抽样数量	检查记录	检查结果
主控项目	1	水泥进场检验	第7.2.1条	/	质量证明文件齐全，试验合格，报告编号××××	√
	2	外加剂质量及应用	第7.2.2条	/	试验合格，报告编号××××	√
	3	混凝土中氧化物、碱的总含量控制	第7.2.3条	/	检验合格，资料齐全	√
一般项目	1	矿物掺合料质量及掺量	第7.2.3条	/	质量证明文件齐全，通过进场验收	√
	2	粗、细骨料的质量	第7.2.3条	/	检验合格，报告编号××××	√
	3	拌制混凝土用水	第7.2.3条	/	拌制混凝土用水为饮用水，符合要求	√

施工单位检查结果	符合要求 专业工长：××× 项目专业质量检查员：××× ××××年××月××日
监理单位验收结论	合格 专业监理工程师：××× ××××年××月××日

混凝土配合比设计检验批质量验收记录见表 8-9。

表 8-9　混凝土配合比设计检验批质量验收记录

02010302 001

单位（子单位）工程名称	盐城绿地3号楼	分部（子分部）工程名称	主体结构/混凝土结构	分项工程名称	混凝土
施工单位	盐东建筑公司	项目负责人	李明	检验批容量	200m²
分包单位	/	分包单位项目负责人	/	检验批部位	1～7/A～C轴二层墙体
施工依据	《混凝土结构工程施工规范》（GB 50166—2011）		验收依据	《混凝土结构工程施工质量验收规范》（GB 50204—2015）	

		验收项目	设计要求及规范规定	最小/实际抽样数量	检查记录	检查结果
主控项目	1	配合比设计	第7.3.1条	/	文件符合规定，资料齐全	√
一般项目	1	开盘鉴定	第7.3.2条	/	检验合格，资料齐全	√
	2	依砂、石含水率调整配合比	第7.3.3条	/	检验合格，记录编号×××××	√

施工单位检查结果	符合要求　　　　专业工长：××× 项目专业质量检查员：××× ××××年××月××日
监理单位验收结论	合格　　　　专业监理工程师：××× ××××年××月××日

混凝土施工检验批质量验收记录见表 8-10。

表 8－10 混凝土施工检验批质量验收记录

02010303 001

单位（子单位）工程名称	盐城绿地3号楼	分部（子分部）工程名称	主体结构/混凝土结构	分项工程名称	混凝土
施工单位	盐东建筑公司	项目负责人	李明	检验批容量	$200m^2$
分包单位	/	分包单位项目负责人	/	检验批部位	1～7/A～C轴二层墙体
施工依据	《混凝土结构工程施工规范》（GB 50166—2011）		验收依据	《混凝土结构工程施工质量验收规范》（GB 50204—2015）	

		验收项目	设计要求及规范规定	最小/实际抽样数量	检查记录	检查结果
主控项目	1	混凝土强度等级及试件的取样和留置	第7.4.1条	/	见证试验合格，报告编号×××××	√
	2	混凝土抗渗及试件的取样和留置	第7.4.2条	/	试验合格，报告编号××××	√
	3	原材料每盘称量的偏差	第7.4.3条	1/2	抽检2处，合格2处	100%
	4	初凝时间控制	第7.4.4条	全/全	混凝土的初凝时间符合要求	√
一般项目	1	施工缝的位置和处理	第7.4.5条	/	/	/
	2	后浇带的位置和浇筑	第7.4.6条	/	/	/
	3	养护措施	第7.4.7条	全/全	按照施工方案进行覆盖和养护工作	√

施工单位检查结果	符合要求 专业工长：××× 项目专业质量检查员：××× ××××年××月××日
监理单位验收结论	合格 专业监理工程师：××× ××××年××月××日

8.2 公路工程质量检验与评定案例

土方路基和填石路基的实测项目技术指标的规定值或允许偏差按高速公路、一级公路和其他公路（指二级及以下公路）两档设定，其中土方路基压实度按高速公路和一级公路、二级公路、三四级公路三档设定。

8.2.1 土方路基施工质量检验与评定

1. 基本要求

（1）在路基用地和取土坑范围内，应清除地表植被、杂物、积水、淤泥和表土，处理坑塘，并按施工技术规范和设计要求对基底进行压实。表土应充分利用。

（2）填方路基应分层填筑压实，每层表面平整，路拱合适，排水良好，不得有明显碾压轮迹，不得亏坡。

（3）应设置施工临时排水系统，避免冲刷边坡，路床顶面不得积水。

（4）在设定取土区内合理取土，不得滥开滥挖。完工后应按要求对取土坑和弃土场进行修整。

2. 实测项目

土方路基实测项目见表8-11。

表8-11　土方路基实测项目

项次	检 查 项 目			规定值或允许偏差			检查方法和频率
				高速公路、一级公路	其他公路		
					二级公路	三、四级公路	
1△	压实度/%	上路床/m		0～0.3	≥96	≥95	≥94	按规范规定检查。密度法：每200m每压实层测2处
		下路床/m	轻、中及重交通荷载等级	0.3～0.8	≥96	≥95	≥94	
			特重、极重交通荷载等级	0.3～1.2	≥96	≥95	—	
		上路堤/m	轻、中及重交通荷载等级	0.8～1.5	≥94	≥94	≥93	
			特重、极重交通荷载等级	1.2～1.9	≥94	≥94	—	
		下路堤/m	轻、中及重交通荷载等级	>1.5	≥93	≥92	≥90	
			特重、极重交通荷载等级	>1.9				

（续）

项次	检查项目	规定值或允许偏差			检查方法和频率
		高速公路、一级公路	其他公路		
			二级公路	三、四级公路	
2△	弯沉/0.01mm	不大于设计验收弯沉值			按规范规定检查
3	纵断高程/mm	+10，−15	+10，−20		水准仪：中线位置每200m测2点
4	中线偏位/mm	50	100		全站仪：每200m测2点，弯道加测HY、YH 2点
5	宽度/mm	满足设计要求			尺量：每200m测4点
6	平整度/mm	≤15	≤20		3m直尺：每200m测2处×5尺
7	横坡/%	±0.3	±0.5		水准仪：每200m测2个断面
8	边坡	满足设计要求			尺量：每200m测4点

注：1. 表列压实度系按现行《公路土工试验规程》（JTG E40—2007）重型击实试验所得最大干密度求得的压实度，评定路段内的压实度平均值下置信界限不得小于规定标准，单个测定值不得小于极值（表列规定值减5个百分点）。按测定值不小于表列规定值减2个百分点的测点占总检查点数的百分率计算合格率。

2. 特殊干旱、特殊潮湿地区或过湿土路基等，可按路基设计、施工规范所规定的压实度标准进行评定。

3. 三、四级公路铺筑沥青混凝土或水泥混凝土路面时，其路基压实度应采用二级公路标准。

3. 外观质量

（1）路基边线与边坡不应出现单向累计长度超过50m的弯折。

（2）路基边坡、护坡道、碎落台不得有滑坡、塌方或深度超过100mm的冲沟。

4. 检验表格填写

土方路基分项工程质量检验评定表见表8-12。

表 8-12 土方路基分项工程质量检验评定表

分项工程名称：土方路基　　　　工程部位：K11+000～K12+000　　所属建设项目（合同段）：

所属分部工程名称：路基土石方工程　　　　　　　　　　　　所属单位工程：

施工单位：×××××工程公路建设有限公司　　　　　　　　分项工程编号：

| 基本要求 | 1. 在路基用地和取土坑范围内，应清除地表植被、杂物、积水、淤泥和表土，处理坑塘，并按施工技术规范和设计要求对基底进行压实。表土应充分利用。
2. 填方路基应分层填筑压实，每层表面平整，路拱合适，排水良好，不得有明显碾压轮迹，不得亏坡。
3. 应设置施工临时排水系统，避免冲刷边坡，路床顶面不得积水。
4. 在设定取土区内合理取土，不得滥开滥挖。完工后应按要求对取土坑和弃土场进行修整。 | | | | | | | | | | | | | |

项次		检查项目	规定值或允许偏差	实测值或实测偏差值										质量评定		
				1	2	3	4	5	6	7	8	9	10	平均值、代表值	合格率/%	合格判定
实测项目	1△	压实度/%	≥96												100	合格
	2△	弯沉/0.01mm	不大于设计验收弯沉值												100	合格
	3	纵断高程/mm	+10，-15												100	合格
	4	中线偏位/mm	50												100	合格
	5	宽度/mm	符合设计要求												100	合格
	6	平整度/mm	15												100	合格
	7	横坡/%	±0.3												100	合格
	8	边坡	满足设计要求												100	合格
外观质量			外观平整						质量保证资料			资料整齐、完整、真实					
工程质量等级评定			合格													

检验负责人：×××　　　　　　　　检测：×××　　　　　　　　记录：×××

复核：×××　　　　　　　　　　　　　　　　　　　　　　××年×月×日

8.2.2 填石路基施工质量检验与评定

1. 基本要求

（1）填石路基应分层填筑压实，每层表面平整，路拱合适，排水良好，上路床不得有碾压轮迹，不得亏坡。

（2）修筑填石路堤时应进行地表清理，填筑层厚度应符合规范规定并满足设计要求，填石空隙用石渣、石屑嵌压稳定。

（3）填石路基应通过试验路确定沉降差控制标准。

2. 实测项目

填石路基实测项目见表 8-13。

表 8-13　填石路基实测项目

项次	检查项目		规定值或允许偏差		检查方法和频率
			高速公路、一级公路	其他公路	
1	压实①		孔隙率满足设计要求		密度法：每 200m 每压实层测 1 处
			沉降差≤试验路确定的沉降差		精密水准仪：每 50m 测 1 个断面，每个断面测 5 点
2△	弯沉/0.01mm		不大于设计值		按规范规定检查
3	纵断高程/mm		+10，−20	+10，−30	水准仪：中线位置每 200m 测 2 点
4	中线偏位/mm		≤50	≤100	全站仪：每 200m 测 2 点，弯道加测 HY、YH 2 点
5	宽度/mm		满足设计要求		尺量：每 200m 测 4 点
6	平整度/mm		≤20	≤30	3m 直尺：每 200m 测 2 处×5 尺
7	横坡/%		±0.3	±0.5	水准仪：每 200m 测 2 个断面
8	边坡	坡度	满足设计要求		尺量：每 200m 测 4 点
		平顺度	满足设计要求		

① 上下路床填土时压实度检验标准同土方路基。

3. 外观鉴定

（1）路基边线与边坡不应出现单向累计长度超过 50m 的弯折。

（2）上边坡不得有危石。

4. 检验表格填写

填石路基分项工程质量检验评定表见表 8-14。

表 8－14　填石路基分项工程质量检验评定表

分项工程名称：填石路基　　　　工程部位：K10＋000～K11＋000　　　所属建设项目（合同段）：

所属分部工程名称：路基土石方工程　　　　　　　　　　　　　　　　所属单位工程：

施工单位：××××××工程公路建设有限公司　　　　　　　　　　　分项工程编号：

基本要求	1. 填石路基应分层填筑压实，每层表面平整，路拱合适，排水良好，上路床不得有碾压轮迹，不得亏坡。 2. 修筑填石路堤时应进行地表清理，填筑层厚度应符合规范规定并满足设计要求，填石空隙用石渣、石屑嵌压稳定。 3. 填石路基应通过试验路确定沉降差控制标准。

	项次	检查项目	规定值或允许偏差	实测值或实测偏差值										质量评定		
				1	2	3	4	5	6	7	8	9	10	平均值、代表值	合格率/%	合格判定
实测项目	1	压实	孔隙率满足要求												100	合格
			沉降差≤试验路确定的沉降差													
	2△	弯沉/0.01mm	不大于设计值												100	合格
	3	纵断高程/mm	＋10，－20												100	合格
	4	中线偏位/mm	50												100	合格
	5	宽度/mm	满足设计要求												100	合格
	6	平整度/mm	20												100	合格
	7	横坡/%	±0.3												100	合格
	8	边坡 坡度	满足设计要求												100	合格
		边坡 平顺度	满足设计要求													

外观质量	路基边线直顺	质量保证资料	资料整齐、完整、真实
工程质量等级评定	合格		

检验负责人：×××　　　　　　　　检测：×××　　　　　　　　记录：×××

复核：×××　　　　　　　　　　　　　　　　　　　　　　　××年×月×日

复习思考题

1. 简述混凝土灌注桩的验收要求。
2. 简述钢筋加工工程基本要求。
3. 简述土方路基检验的基本要求。

参 考 文 献

[1]《建设工程质量、投资、进度控制》编委会.建设工程质量、投资、进度控制［M］.北京：中国建筑工业出版社，2015.

[2] 中国建设监理协会.建设工程质量控制［M］.北京：中国建筑工业出版社，2008.

[3] 钟汉华.施工项目质量与安全管理［M］.北京：北京大学出版社，2012.

[4] 赵志刚.建筑施工全过程技术与质量管理图解［M］.北京：中国建筑工业出版社，2016.

[5] 白锋.建筑工程质量检验与安全管理［M］.北京：机械工业出版社，2017.

[6] 全面一级建造师执业资格考试用书编写委员会.建筑工程管理与实务［M］.北京：中国建筑工业出版社，2017.

[7] 邱小坛.建筑工程施工质量验收统一标准资料填写范例与指南［M］.3版.北京：中国建材工业出版社，2015.

[8]《建筑工程施工质量验收统一标准》GB 50300—2013 编制组，北京建科研软件技术有限公司.建筑工程施工质量验收统一标准解读与资料编制指南［M］.北京：中国建筑工业出版社，2014.

[9] 中华人民共和国国家标准.建筑工程施工质量验收统一标准（GB 50300—2013）［S］.北京：中国建筑出版社，2014.

[10] 中国建筑工业出版社.新版建筑工程施工质量验收规范汇编（2014 年版）［M］.北京：中国建筑工业出版社，2014.

[11] 侯君伟，吴琏.建筑工程施工全过程质量监控验收手册［M］.北京：中国建筑工业出版社，2016.

[12] 本规范编写组.建筑工程检测试验技术管理规范（JGJ 190—2010）实施指南［M］.北京：中国建筑工业出版社，2010.

[13] 徐奋强，等.建筑工程结构试验与检测［M］.北京：中国建筑工业出版社，2017.

[14] 中华人民共和国行业标准.公路工程质量检验评定标准 第一册 土建工程（JTG F80/1—2017）［S］.北京：人民交通出版社，2018.

[15] 中华人民共和国行业标准.公路工程施工监理规范（JTG G10—2016）［S］.北京：人民交通出版社，2016.

[16] 中华人民共和国交通运输部.公路工程竣（交）工验收办法与实施细则［S］.北京：人民交通出版社，2010.

[17] 瞿义勇.公路工程资料填写与组卷范例［M］.北京：中国建材工业出版社，2008.

[18] 金桃，张美珍.公路工程检测技术［M］.4版.北京：人民交通出版社，2014.

[19] 谢松平.公路工程检测技术［M］.北京：机械工业出版社，2014.

北京大学出版社土木建筑系列教材(已出版)

序号	书名	主编	定价	序号	书名	主编	定价
1	工程项目管理	董良峰 张瑞敏	43.00	50	工程财务管理	张学英	38.00
2	建筑设备(第2版)	刘源全 张国军	46.00	51	土木工程施工	石海均 马哲	40.00
3	土木工程测量(第2版)	陈久强 刘文生	40.00	52	土木工程制图(第2版)	张会平	45.00
4	土木工程材料(第2版)	柯国军	45.00	53	土木工程制图习题集(第2版)	张会平	28.00
5	土木工程计算机绘图	袁果 张渝生	28.00	54	土木工程材料(第2版)	王春阳	50.00
6	工程地质(第2版)	何培玲 张婷	26.00	55	结构抗震设计(第2版)	祝英杰	37.00
7	建设工程监理概论(第3版)	巩天真 张泽平	40.00	56	土木工程专业英语	霍俊芳 姜丽云	35.00
8	工程经济学(第2版)	冯为民 付晓灵	42.00	57	混凝土结构设计原理(第2版)	邵永健	52.00
9	工程项目管理(第2版)	仲景冰 王红兵	45.00	58	土木工程计量与计价	王翠琴 李春燕	35.00
10	工程造价管理	车春鹏 杜春艳	24.00	59	房地产开发与管理	刘薇	38.00
11	工程招标投标管理(第2版)	刘昌明	30.00	60	土力学(第2版)	高向阳	45.00
12	工程合同管理	方俊 胡向真	23.00	61	建筑表现技法	冯柯	42.00
13	建筑工程施工组织与管理(第2版)	余群舟 宋会莲	31.00	62	工程招投标与合同管理(第2版)	吴芳 冯宁	43.00
14	建设法规(第3版)	潘安平 肖铭	40.00	63	工程施工组织	周国恩	28.00
15	建设项目评估(第2版)	王华	46.00	64	建筑力学	邹建奇	34.00
16	工程量清单的编制与投标报价	刘富勤 陈德方	25.00	65	土力学学习指导与考题精解	高向阳	26.00
17	土木工程概预算与投标报价(第2版)	刘薇 叶良	37.00	66	建筑概论	钱坤	28.00
18	室内装饰工程预算	陈祖建	30.00	67	岩石力学	高玮	35.00
19	力学与结构	徐吉恩 唐小弟	42.00	68	交通工程学	李杰 王富	39.00
20	理论力学(第2版)	张俊彦 赵荣国	40.00	69	房地产策划	王直民	42.00
21	材料力学	金康宁 谢群丹	27.00	70	中国传统建筑构造	李合群	35.00
22	结构力学简明教程	张系斌	20.00	71	房地产开发	石海均 王宏	34.00
23	流体力学(第2版)	章宝华	25.00	72	室内设计原理	冯柯	28.00
24	弹性力学	薛强	22.00	73	建筑结构优化及应用	朱杰江	30.00
25	工程力学(第2版)	罗迎社 喻小明	39.00	74	高层与大跨建筑结构施工	王绍君	45.00
26	土力学(第2版)	肖仁成 俞晓	25.00	75	工程造价管理	周国恩	42.00
27	基础工程	王协群 章宝华	32.00	76	土建工程制图(第2版)	张黎骅	38.00
28	有限单元法(第2版)	丁科 殷水平	30.00	77	土建工程制图习题集(第2版)	张黎骅	34.00
29	土木工程施工	邓寿昌 李晓目	42.00	78	材料力学	章宝华	36.00
30	房屋建筑学(第3版)	聂洪达	56.00	79	土力学教程(第2版)	孟祥波	34.00
31	混凝土结构设计原理	许成祥 何培玲	28.00	80	土力学	曹卫平	34.00
32	混凝土结构设计	彭刚 蔡江勇	28.00	81	土木工程项目管理	郑文新	41.00
33	钢结构设计原理	石建军 姜袁	32.00	82	工程力学	王明斌 庞永平	37.00
34	结构抗震设计	马成松 苏原	25.00	83	建筑工程造价	郑文新	39.00
35	高层建筑施工	张厚先 陈德方	32.00	84	土力学(中英双语)	郎煜华	38.00
36	高层建筑结构设计	张仲先 王海波	23.00	85	土木建筑CAD实用教程	王文达	30.00
37	工程事故分析与工程安全(第2版)	谢征勋 罗章	38.00	86	工程管理概论	郑文新 李献涛	26.00
38	砌体结构(第2版)	何培玲 尹维新	26.00	87	景观设计	陈玲玲	49.00
39	荷载与结构设计方法(第2版)	许成祥 何培玲	30.00	88	色彩景观基础教程	阮正仪	42.00
40	工程结构检测	周详 刘益虹	20.00	89	工程力学	杨云芳	42.00
41	土木工程课程设计指南	许明 孟苗超	25.00	90	工程设计软件应用	孙香红	39.00
42	桥梁工程(第2版)	周先雁 王解军	37.00	91	城市轨道交通工程建设风险与保险	吴宏建 刘宽亮	75.00
43	房屋建筑学(上:民用建筑)(第2版)	钱坤 王若竹 吴歌	40.00	92	混凝土结构设计原理	熊丹安	32.00
44	房屋建筑学(下:工业建筑)(第2版)	钱坤 吴歌	36.00	93	城市详细规划原理与设计方法	姜云	36.00
45	工程管理专业英语	王竹芳	24.00	94	工程经济学	都沁军	42.00
46	建筑结构CAD教程	崔钦淑	36.00	95	结构力学	边亚东	42.00
47	建设工程招投标与合同管理实务(第2版)	崔东红	49.00	96	房地产估价	沈良峰	45.00
48	工程地质(第2版)	倪宏革 周建波	30.00	97	土木工程结构试验	叶成杰	39.00
49	工程经济学	张厚钧	36.00	98	土木工程概论	邓友生	34.00

序号	书名	主编	定价	序号	书名	主编	定价
99	工程项目管理	邓铁军　杨亚频	48.00	141	城市与区域规划实用模型	郭志恭	45.00
100	误差理论与测量平差基础	胡圣武　肖本林	37.00	142	特殊土地基处理	刘起霞	50.00
101	房地产估价理论与实务	李　龙	36.00	143	建筑节能概论	余晓平	34.00
102	混凝土结构设计	熊丹安	37.00	144	中国文物建筑保护及修复工程学	郭志恭	45.00
103	钢结构设计原理	胡习兵	30.00	145	建筑电气	李　云	45.00
104	钢结构设计	胡习兵　张再华	42.00	146	建筑美学	邓友生	36.00
105	土木工程材料	赵志曼	39.00	147	空调工程	战乃岩　王建辉	45.00
106	工程项目投资控制	曲　娜　陈顺良	32.00	148	建筑构造	宿晓萍　隋艳娥	36.00
107	建设项目评估	黄明知　尚华艳	38.00	149	城市与区域认知实习教程	邹　君	30.00
108	结构力学实用教程	常伏德	47.00	150	幼儿园建筑设计	龚兆先	37.00
109	道路勘测设计	刘文生	43.00	151	房屋建筑学	董海荣	47.00
110	大跨桥梁	王解军　周先雁	30.00	152	园林与环境景观设计	董　智　曾　伟	46.00
111	工程爆破	段宝福	42.00	153	中外建筑史	吴　薇	36.00
112	地基处理	刘起霞	45.00	154	建筑构造原理与设计(下册)	梁晓慧　陈玲玲	38.00
113	水分析化学	宋吉娜	42.00	155	建筑结构	苏明会　赵　亮	50.00
114	基础工程	曹　云	43.00	156	工程经济与项目管理	都沁军	45.00
115	建筑结构抗震分析与设计	裴星洙	35.00	157	土力学试验	孟云梅	32.00
116	建筑工程安全管理与技术	高向阳	40.00	158	土力学	杨雪强	40.00
117	土木工程施工与管理	李华锋　徐　芸	65.00	159	建筑美术教程	陈希平	45.00
118	土木工程试验	王吉民	34.00	160	市政工程计量与计价	赵志曼　张建平	38.00
119	土质学与土力学	刘红军	36.00	161	建设工程合同管理	余群舟	36.00
120	建筑工程施工组织与概预算	钟吉湘	52.00	162	土木工程基础英语教程	陈平　王凤池	32.00
121	房地产测量	魏德宏	28.00	163	土木工程专业毕业设计指导	高向阳	40.00
122	土力学	贾彩虹	38.00	164	土木工程CAD	王玉岚	42.00
123	交通工程基础	王富	24.00	165	外国建筑简史	吴　薇	38.00
124	房屋建筑学	宿晓萍　隋艳娥	43.00	166	工程量清单的编制与投标报价(第2版)	刘富勤　陈友华　宋会莲	34.00
125	建筑工程计量与计价	张叶田	50.00	167	土木工程施工	陈泽世　凌平平	58.00
126	工程力学	杨民献	50.00	168	特种结构	孙　克	30.00
127	建筑工程管理专业英语	杨云会	36.00	169	结构力学	何春保	45.00
128	土木工程地质	陈文昭	32.00	170	建筑抗震与高层结构设计	周锡武　朴福顺	36.00
129	暖通空调节能运行	余晓平	30.00	171	建设法规	刘红霞　柳立生	36.00
130	土工试验原理与操作	高向阳	25.00	172	道路勘测与设计	凌平平　余婵娟	42.00
131	理论力学	欧阳辉	48.00	173	工程结构	金恩平	49.00
132	土木工程材料习题与学习指导	鄢朝勇	35.00	174	建筑公共安全技术与设计	陈继斌	45.00
133	建筑构造原理与设计(上册)	陈玲玲	34.00	175	地下工程施工	江学良　杨　慧	54.00
134	城市生态与城市环境保护	梁彦兰　阎　利	36.00	176	土木工程专业英语	宿晓萍　赵庆明	40.00
135	房地产法规	潘安平		177	土木工程系列实验综合教程	周瑞荣	56.00
136	水泵与水泵站	张　伟　周书葵	35.00	178	中外城市规划与建设史	李合群	58.00
137	建筑工程施工	叶　良	55.00	179	安装工程计量与计价	冯　钢	58.00
138	建筑学导论	裘　鞠　常　悦	32.00	180	工程造价控制与管理(第二版)	胡新萍　王　芳	42.00
139	工程项目管理	王　华	42.00	181	建设工程质量检验与评定	杨建明　林　芹　徐选臣	40.00
140	园林工程计量与计价	温日琨　舒美英	45.00				

　　如您需要更多教学资源如电子课件、电子样章、习题答案等，请登录北京大学出版社第六事业部官网www.pup6.cn 搜索下载。

　　如您需要浏览更多专业教材，请扫下面的二维码，关注北京大学出版社第六事业部官方微信（微信号：pup6book），随时查询专业教材、浏览教材目录、内容简介等信息，并可在线申请纸质样书用于教学。

　　感谢您使用我们的教材，欢迎您随时与我们联系，我们将及时做好全方位的服务。联系方式：010-62750667，donglu2004@163.com，pup_6@163.com，lihu80@163.com，欢迎来电来信。客户服务 QQ号：1292552107，欢迎随时咨询。